应用型本科高校建设示范教材

线性代数导学篇

主 编 史 昱

副主编 陈凤欣 崔兆诚

中国水利水电出版社
www.waterpub.com.cn
· 北京 ·

内 容 提 要

本书是与史昱、陈凤欣主编的《线性代数》（中国水利水电出版社出版）配套使用的学习辅导与解题指南，主要面向使用该教材的教师和学生，也可供报考研究生的学生作为复习材料。本书共六章，基本与教材章节同步，内容包括行列式、矩阵、线性方程组、相似矩阵、二次型、线性空间与线性变换。除第六章外，其余各章均包括基本要求、内容提要、典型方法与范例、习题选解、单元测试、单元测试解答、考研经典题剖析7个部分。

本书内容丰富，思路清晰，例题典型，注重分析解题思路，揭示解题规律，引导读者思考问题，对培养学习兴趣和提高分析与解决问题的能力将起到极大的作用。

图书在版编目（CIP）数据

线性代数导学篇 / 史昱主编. -- 北京 : 中国水利水电出版社, 2022.6
应用型本科高校建设示范教材
ISBN 978-7-5226-0804-4

Ⅰ. ①线… Ⅱ. ①史… Ⅲ. ①线性代数－高等学校－教学参考资料 Ⅳ. ①O151.2

中国版本图书馆CIP数据核字(2022)第110097号

策划编辑：杜威　责任编辑：高辉　加工编辑：白绍昀　封面设计：梁燕

书　名	应用型本科高校建设示范教材 线性代数导学篇 XIANXING DAISHU DAOXUE PIAN
作　者	主　编　史　昱 副主编　陈凤欣　崔兆诚
出版发行	中国水利水电出版社 （北京市海淀区玉渊潭南路1号D座　100038） 网址：www.waterpub.com.cn E-mail：mchannel@263.net（万水） sales@mwr.gov.cn 电话：（010）68545888（营销中心）、82562819（万水）
经　售	北京科水图书销售有限公司 电话：（010）68545874、63202643 全国各地新华书店和相关出版物销售网点
排　版	北京万水电子信息有限公司
印　刷	三河市航远印刷有限公司
规　格	170mm×240mm　16开本　11印张　203千字
版　次	2022年6月第1版　2022年6月第1次印刷
印　数	0001—3000册
定　价	29.00元

前　　言

“线性代数”是高等院校理工类和经管类专业的数学基础课之一，其理论与方法已经渗透到各个领域。但由于这门课的抽象性较强，大多数学生学起来感觉比较困难。为更好地指导学生学好这门课，加深其对所学内容的理解和掌握，帮助学生有效地复习，我们编写了这本与《线性代数》（中国水利水电出版社出版，史昱、陈凤欣主编）配套使用的学习辅导及解题指南。本书主要面向使用该教材的教师和学生，也可供报考理工类和经管类专业研究生的学生使用。

根据配套辅导书的编写要求，本书内容基本与教材章节同步。除第六章外，每章包括基本要求、内容提要、典型方法与范例、习题选解、单元测试、单元测试解答、考研经典题剖析 7 个部分。

基本要求部分是根据教育部数学基础课程教学指导分委员会制定的线性代数课程教学基本要求并结合教学实际进行编写的。内容提要部分力求对知识进行简要分析和概括，作为《线性代数》教材的补充和深化。典型方法与范例部分是本书的重心所在，是教师上习题课和学生巩固课堂所学内容的辅助材料。其主要特色是：对内容和方法进行归纳总结，把基本理论、基本方法、解题技巧、释疑解难、数学应用等教学要求融入典型方法与范例中，并注重分析解题思路，揭示解题规律，引导读者思考问题，培养理性思维能力，提高分析问题和解决问题的能力。习题选解部分对教材中的习题进行详细解答。单元测试部分着重考查学生对本章内容的掌握程度。考研经典题剖析部分中的例题是历年全国研究生考试试卷中有代表性的题目，供学有余力或准备考研的学生使用。

本书由史昱任主编（负责统稿和定稿工作），陈凤欣和崔兆诚任副主编，具体编写分工为史昱编写第一章和第二章，崔兆诚编写第三章和第六章，陈凤欣编写第四章和第五章。

在编写本书过程中，编者参阅了大量国内外同类教材，得到很多启发和教益，同时得到山东交通学院教务处、理学院相关领导和同仁的支持与指导，在此一并表示感谢。由于编者水平所限，书中难免有疏漏和不妥之处，敬请读者批评指正。

编　者

2022 年 3 月

目　　录

第一章 行列式

基本要求

1. 会用对角线法则计算二阶行列式和三阶行列式.

2. 了解n阶行列式的定义，掌握行列式的性质.

3. 会利用行列式性质和按行（列）展开法则计算低阶行列式和简单的n阶行列式.

4. 掌握克拉默法则.

内容提要

一、行列式的定义

n阶行列式

$$D=\begin{vmatrix} a_{11} & a_{12} & \cdots & a_{1n} \\ a_{21} & a_{22} & \cdots & a_{2n} \\ \vdots & \vdots & & \vdots \\ a_{n1} & a_{n2} & \cdots & a_{nn} \end{vmatrix}=\sum(-1)^t a_{1p_1}a_{2p_2}\cdots a_{np_n},$$

其中，$p_1p_2\cdots p_n$为自然数$1,2,\cdots,n$的一个排列，t为$p_1p_2\cdots p_n$的逆序数，求和符号$\sum$表示对所有这样的项$(-1)^t a_{1p_1}a_{2p_2}\cdots a_{np_n}$（共$n!$项）求和. 需要注意的是每一项的符号是在该项$n$个元素的行标成标准排列的前提下由列标排列的逆序数的奇偶性来决定.

对角线法则只适用于二阶和三阶行列式的计算.

二、行列式的性质

1. 行列式D与其转置行列式D^{T}相等.

2. 互换行列式的两行（列），行列式变号.

3. 行列式的某一行（列）中所有元素的公因子可以提到行列式符号的外面.

4. 行列式中有两行（列）元素对应成比例，则此行列式为0.

5．若行列式的某一行（列）的元素都是两数之和，则此行列式等于两个行列式的和.

6．把行列式某一行（列）的各元素乘以同一数后加到另一行（列）对应的元素上，行列式的值不变.

三、行列式按行（按列）展开

1．余子式和代数余子式

把 n 阶行列式 $\det(a_{ij})$ 中元素 a_{ij} 所在的第 i 行与第 j 列划去后构成的 $n-1$ 阶行列式称为元素 a_{ij} 的余子式，记作 M_{ij}；称 $A_{ij}=(-1)^{i+j}M_{ij}$ 为元素 a_{ij} 的代数余子式.

2．行列式按行（按列）展开法则

行列式等于它任意一行（列）的各元素与其对应的代数余子式乘积之和，即

$$D=a_{i1}A_{i1}+a_{i2}A_{i2}+\cdots+a_{in}A_{in} \quad (i=1,2,\cdots,n),$$

或

$$D=a_{1j}A_{1j}+a_{2j}A_{2j}+\cdots+a_{nj}A_{nj} \quad (j=1,2,\cdots,n).$$

计算行列式时，利用这一法则并结合行列式的性质可以简化行列式的计算.

3．行列式某一行（列）的元素与另一行（列）的对应元素的代数余子式乘积之和等于0．即

$$a_{i1}A_{j1}+a_{i2}A_{j2}+\cdots+a_{in}A_{jn}=0 \quad (i\neq j),$$

或

$$a_{1i}A_{1j}+a_{2i}A_{2j}+\cdots+a_{ni}A_{nj}=0 \quad (i\neq j).$$

四、几种常用的行列式

1．主对角线行列式（上/下三角形行列式）

$$\begin{vmatrix} a_{11} & 0 & \cdots & 0 \\ 0 & a_{22} & \cdots & 0 \\ \vdots & \vdots & & \vdots \\ 0 & 0 & \cdots & a_{nn} \end{vmatrix} = \begin{vmatrix} a_{11} & a_{12} & \cdots & a_{1n} \\ 0 & a_{22} & \cdots & a_{2n} \\ \vdots & \vdots & & \vdots \\ 0 & 0 & \cdots & a_{nn} \end{vmatrix} = \begin{vmatrix} a_{11} & 0 & \cdots & 0 \\ a_{21} & a_{22} & \cdots & 0 \\ \vdots & \vdots & & \vdots \\ a_{n1} & a_{n2} & \cdots & a_{nn} \end{vmatrix} = a_{11}a_{22}\cdots a_{nn}.$$

2．副对角线行列式

$$\begin{vmatrix} 0 & \cdots & 0 & a_{1n} \\ 0 & \cdots & a_{2,n-1} & 0 \\ \vdots & & \vdots & \vdots \\ a_{n1} & \cdots & 0 & 0 \end{vmatrix} = \begin{vmatrix} a_{11} & \cdots & a_{1,n-1} & a_{1n} \\ a_{21} & \cdots & a_{2,n-1} & 0 \\ \vdots & & \vdots & \vdots \\ a_{n1} & \cdots & 0 & 0 \end{vmatrix} = \begin{vmatrix} 0 & \cdots & 0 & a_{1n} \\ 0 & \cdots & a_{2,n-1} & a_{2n} \\ \vdots & & \vdots & \vdots \\ a_{n1} & \cdots & a_{n,n-1} & a_{nn} \end{vmatrix}$$

$$=(-1)^{\frac{n(n-1)}{2}}a_{1n}a_{2,n-1}\cdots a_{n1}.$$

3．拉普拉斯展开式

设 $\boldsymbol{A}$ 为 m 阶矩阵，$\boldsymbol{B}$ 为 n 阶矩阵，则

$$\begin{vmatrix} \boldsymbol{A} & \boldsymbol{O} \\ \boldsymbol{O} & \boldsymbol{B} \end{vmatrix} = \begin{vmatrix} \boldsymbol{A} & \boldsymbol{C} \\ \boldsymbol{O} & \boldsymbol{B} \end{vmatrix} = \begin{vmatrix} \boldsymbol{A} & \boldsymbol{O} \\ \boldsymbol{C} & \boldsymbol{B} \end{vmatrix} = |\boldsymbol{A}||\boldsymbol{B}|,$$

$$\begin{vmatrix} \boldsymbol{O} & \boldsymbol{A} \\ \boldsymbol{B} & \boldsymbol{O} \end{vmatrix} = \begin{vmatrix} \boldsymbol{C} & \boldsymbol{A} \\ \boldsymbol{B} & \boldsymbol{O} \end{vmatrix} = \begin{vmatrix} \boldsymbol{O} & \boldsymbol{A} \\ \boldsymbol{B} & \boldsymbol{C} \end{vmatrix} = (-1)^{mn} |\boldsymbol{A}||\boldsymbol{B}|.$$

4．范德蒙德行列式

$$\begin{vmatrix} 1 & 1 & \cdots & 1 & 1 \\ a_1 & a_2 & \cdots & a_{n-1} & a_n \\ a_1^2 & a_2^2 & \cdots & a_{n-1}^2 & a_n^2 \\ \vdots & \vdots & & \vdots & \vdots \\ a_1^{n-2} & a_2^{n-2} & \cdots & a_{n-1}^{n-2} & a_n^{n-2} \\ a_1^{n-1} & a_2^{n-1} & \cdots & a_{n-1}^{n-1} & a_n^{n-1} \end{vmatrix} = \prod_{1 \leqslant i < j \leqslant n} (a_j - a_i) \quad (n \geqslant 2).$$

五、克拉默法则

含有 n 个未知量 $x_1, x_2, \cdots, x_n$ 的 n 个线性方程的方程组

$$\begin{cases} a_{11}x_1 + a_{21}x_2 + \cdots + a_{1n}x_n = b_1 \\ a_{21}x_1 + a_{22}x_2 + \cdots + a_{2n}x_n = b_2 \\ \qquad\cdots \\ a_{n1}x_1 + a_{n2}x_2 + \cdots + a_{nn}x_n = b_n \end{cases}$$

当 $b_1, b_2, \cdots, b_n$ 全为 0 时，称为齐次线性方程组；否则，称为非齐次线性方程组.

1．如果上述方程组的系数行列式 $D \neq 0$，那么方程组有唯一解，解可以表示为 $x_i = \dfrac{D_i}{D}$（$i = 1, 2, \cdots, n$）.

其中 D_i 是把系数行列式 D 中的第 i 列元素替换成方程组的常数项 $b_1, b_2, \cdots, b_n$ 后所得到的 n 阶行列式.

2．如果上述非齐次方程组无解或有两个不同的解，那么它的系数行列式 $D = 0$.

3．如果上述齐次方程组有非零解，那么它的系数行列式 D 必定等于 0. 注意经常用这条性质来判断方程个数和未知量个数相等的齐次方程组是只有零解还是有非零解.

典型方法与范例

例 1 由行列式的定义计算 $f(x)=\begin{vmatrix} x & 1 & 1 & 2 \\ 1 & x & 1 & -1 \\ 3 & 2 & x & 1 \\ 1 & 1 & 2x & 1 \end{vmatrix}$ 中 x^3 的系数.

解：由行列式定义知，$f(x)$ 是所给行列式中所有取自不同行、不同列的元素之积的代数和，因此行列式中(3,3)元和(4,3)元这两个含有 x 的元素只能取其中一个．为了出现 x^3 项，行列式中的(1,1)元和(2,2)元必须都取上．由以上分析可知，行列式中含有 x^3 的项有两项，第一项是(1,1)元，(2,2)元，(3,3)元，(4,4)元之积（由于这 4 项的行标排列是标准排列，列标排列也是标准排列，易知该项符号为正）；第二项是(1,1)元，(2,2)元，(3,4)元，(4,3)元之积（由于这 4 项的行标排列是标准排列，列标排列是 1243，列标排列的逆序数 $t=1$，易知该项符号为负），故这两项的代数和为 $x\cdot x\cdot x\cdot 1-x\cdot x\cdot 1\cdot 2x=-x^3$，因此行列式中 x^3 的系数为 -1．

计算此种类型的题目，一定要注意在确定每一项的符号时，只有在这一项 n 个元素的行标成标准排列的前提下，该项的符号才能由其列标排列的逆序数的奇偶性来决定．

例 2 计算四阶行列式 $D=\begin{vmatrix} a_1 & 0 & 0 & b_1 \\ 0 & a_2 & b_2 & 0 \\ 0 & b_3 & a_3 & 0 \\ b_4 & 0 & 0 & a_4 \end{vmatrix}$.

解：

方法一　根据行列式展开法则将 D 按照第一行展开，得 $D=a_1A_{11}+b_1A_{14}$，其中 A_{11} 和 A_{14} 是 D 中(1,1)元和(1,4)元的代数余子式．又因为 A_{11} 和 A_{14} 都是三阶行列式，因此将它们按照第三行展开，易得

$$A_{11}=\begin{vmatrix} a_2 & b_2 & 0 \\ b_3 & a_3 & 0 \\ 0 & 0 & a_4 \end{vmatrix}=a_4\begin{vmatrix} a_2 & b_2 \\ b_3 & a_3 \end{vmatrix},$$

$$A_{14}=(-1)^{1+4}\begin{vmatrix} 0 & a_2 & b_2 \\ 0 & b_3 & a_3 \\ b_4 & 0 & 0 \end{vmatrix}=-b_4\cdot(-1)^{3+1}\cdot\begin{vmatrix} a_2 & b_2 \\ b_3 & a_3 \end{vmatrix}=-b_4\begin{vmatrix} a_2 & b_2 \\ b_3 & a_3 \end{vmatrix},$$

故 $D=a_1a_4\begin{vmatrix} a_2 & b_2 \\ b_3 & a_3 \end{vmatrix}-b_1b_4\begin{vmatrix} a_2 & b_2 \\ b_3 & a_3 \end{vmatrix}=\begin{vmatrix} a_2 & b_2 \\ b_3 & a_3 \end{vmatrix}(a_1a_4-b_1b_4)=(a_2a_3-b_2b_3)(a_1a_4-b_1b_4)$.

用该方法计算时一定要注意只有主对角线上元素的代数余子式可以直接用余子式代替．如果元素不在主对角线上，计算代数余子式时一定要考虑该元素在行列式中的位置．

方法二　先将第 2、4 列互换，再将第 2、4 行互换，最后利用拉普拉斯展开式．

$$D=\begin{vmatrix} a_1 & 0 & 0 & b_1 \\ 0 & a_2 & b_2 & 0 \\ 0 & b_3 & a_3 & 0 \\ b_4 & 0 & 0 & a_4 \end{vmatrix}=-\begin{vmatrix} a_1 & b_1 & 0 & 0 \\ 0 & 0 & b_2 & a_2 \\ 0 & 0 & a_3 & b_3 \\ b_4 & a_4 & 0 & 0 \end{vmatrix}=\begin{vmatrix} a_1 & b_1 & 0 & 0 \\ b_4 & a_4 & 0 & 0 \\ 0 & 0 & a_3 & b_3 \\ 0 & 0 & b_2 & a_2 \end{vmatrix}$$

$$=\begin{vmatrix} a_1 & b_1 \\ b_4 & a_4 \end{vmatrix}\begin{vmatrix} a_3 & b_3 \\ b_2 & a_2 \end{vmatrix}=(a_1a_4-b_1b_4)(a_2a_3-b_2b_3).$$

例 3　计算行列式$\begin{vmatrix} 2 & 1 & -5 & 8 \\ 1 & -3 & 0 & 9 \\ 0 & 1 & -1 & -5 \\ 1 & 4 & -7 & 0 \end{vmatrix}$.

解：保留行列式中的(2,1)元，先利用行列式性质将第一列除(2,1)元外其他的元素都变为 0，然后利用行列式按行（列）展开法则将此行列式按第一列展开，即

$$\begin{vmatrix} 2 & 1 & -5 & 8 \\ 1 & -3 & 0 & 9 \\ 0 & 1 & -1 & -5 \\ 1 & 4 & -7 & 0 \end{vmatrix}\xlongequal[r_4-r_2]{r_1-2\times r_2}\begin{vmatrix} 0 & 7 & -5 & -10 \\ 1 & -3 & 0 & 9 \\ 0 & 1 & -1 & -5 \\ 0 & 7 & -7 & -9 \end{vmatrix}=1\cdot(-1)^{2+1}\begin{vmatrix} 7 & -5 & -10 \\ 1 & -1 & -5 \\ 7 & -7 & -9 \end{vmatrix}$$

$$\xlongequal{c_1+c_2}-\begin{vmatrix} 2 & -5 & -10 \\ 0 & -1 & -5 \\ 0 & -7 & -9 \end{vmatrix}=-2\begin{vmatrix} -1 & -5 \\ -7 & -9 \end{vmatrix}=52.$$

对行列式而言，零元越多、阶数越低越容易计算．因此计算行列式的主要原则是“化零元”和“降阶”，“化零元”是利用教材第一章第三节的行列式性质 5，“降阶”是利用行列式的展开法则．当然，行列式的计算很灵活，方法非常多，一个行列式也可以用多种方法来计算．

例 4　计算行列式$D=\begin{vmatrix} a_1+b & a_2 & a_3 & \cdots & a_n \\ a_1 & a_2+b & a_3 & \cdots & a_n \\ a_1 & a_2 & a_3+b & \cdots & a_n \\ \vdots & \vdots & \vdots & & \vdots \\ a_1 & a_2 & a_3 & \cdots & a_n+b \end{vmatrix}$.

解：因各行所有元素之和均为$a_1+a_2+\cdots+a_n+b$，故可把其余各列都加到第一列，提取公因子，再利用行列式的性质化为上三角形行列式．

$$D=\begin{vmatrix} \sum_{i=1}^{n}a_i+b & a_2 & a_3 & \cdots & a_n \\ \sum_{i=1}^{n}a_i+b & a_2+b & a_3 & \cdots & a_n \\ \sum_{i=1}^{n}a_i+b & a_2 & a_3+b & \cdots & a_n \\ \vdots & \vdots & \vdots & & \vdots \\ \sum_{i=1}^{n}a_i+b & a_2 & a_3 & \cdots & a_n+b \end{vmatrix}$$

$$=(\sum_{i=1}^{n}a_i+b)\begin{vmatrix} 1 & a_2 & a_3 & \cdots & a_n \\ 1 & a_2+b & a_3 & \cdots & a_n \\ 1 & a_2 & a_3+b & \cdots & a_n \\ \vdots & \vdots & \vdots & & \vdots \\ 1 & a_2 & a_3 & \cdots & a_n+b \end{vmatrix}$$

$$=(\sum_{i=1}^{n}a_i+b)\begin{vmatrix} 1 & a_2 & a_3 & \cdots & a_n \\ 0 & b & 0 & \cdots & 0 \\ 0 & 0 & b & \cdots & 0 \\ \vdots & \vdots & \vdots & & \vdots \\ 0 & 0 & 0 & \cdots & b \end{vmatrix}=(\sum_{i=1}^{n}a_i+b)b^{n-1}.$$

本例的做法和教材第一章第三节中例 6 的做法类似，称为“归一”法，适用于各行（列）所有元素之和相等的行列式．

例 5 设$D=\begin{vmatrix} a & b & c & d \\ c & b & d & a \\ d & b & c & a \\ a & b & d & c \end{vmatrix}$,计算$A_{14}+A_{24}+A_{34}+A_{44}$,其中$A_{i4}(i=1,2,3,4)$是$D$中第 4 列元素的代数余子式．

解：此例如果直接用代数余子式定义来计算，则需要计算 4 个三阶行列式，显然计算量较大．代数余子式的特点是它与D的(i,j)元的数值a_{ij}无关，由此可知所求式子与D的第 4 列元素无关，再结合行列式按行（列）展开法则，令

$$D'=\begin{vmatrix} a & b & c & 1 \\ c & b & d & 1 \\ d & b & c & 1 \\ a & b & d & 1 \end{vmatrix},$$

则 D' 与 D 的第 4 列元素的代数余子式是相同的，即 $A_{i4}(i=1,2,3,4)$ 也是 D' 中第 4 列元素的代数余子式，而 $A_{14}+A_{24}+A_{34}+A_{44}$ 恰好是 D' 按照第 4 列的展开式，于是

$$A_{14}+A_{24}+A_{34}+A_{44}=D'=\begin{vmatrix} a & b & c & 1 \\ c & b & d & 1 \\ d & b & c & 1 \\ a & b & d & 1 \end{vmatrix}=b\begin{vmatrix} a & 1 & c & 1 \\ c & 1 & d & 1 \\ d & 1 & c & 1 \\ a & 1 & d & 1 \end{vmatrix}\xlongequal{c_2=c_4}0.$$

例 6　计算行列式 $D_n=\begin{vmatrix} 1 & 1 & 1 & \cdots & 1 \\ 2 & 2^2 & 2^3 & \cdots & 2^n \\ 3 & 3^2 & 3^3 & \cdots & 3^n \\ \vdots & \vdots & \vdots & & \vdots \\ n & n^2 & n^3 & \cdots & n^n \end{vmatrix}$.

解：根据此行列式的结构特点，不难想到应该利用范德蒙德行列式的结果来计算．先将此行列式转置，然后将第 i 列提出公因子 i （$i=1,2,\cdots,n$），即可得到一个标准的范德蒙德行列式.

$$D_n=\begin{vmatrix} 1 & 2 & 3 & \cdots & n \\ 1^2 & 2^2 & 3^2 & \cdots & n^2 \\ 1^3 & 2^3 & 3^3 & \cdots & n^3 \\ \vdots & \vdots & \vdots & & \vdots \\ 1^n & 2^n & 3^n & \cdots & n^n \end{vmatrix}=1\cdot 2\cdot 3\cdots n\begin{vmatrix} 1 & 1 & 1 & \cdots & 1 \\ 1 & 2 & 3 & \cdots & n \\ 1^2 & 2^2 & 3^2 & \cdots & n^2 \\ \vdots & \vdots & \vdots & & \vdots \\ 1^{n-1} & 2^{n-1} & 3^{n-1} & \cdots & n^{n-1} \end{vmatrix}=\prod_{i=1}^{n} i!.$$

注意：$\sum$ 是表示连加的符号，$\prod$ 是表示连乘的符号，$\sum_{k=1}^{n}k=1+2+\cdots+n$，$\prod_{k=1}^{n}k=1\cdot 2\cdot\cdots\cdot n$.

例 7　求方程 $D(x)=0$ 的根，其中

$$D(x)=\begin{vmatrix} x-1 & x-2 & x-1 & x \\ x-2 & x-4 & x-2 & x \\ x-3 & x-6 & x-4 & x-1 \\ x-4 & x-8 & 2x-5 & x-2 \end{vmatrix}.$$

解：

$$D(x)\xlongequal[\substack{c_2-c_4\\c_3-c_4}]{c_1-c_4}\begin{vmatrix} -1 & -2 & -1 & x \\ -2 & -4 & -2 & x \\ -2 & -5 & -3 & x-1 \\ -2 & -6 & x-3 & x-2 \end{vmatrix}\xlongequal{r_2-2r_1}\begin{vmatrix} -1 & -2 & -1 & x \\ 0 & 0 & 0 & -x \\ -2 & -5 & -3 & x-1 \\ -2 & -6 & x-3 & x-2 \end{vmatrix}$$

$$=-x(-1)^{2+4}\begin{vmatrix}-1 & -2 & -1\\ -2 & -5 & -3\\ -2 & -6 & x-3\end{vmatrix}\xlongequal[r_2-2r_1]{r_3-r_2}-x\begin{vmatrix}-1 & -2 & -1\\ 0 & -1 & -1\\ 0 & -1 & x\end{vmatrix}$$

$$=x\begin{vmatrix}-1 & -1\\ -1 & x\end{vmatrix}=-x(x+1).$$

故 $x=0$ 或 $x=-1$.

例 8 问 λ 和 μ 取何值时，齐次线性方程组 $\begin{cases}\lambda x_1+x_2+x_3=0\\ x_1+\mu x_2+x_3=0\\ x_1+2\mu x_2+x_3=0\end{cases}$ 有非零解.

解：由教材第一章第五节推论 5 知，此方程组的系数行列式必须为 0.

因 $$D=\begin{vmatrix}\lambda & 1 & 1\\ 1 & \mu & 1\\ 1 & 2\mu & 1\end{vmatrix}=-\mu(\lambda-1),$$

故只有当 $\mu=0$ 或 $\lambda=1$ 时，方程组才有非零解.

习题选解

2．计算下列行列式：

（4）$\begin{vmatrix}4 & -4 & 0 & 0\\ 1 & 2 & 1 & -1\\ -7 & 5 & 2 & 0\\ 0 & 2 & 1 & -1\end{vmatrix}$.

解：$D\xlongequal{r_2-r_4}\begin{vmatrix}4 & -4 & 0 & 0\\ 1 & 0 & 0 & 0\\ -7 & 5 & 2 & 0\\ 0 & 2 & 1 & -1\end{vmatrix}=-\begin{vmatrix}4 & -4 & 0\\ 1 & 0 & 0\\ -7 & 5 & 2\end{vmatrix}=-2\begin{vmatrix}4 & -4\\ 1 & 0\end{vmatrix}=-8$.

（5）$\begin{vmatrix}1 & 2 & 3 & 4\\ 2 & 3 & 4 & 1\\ 3 & 4 & 2 & 1\\ 4 & 1 & 2 & 3\end{vmatrix}$.

解：$D\xlongequal{c_1+c_2+c_3+c_4}\begin{vmatrix}10 & 2 & 3 & 4\\ 10 & 3 & 4 & 1\\ 10 & 4 & 2 & 1\\ 10 & 1 & 2 & 3\end{vmatrix}=10\begin{vmatrix}1 & 2 & 3 & 4\\ 1 & 3 & 4 & 1\\ 1 & 4 & 2 & 1\\ 1 & 1 & 2 & 3\end{vmatrix}$

$$\xlongequal[r_2-r_1]{r_4-r_3 \atop r_3-r_2} 10\begin{vmatrix}1&2&3&4\\0&1&1&-3\\0&1&-2&0\\0&-3&0&2\end{vmatrix}=10\begin{vmatrix}1&1&-3\\1&-2&0\\-3&0&2\end{vmatrix}$$

$$\xlongequal{r_2+2r_1} 10\begin{vmatrix}1&1&-3\\3&0&-6\\-3&0&2\end{vmatrix}=10\cdot 1\cdot(-1)^{1+2}\begin{vmatrix}3&-6\\-3&2\end{vmatrix}=120 .$$

（6）$\begin{vmatrix}0&1&1&1\\1&0&1&1\\1&1&0&1\\1&1&1&0\end{vmatrix}$.

解：$D\xlongequal{c_1+c_2+c_3+c_4}\begin{vmatrix}3&1&1&1\\3&0&1&1\\3&1&0&1\\3&1&1&0\end{vmatrix}=3\begin{vmatrix}1&1&1&1\\1&0&1&1\\1&1&0&1\\1&1&1&0\end{vmatrix}$

$$\xlongequal[r_4-r_1]{r_2-r_1 \atop r_3-r_1} 3\begin{vmatrix}1&1&1&1\\0&-1&0&0\\0&0&-1&0\\0&0&0&-1\end{vmatrix}=-3 .$$

（7）$\begin{vmatrix}1&2&0&0\\3&4&0&0\\0&0&-1&3\\0&0&5&1\end{vmatrix}$.

解：$D=\begin{vmatrix}1&2\\3&4\end{vmatrix}\cdot\begin{vmatrix}-1&3\\5&1\end{vmatrix}=(-2)(-16)=32$.

（8）$\begin{vmatrix}1&1&1&1\\1&-1&1&1\\1&1&-1&1\\1&1&1&-1\end{vmatrix}$.

解：$D\xlongequal[r_4-r_1]{r_2-r_1 \atop r_3-r_1}\begin{vmatrix}1&1&1&1\\0&-2&0&0\\0&0&-2&0\\0&0&0&-2\end{vmatrix}=-8$.

（9）$\begin{vmatrix} 2 & 1 & 4 & 1 \\ 3 & -1 & 2 & 1 \\ 1 & 2 & 3 & 2 \\ 5 & 0 & 6 & 2 \end{vmatrix}$.

解：$D \xlongequal[r_3+2r_2]{r_1+r_2} \begin{vmatrix} 5 & 0 & 6 & 2 \\ 3 & -1 & 2 & 1 \\ 7 & 0 & 7 & 4 \\ 5 & 0 & 6 & 2 \end{vmatrix} = -\begin{vmatrix} 5 & 6 & 2 \\ 7 & 7 & 4 \\ 5 & 6 & 2 \end{vmatrix} \xlongequal{r_1=r_3} 0$.

3．证明：

（1）$\begin{vmatrix} ax+by & ay+bz & az+bx \\ ay+bz & az+bx & ax+by \\ az+bx & ax+by & ay+bz \end{vmatrix} = (a^3+b^3)\begin{vmatrix} x & y & z \\ y & z & x \\ z & x & y \end{vmatrix}$.

证明：
$$D = \begin{vmatrix} ax & ay & az \\ ay & az & ax \\ az & ax & ay \end{vmatrix} + \begin{vmatrix} ax & ay & bx \\ ay & az & by \\ az & ax & bz \end{vmatrix} + \begin{vmatrix} ax & bz & az \\ ay & bx & ax \\ az & by & ay \end{vmatrix} + \begin{vmatrix} ax & bz & bx \\ ay & bx & by \\ az & by & bz \end{vmatrix}$$
$$+\begin{vmatrix} by & ay & az \\ bz & az & ax \\ bx & ax & ay \end{vmatrix} + \begin{vmatrix} by & ay & bx \\ bz & az & by \\ bx & ax & bz \end{vmatrix} + \begin{vmatrix} by & bz & az \\ bz & bx & ax \\ bx & by & ay \end{vmatrix} + \begin{vmatrix} by & bz & bx \\ bz & bx & by \\ bx & by & bz \end{vmatrix}$$
$$= \begin{vmatrix} ax & ay & az \\ ay & az & ax \\ az & ax & ay \end{vmatrix} + \begin{vmatrix} by & bz & bx \\ bz & bx & by \\ bx & by & bz \end{vmatrix} = (a^3+b^3)\begin{vmatrix} x & y & z \\ y & z & x \\ z & x & y \end{vmatrix}.$$

（2）$\begin{vmatrix} a^2 & (a+1)^2 & (a+2)^2 & (a+3)^2 \\ b^2 & (b+1)^2 & (b+2)^2 & (b+3)^2 \\ c^2 & (c+1)^2 & (c+2)^2 & (c+3)^2 \\ d^2 & (d+1)^2 & (d+2)^2 & (d+3)^2 \end{vmatrix} = 0$.

证明：$D \xlongequal[\substack{c_3-c_2 \\ c_2-c_1}]{c_4-c_3} \begin{vmatrix} a^2 & 2a+1 & 2a+3 & 2a+5 \\ b^2 & 2b+1 & 2b+3 & 2b+5 \\ c^2 & 2c+1 & 2c+3 & 2c+5 \\ d^2 & 2d+1 & 2d+3 & 2d+5 \end{vmatrix} \xlongequal[c_3-c_2]{c_4-c_3} \begin{vmatrix} a^2 & 2a+1 & 2 & 2 \\ b^2 & 2b+1 & 2 & 2 \\ c^2 & 2c+1 & 2 & 2 \\ d^2 & 2d+1 & 2 & 2 \end{vmatrix} = 0$.

（3）$\begin{vmatrix} x & -1 & 0 & \cdots & 0 & 0 \\ 0 & x & -1 & \cdots & 0 & 0 \\ \vdots & \vdots & \vdots & & \vdots & \vdots \\ 0 & 0 & 0 & \cdots & x & -1 \\ a_n & a_{n-1} & a_{n-2} & \cdots & a_2 & x+a_1 \end{vmatrix} = x^n + a_1x^{n-1} + \cdots + a_{n-1}x + a_n$.

证明：利用递推法．按第一列展开以建立递推公式，

$$D_n = xD_{n-1} + a_n \cdot (-1)^{n+1} \begin{vmatrix} -1 & 0 & \cdots & 0 \\ x & -1 & \cdots & 0 \\ \vdots & \vdots & & \vdots \\ 0 & 0 & \cdots & -1 \end{vmatrix}$$

$$= xD_{n-1} + a_n \cdot (-1)^{n+1} \cdot (-1)^{n-1} = xD_{n-1} + (-1)^{2n} a_n = xD_{n-1} + a_n\,.$$

又因为该式的归纳基础为 $D_1 = x + a_1$（注意 D_1 不是 x），于是

$$\begin{aligned} D_n &= xD_{n-1} + a_n = x(xD_{n-2} + a_{n-1}) + a_n = x^2 D_{n-2} + a_{n-1}x + a_n \\ &= \cdots \\ &= x^{n-1}D_1 + a_2 x^{n-2} + \cdots + a_{n-1}x + a_n \\ &= x^{n-1}(x + a_1) + a_2 x^{n-2} + \cdots + a_{n-1}x + a_n \\ &= x^n + a_1 x^{n-1} + a_2 x^{n-2} + \cdots + a_{n-1}x + a_n\,. \end{aligned}$$

4．设 n 阶行列式 $D = \det(a_{ij})$，将 D 上下翻转、逆时针旋转 90° 或依副对角线翻转，依次得

$$D_1 = \begin{vmatrix} a_{n1} & \cdots & a_{nn} \\ \vdots & & \vdots \\ a_{11} & \cdots & a_{1n} \end{vmatrix},\quad D_2 = \begin{vmatrix} a_{1n} & \cdots & a_{nn} \\ \vdots & & \vdots \\ a_{11} & \cdots & a_{n1} \end{vmatrix},\quad D_3 = \begin{vmatrix} a_{nn} & \cdots & a_{1n} \\ \vdots & & \vdots \\ a_{n1} & \cdots & a_{11} \end{vmatrix},$$

证明 $D_1 = D_2 = (-1)^{\frac{n(n-1)}{2}} D$，$D_3 = D$．

证明：（1）计算 D_1，通过交换行将 D_1 变成 D，从而找出 D_1 与 D 的关系．

D_1 的最后一行是 D 的第 1 行，把它依次与前面的行交换，直至换到第 1 行，共进行 $n-1$ 次交换；这时 D_1 的最后一行是 D 的第 2 行，把它依次与前面的行交换，直至换到第 2 行，共进行 $n-2$ 次交换；……，直至最后一行是 D 的第 $n-1$ 行，再通过一次交换将它换到第 $n-1$ 行，这样就把 D_1 变换成 D，共进行

$$(n-1) + (n-2) + \cdots + 2 + 1 = \frac{n(n-1)}{2}$$

次交换，故 $D_1 = (-1)^{\frac{n(n-1)}{2}} D$．

注意：①在解题时经常用到上述交换行列式的行（列）的方法．它的特点是在把最后一行换到某一行的同时保持其余 $n-1$ 个行之间原有的先后次序；②同理把 D 左右翻转后所得行列式也为 $(-1)^{\frac{n(n-1)}{2}} D$．

（2）计算 D_2．注意到 D_2 的第 $1, 2, \cdots, n$ 行恰好依次是 D 的第 n，$n-1$，$\cdots$，1 列，故若把 D_2 上下翻转得 $\widetilde{D_2}$，则 $\widetilde{D_2}$ 的第 1，2，$\cdots$，n 行依次是 D 的第 1，2，$\cdots$，

n 列，即 $\widetilde{D_2}=D^{\mathrm{T}}$．于是由（1）可知

$$D_2=(-1)^{\frac{n(n-1)}{2}}\widetilde{D_2}=(-1)^{\frac{n(n-1)}{2}}D^{\mathrm{T}}=(-1)^{\frac{n(n-1)}{2}}D\,.$$

（3）计算 D_3．注意到若把 D_3 逆时针旋转 90° 得 $\widetilde{D_3}$，则 $\widetilde{D_3}$ 的第 1，2，…，n 列恰好是 D 的第 $n,n-1,\cdots,1$ 列，于是再把 $\widetilde{D_3}$ 左右翻转就可得到 D．由（1）和（2），有

$$D_3=(-1)^{\frac{n(n-1)}{2}}\widetilde{D_3}=\left((-1)^{\frac{n(n-1)}{2}}\right)^2 D=D\,.$$

注意：本例的结论值得记取，即对行列式 D 做转置、依副对角线翻转、旋转 180° 所得行列式不变；对行列式 D 做上下翻转、左右翻转、逆（顺）时针旋转 90° 所得行列式为 $(-1)^{\frac{n(n-1)}{2}}D$．

5．计算下列行列式：

（1）$D_n=\begin{vmatrix} a & & 1 \\ & \ddots & \\ 1 & & a \end{vmatrix}$，其中主对角线上的元素都是 a，未写出的元素都是 0．

解：把 D_n 按照第一行展开得

$$D_n=a\begin{vmatrix} a & 0 & \cdots & 0 \\ 0 & a & \cdots & 0 \\ \vdots & \vdots & & \vdots \\ 0 & 0 & \cdots & a \end{vmatrix}+(-1)^{n+1}\begin{vmatrix} 0 & a & \cdots & 0 \\ 0 & 0 & \cdots & 0 \\ \vdots & \vdots & & \vdots \\ 1 & 0 & \cdots & 0 \end{vmatrix},$$

上式中第一个行列式显然是 $n-1$ 阶的主对角线行列式，易知结果是 a^{n-1}；把上式中第二个行列式再按照第一列展开，会得到一个 $n-2$ 阶的主对角线行列式，主对角线上的元素全部是 a，因此可知

$$\begin{aligned} D_n&=a\cdot a^{n-1}+(-1)^{n+1}\cdot 1\cdot(-1)^{(n-1)+1}\cdot a^{n-2}=a^n+(-1)^{2n+1}a^{n-2} \\ &=a^n-a^{n-2}=a^{n-2}(a^2-1)\,. \end{aligned}$$

（2）$D_{n+1}=\begin{vmatrix} a_0 & 1 & 1 & \cdots & 1 \\ 1 & a_1 & 0 & \cdots & 0 \\ 1 & 0 & a_2 & \cdots & 0 \\ \vdots & \vdots & \vdots & & \vdots \\ 1 & 0 & 0 & \cdots & a_n \end{vmatrix}$，其中 $a_1a_2\cdots a_n\neq 0$．

解：由于 $a_1a_2\cdots a_n\neq 0$，因此可以通过把 D_{n+1} 中第一行中除$(1,1)$元 a_0 外的其他元素都变成 0，化 D_{n+1} 为下三角形行列式，因此得到

$$D_{n+1}\xlongequal[\substack{\cdots\\ r_1-\frac{1}{a_n}r_{n+1}}]{r_1-\frac{1}{a_1}r_2}\begin{vmatrix} a_0-\frac{1}{a_1}-\cdots-\frac{1}{a_n} & 0 & \cdots & 0 \\ 1 & a_1 & \cdots & 0 \\ \vdots & \vdots & & \vdots \\ 1 & 0 & \cdots & a_n \end{vmatrix}$$

$$=\left(a_0-\frac{1}{a_1}-\cdots-\frac{1}{a_n}\right)a_1a_2\ldots a_n$$

$$=a_1a_2\cdots a_n\left(a_0-\sum_{i=1}^{n}\frac{1}{a_i}\right).$$

注意：本例中的行列式所代表的类型称为“爪”形行列式，这类行列式都可以利用主对角线上的元素将第一行或第一列中对应的元素化为 0，从而得到一个三角形行列式.

（3）$D_{n+1}=\begin{vmatrix} a^n & (a-1)^n & \cdots & (a-n)^n \\ a^{n-1} & (a-1)^{n-1} & \cdots & (a-n)^{n-1} \\ \vdots & \vdots & & \vdots \\ a & a-1 & \cdots & (a-n) \\ 1 & 1 & \cdots & 1 \end{vmatrix}$.

解：把此行列式上下翻转，即可得到范德蒙德行列式，若再将它左右翻转，由于上下翻转和左右翻转所有交换次数相等，故行列式经过上下翻转再左右翻转后其值不变（参看习题 4）. 于是根据范德蒙德行列式的结果直接计算，可得

$$D_{n+1}=\begin{vmatrix} 1 & 1 & \cdots & 1 \\ a-n & a-n+1 & \cdots & a \\ \vdots & \vdots & & \vdots \\ (a-n)^n & (a-n+1)^n & \cdots & a^n \end{vmatrix}=\prod_{1\leqslant i<j\leqslant n+1}(j-i).$$

（4）$D_{2n}=\begin{vmatrix} a_n & & & & & b_n \\ & \ddots & & & \iddots & \\ & & a_1 & b_1 & & \\ & & c_1 & d_1 & & \\ & \iddots & & & \ddots & \\ c_n & & & & & d_n \end{vmatrix}$，未写出的元素都是 0 .

解：将 D_{2n} 按照第一行展开，得到

$$D_{2n}=a_n\begin{vmatrix} a_{n-1} & & & & & & b_{n-1} & 0 \\ & \ddots & & & & \iddots & & \\ & & a_1 & b_1 & & & & \\ & & c_1 & d_1 & & & & \\ & \iddots & & & & \ddots & & \\ c_{n-1} & & & & & & d_{n-1} & \\ 0 & & & & & & & d_n \end{vmatrix}$$

$$+b_n(-1)^{1+2n}\begin{vmatrix} 0 & a_{n-1} & & & & & & b_{n-1} \\ & & \ddots & & & & \iddots & \\ & & & a_1 & b_1 & & & \\ & & & c_1 & d_1 & & & \\ & & \iddots & & & & \ddots & \\ & c_{n-1} & & & & & & d_{n-1} \\ c_n & & & & & & & 0 \end{vmatrix},$$

其中未写出的元素都是 0，再把上式中的两个行列式都按照最后一行（注意最后一行是第 $2n-1$ 行）展开，不难得到如下递推公式：

$$D_{2n}=a_nd_n\begin{vmatrix} a_{n-1} & & & & & b_{n-1} \\ & \ddots & & & \iddots & \\ & & a_1 & b_1 & & \\ & & c_1 & d_1 & & \\ & \iddots & & & \ddots & \\ c_{n-1} & & & & & d_{n-1} \end{vmatrix}$$

$$+b_n\cdot(-1)^{1+2n}\cdot c_n\cdot(-1)^{(2n-1)+1}\begin{vmatrix} a_{n-1} & & & & & b_{n-1} \\ & \ddots & & & \iddots & \\ & & a_1 & b_1 & & \\ & & c_1 & d_1 & & \\ & \iddots & & & \ddots & \\ c_{n-1} & & & & & d_{n-1} \end{vmatrix}$$

$$=a_nd_nD_{2(n-1)}-b_nc_nD_{2(n-1)}=(a_nd_n-b_nc_n)D_{2(n-1)}.$$

由此递推公式可得

$$\begin{aligned} D_{2n}&=(a_nd_n-b_nc_n)D_{2(n-1)}=(a_nd_n-b_nc_n)(a_{n-1}d_{n-1}-b_{n-1}c_{n-1})D_{2(n-2)} \\ &=\cdots=(a_nd_n-b_nc_n)(a_{n-1}d_{n-1}-b_{n-1}c_{n-1})\cdots(a_2d_2-b_2c_2)D_{2\cdot 1} \\ &=(a_nd_n-b_nc_n)(a_{n-1}d_{n-1}-b_{n-1}c_{n-1})\cdots(a_2d_2-b_2c_2)\begin{vmatrix} a_1 & b_1 \\ c_1 & d_1 \end{vmatrix} \\ &=\prod_{i=1}^{n}(a_id_i-b_ic_i). \end{aligned}$$

7．已知齐次线性方程组$\begin{cases}(1-\lambda)x_1-2x_2+4x_3=0\\2x_1+(3-\lambda)x_2+x_3=0\\x_1+x_2+(1-\lambda)x_3=0\end{cases}$，当$\lambda$为何值时，此方程组有非零解.

解：若方程组有非零解，由克拉默法则，方程组的系数行列式等于0.

$$D=\begin{vmatrix}1-\lambda & -2 & 4\\2 & 3-\lambda & 1\\1 & 1 & 1-\lambda\end{vmatrix}\xlongequal{r_1\leftrightarrow r_3}-\begin{vmatrix}1 & 1 & 1-\lambda\\2 & 3-\lambda & 1\\1-\lambda & -2 & 4\end{vmatrix}$$

$$\xlongequal[r_3-(1-\lambda)r_1]{r_2-2r_1}-\begin{vmatrix}1 & 1 & 1-\lambda\\0 & 1-\lambda & 2\lambda-1\\0 & -3+\lambda & 4-(1-\lambda)^2\end{vmatrix}=-\begin{vmatrix}1-\lambda & 2\lambda-1\\-3+\lambda & 4-(1-\lambda)^2\end{vmatrix}$$

$$=-\begin{vmatrix}1-\lambda & 2\lambda-1\\\lambda-3 & -(\lambda-3)(\lambda+1)\end{vmatrix}=-(\lambda-3)\begin{vmatrix}1-\lambda & 2\lambda-1\\1 & -(\lambda+1)\end{vmatrix}$$

$$=-\lambda(\lambda-2)(\lambda-3).$$

令$D=0$，得到$\lambda=0$或$\lambda=2$或$\lambda=3$.

单元测试

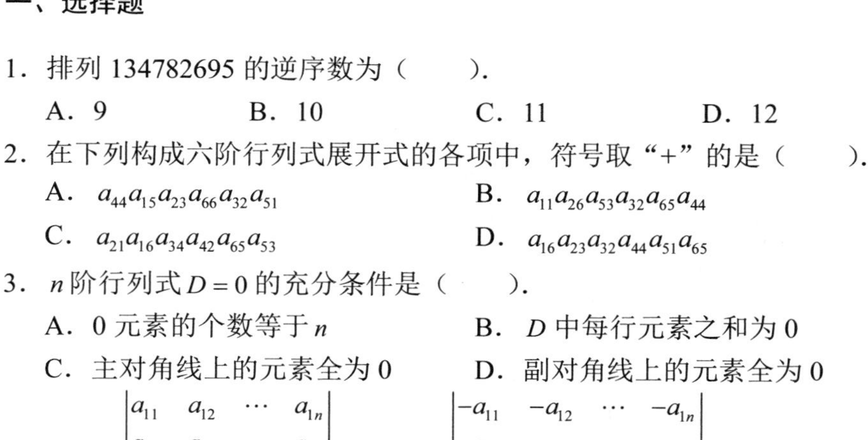

一、选择题

1．排列134782695的逆序数为（　　）.

A．9　　B．10　　C．11　　D．12

2．在下列构成六阶行列式展开式的各项中，符号取“+”的是（　　）.

A．$a_{44}a_{15}a_{23}a_{66}a_{32}a_{51}$　　B．$a_{11}a_{26}a_{53}a_{32}a_{65}a_{44}$

C．$a_{21}a_{16}a_{34}a_{42}a_{65}a_{53}$　　D．$a_{16}a_{23}a_{32}a_{44}a_{51}a_{65}$

3．n阶行列式$D=0$的充分条件是（　　）.

A．0元素的个数等于n　　B．D中每行元素之和为0

C．主对角线上的元素全为0　　D．副对角线上的元素全为0

4．若$D=\begin{vmatrix}a_{11} & a_{12} & \cdots & a_{1n}\\a_{21} & a_{22} & \cdots & a_{2n}\\\vdots & \vdots & & \vdots\\a_{n1} & a_{n2} & \cdots & a_{nn}\end{vmatrix}$，则$D'=\begin{vmatrix}-a_{11} & -a_{12} & \cdots & -a_{1n}\\-a_{21} & -a_{22} & \cdots & -a_{2n}\\\vdots & \vdots & & \vdots\\-a_{n1} & -a_{n2} & \cdots & -a_{nn}\end{vmatrix}=$（　　）.

A．$-D$　　B．D　　C．$(-1)^nD$　　D．$(-1)^{\frac{n(n-1)}{2}}D$

二、填空题

1．若 $a_{1i}a_{23}a_{35}a_{4j}a_{54}$ 为五阶行列式中带“+”号的一项，则 $i=$__________，$j=$__________.

2．行列式 $\begin{vmatrix} 34215 & 36215 \\ 28092 & 30092 \end{vmatrix}=$__________.

3．行列式 $\begin{vmatrix} 1 & 1 & 1 \\ a & b & c \\ a^2 & b^2 & c^2 \end{vmatrix}=$__________.

4．设 $D=\begin{vmatrix} 2 & 1 & 4 & 1 \\ 3 & -4 & 2 & 1 \\ 1 & 2 & -3 & 2 \\ 5 & 0 & 6 & 2 \end{vmatrix}$，则 $4A_{12}+2A_{22}-3A_{32}+6A_{42}=$__________.

三、计算题

1．计算行列式 $D=\begin{vmatrix} 2 & 1 & -3 & 5 \\ 1 & 1 & 1 & 2 \\ 4 & 2 & 3 & 1 \\ 2 & 5 & 1 & 3 \end{vmatrix}$.

2．计算 n 阶行列式 $D_n=\begin{vmatrix} 2 & 1 & 1 & \cdots & 1 \\ 1 & 2 & 1 & \cdots & 1 \\ 1 & 1 & 2 & \cdots & 1 \\ \vdots & \vdots & \vdots & & \vdots \\ 1 & 1 & 1 & \cdots & 2 \end{vmatrix}$.

3．解方程 $\begin{vmatrix} a_1 & a_2 & a_3 & a_4+x \\ a_1 & a_2 & a_3+x & a_4 \\ a_1 & a_2+x & a_3 & a_4 \\ a_1+x & a_2 & a_3 & a_4 \end{vmatrix}=0$.

4．计算行列式 $D=\begin{vmatrix} 5 & 3 & -1 & 2 & 0 \\ 1 & 7 & 2 & 5 & 2 \\ 0 & -2 & 3 & 1 & 0 \\ 0 & -4 & -1 & 4 & 0 \\ 0 & 2 & 3 & 5 & 0 \end{vmatrix}$.

5．设关于 λ 的方程 $\begin{vmatrix} \lambda-1 & -2 & 3 \\ 1 & \lambda-4 & 3 \\ -1 & a & \lambda-5 \end{vmatrix}=0$ 有二重根，求参数 a 的值.

6．设非齐次线性方程组 $\begin{cases} ax_1+2x_2+3x_3=8 \\ 2ax_1+2x_2+3x_3=10 \\ x_1+x_2+bx_3=5 \end{cases}$ 有唯一解，求 a 和 b 满足的条件.

单元测试解答

一、选择题

1．B.

2．A．先把行标按标准顺序排列，再计算列标排列的逆序数．选项 A 中，$a_{44}a_{15}a_{23}a_{66}a_{32}a_{51}=a_{15}a_{23}a_{32}a_{44}a_{51}a_{66}$，又因为列标排列532416 的逆序数为 8（偶数），故该项的符号为“+”，因而选项 A 成立，同理可计算知选项 B、C、D 均不成立.

3．B.

4．C．将 D' 的每一行都提取公因子 -1，即可得到 D，故选 C.

二、填空题

1．$i=2$，$j=1$．由题意知 i 和 j 只能分别取 1 和 2，不妨设 $i=1$，$j=2$，则排列 13524 的逆序数为 3（奇数），此排列为奇排列，故对应项取负号“$-$”，不符合题意，因此 $i=2$，$j=1$.

2．12246000.

$$\begin{vmatrix} 34215 & 36215 \\ 28092 & 30092 \end{vmatrix}=\begin{vmatrix} 34215 & 34215+2000 \\ 28092 & 28092+2000 \end{vmatrix}=\begin{vmatrix} 34215 & 34215 \\ 28092 & 28092 \end{vmatrix}+\begin{vmatrix} 34215 & 2000 \\ 28092 & 2000 \end{vmatrix}$$

$$=0+2000\begin{vmatrix} 34215 & 1 \\ 28092 & 1 \end{vmatrix}$$

=2000（34215-28092）=12246000.

3．$(b-a)(c-a)(c-b)$．由范德蒙德行列式的结果可以直接得到该结果.

4．0．$4A_{12}+2A_{22}-3A_{32}+6A_{42}=D'=\begin{vmatrix} 2 & 4 & 4 & 1 \\ 3 & 2 & 2 & 1 \\ 1 & -3 & -3 & 2 \\ 5 & 6 & 6 & 2 \end{vmatrix}=0$（该行列式第 2 列和第 3 列对应元素相同）.

三、计算题

1．$D=-126$．

2．$D_n=n+1$．

$$D_n\xlongequal{c_1+c_2+\cdots+c_n}\begin{vmatrix} n+1 & 1 & 1 & \cdots & 1 \\ n+1 & 2 & 1 & \cdots & 1 \\ n+1 & 1 & 2 & \cdots & 1 \\ \vdots & \vdots & \vdots & & \vdots \\ n+1 & 1 & 1 & \cdots & 2 \end{vmatrix}=(n+1)\begin{vmatrix} 1 & 1 & 1 & \cdots & 1 \\ 1 & 2 & 1 & \cdots & 1 \\ 1 & 1 & 2 & \cdots & 1 \\ \vdots & \vdots & \vdots & & \vdots \\ 1 & 1 & 1 & \cdots & 2 \end{vmatrix}$$

$$\xlongequal[\substack{\cdots \\ r_n-r_1}]{\substack{r_2-r_1 \\ r_3-r_1}}(n+1)\begin{vmatrix} 1 & 1 & 1 & \cdots & 1 \\ 0 & 1 & 0 & \cdots & 0 \\ 0 & 0 & 1 & \cdots & 0 \\ \vdots & \vdots & \vdots & & \vdots \\ 0 & 0 & 0 & \cdots & 1 \end{vmatrix}=n+1.$$

3．$$D\xlongequal{c_1+c_2+c_3+c_4}\begin{vmatrix} a_1+a_2+a_3+a_4+x & a_2 & a_3 & a_4+x \\ a_1+a_2+a_3+a_4+x & a_2 & a_3+x & a_4 \\ a_1+a_2+a_3+a_4+x & a_2+x & a_3 & a_4 \\ a_1+a_2+a_3+a_4+x & a_2 & a_3 & a_4 \end{vmatrix}$$

$$=(a_1+a_2+a_3+a_4+x)\begin{vmatrix} 1 & a_2 & a_3 & a_4+x \\ 1 & a_2 & a_3+x & a_4 \\ 1 & a_2+x & a_3 & a_4 \\ 1 & a_2 & a_3 & a_4 \end{vmatrix}$$

$$\xlongequal[r_4-r_1]{\substack{r_2-r_1 \\ r_3-r_1}}(a_1+a_2+a_3+a_4+x)\begin{vmatrix} 1 & a_2 & a_3 & a_4+x \\ 0 & 0 & x & -x \\ 0 & x & 0 & -x \\ 0 & 0 & 0 & -x \end{vmatrix}$$

$$=(a_1+a_2+a_3+a_4+x)\begin{vmatrix} 0 & x & -x \\ x & 0 & -x \\ 0 & 0 & -x \end{vmatrix}$$

$$=(a_1+a_2+a_3+a_4+x)x^3=0$$

故方程的根为$x=0$（三重），$x=-(a_1+a_2+a_3+a_4)$．

4．$D=-1080$．将D的第 2 列和第 5 列互换，所得行列式即可应用拉普拉斯展开式来计算．

$$D=-\begin{vmatrix}5&0&-1&2&3\\1&2&2&5&7\\0&0&3&1&-2\\0&0&-1&4&-4\\0&0&3&5&2\end{vmatrix}=-\begin{vmatrix}5&0\\1&2\end{vmatrix}\cdot\begin{vmatrix}3&1&-2\\-1&4&-4\\3&5&2\end{vmatrix}=-1080.$$

5．$a=2$ 或 $a=\dfrac{2}{3}$.

$$\begin{vmatrix}\lambda-1&-2&3\\1&\lambda-4&3\\-1&a&\lambda-5\end{vmatrix}\underline{\underline{r_1-r_2}}\begin{vmatrix}\lambda-2&2-\lambda&0\\1&\lambda-4&3\\-1&a&\lambda-5\end{vmatrix}\underline{\underline{c_2+c_1}}\begin{vmatrix}\lambda-2&0&0\\1&\lambda-3&3\\-1&a-1&\lambda-5\end{vmatrix}$$

$$=(\lambda-2)[(\lambda-3)(\lambda-5)-3(a-1)]=(\lambda-2)(\lambda^2-8\lambda+18-3a)=0.$$

若 $\lambda=2$ 是二重根，则 $(\lambda^2-8\lambda+18-3a)\big|_{\lambda=2}=4-16+18-3a=0$，得 $a=2$；若 $\lambda=2$ 不是二重根，则 $\lambda^2-8\lambda+18-3a=0$ 有两个相等的根，故 $\Delta=(-8)^2-4(18-3a)=0$，得 $a=\dfrac{2}{3}$. 此时 $\lambda=4$ 是二重根. 综上所述，$a=2$ 或 $a=\dfrac{2}{3}$.

6．$a\neq 0$ 且 $b\neq\dfrac{3}{2}$. 由克拉默法则知，此方程组有唯一解，则系数行列式不等于 0，易得

$$\begin{vmatrix}a&2&3\\2a&2&3\\1&1&b\end{vmatrix}=-a(2b-3)\neq 0,$$

故 $a\neq 0$ 且 $b\neq\dfrac{3}{2}$.

考研经典题剖析

1.（2014 年）行列式 $\begin{vmatrix}0&a&b&0\\a&0&0&b\\0&c&d&0\\c&0&0&d\end{vmatrix}=$（　　）.

A．$(ad-bc)^2$　　B．$-(ad-bc)^2$

C．$a^2d^2-b^2c^2$　　D．$b^2c^2-a^2d^2$

答案：B

解析：将此行列式第一行和第二行互换，就得到了与典型方法与范例例 2 中

类似的行列式，用同样的方法即可得出答案 B．计算过程中需要注意符号问题．

2．（2015 年）计算 n 阶行列式 $D_n=\begin{vmatrix}2&0&\cdots&0&2\\-1&2&\cdots&0&2\\\vdots&\vdots&&\vdots&\vdots\\0&0&\cdots&2&2\\0&0&\cdots&-1&2\end{vmatrix}$．

答案：$2^{n+1}-2$

解析：此题用递推公式法计算，按照第一行展开行列式得

$$D_n=2D_{n-1}+2(-1)^{n+1}\begin{vmatrix}-1&2&\cdots&0&0\\0&-1&\cdots&0&0\\\vdots&\vdots&&\vdots&\vdots\\0&0&\cdots&-1&2\\0&0&\cdots&0&-1\end{vmatrix}_{n-1}=2D_{n-1}+2(-1)^{n+1}(-1)^{n-1}=2D_{n-1}+2\text{，}$$

此公式即为递推公式，由此递推公式得到

$$D_n=2D_{n-1}+2=2(2D_{n-2}+2)+2=2^2D_{n-2}+2^2+2=\cdots=2^{n-2}D_2+2^{n-2}+\cdots+2^2+2\text{，}$$

其中，$D_2=\begin{vmatrix}2&2\\-1&2\end{vmatrix}=2^2+2$，将 D_2 代入上式中，整理后得

$$D_n=2^n+2^{n-1}+\cdots+2^2+2=2^{n+1}-2.$$

3．（2016 年）计算四阶行列式 $\begin{vmatrix}\lambda&-1&0&0\\0&\lambda&-1&0\\0&0&\lambda&-1\\4&3&2&\lambda+1\end{vmatrix}=$______．

答案：$\lambda^4+\lambda^3+2\lambda^2+3\lambda+4$

解析：将此行列式按照第四行展开，得

$$D=-4\begin{vmatrix}-1&0&0\\\lambda&-1&0\\0&\lambda&-1\end{vmatrix}+3\begin{vmatrix}\lambda&0&0\\0&-1&0\\0&\lambda&-1\end{vmatrix}-2\begin{vmatrix}\lambda&-1&0\\0&\lambda&0\\0&0&-1\end{vmatrix}+(\lambda+1)\begin{vmatrix}\lambda&-1&0\\0&\lambda&-1\\0&0&\lambda\end{vmatrix}$$

$$=4+3\lambda+2\lambda^2+(\lambda+1)\lambda^3\text{，}$$

整理后得 $D=\lambda^4+\lambda^3+2\lambda^2+3\lambda+4$．

4．（2020 年）计算四阶行列式 $D=\begin{vmatrix}a&0&-1&1\\0&a&1&-1\\-1&1&a&0\\1&-1&0&a\end{vmatrix}=$______．

答案：a^4-4a^2

解析：$D\xlongequal[r_4+r_3]{r_1+r_2}\begin{vmatrix} a & a & 0 & 0 \\ 0 & a & 1 & -1 \\ -1 & 1 & a & 0 \\ 0 & 0 & a & a \end{vmatrix}\xlongequal[c_3+c_4]{c_2+c_1}\begin{vmatrix} a & 2a & 0 & 0 \\ 0 & a & 0 & -1 \\ -1 & 0 & a & 0 \\ 0 & 0 & 2a & a \end{vmatrix}$，然后按照第一行展开，

得 $D=a\begin{vmatrix} a & 0 & -1 \\ 0 & a & 0 \\ 0 & 2a & a \end{vmatrix}-2a\begin{vmatrix} 0 & 0 & -1 \\ -1 & a & 0 \\ 0 & 2a & a \end{vmatrix}$，将此式中的第 1 个三阶行列式按照第二行展开，第 2 个三阶行列式按照第一行展开，即可得到

$$D=a^2\begin{vmatrix} a & -1 \\ 0 & a \end{vmatrix}+2a\begin{vmatrix} -1 & a \\ 0 & 2a \end{vmatrix}=a^4-4a^2 .$$

5.（2000 年）已知五阶行列式

$$D=\begin{vmatrix} 1 & 2 & 3 & 4 & 5 \\ 2 & 2 & 2 & 1 & 1 \\ 3 & 1 & 2 & 4 & 5 \\ 1 & 1 & 1 & 2 & 2 \\ 4 & 3 & 1 & 5 & 0 \end{vmatrix}=27 ,$$

求 $A_{41}+A_{42}+A_{43}$ 和 $A_{44}+A_{45}$，其中 A_{4j}（$j=1,2,3,4,5$）是该行列式 D 第四行元素的代数余子式.

答案：$A_{41}+A_{42}+A_{43}=-9$，$A_{44}+A_{45}=18$.

解析：将此行列式按照第四行展开得 $A_{41}+A_{42}+A_{43}+2(A_{44}+A_{45})=27$，利用代数余子式的性质，改变元素 a_{ij} 的值，对应的 A_{ij} 不变，将已知行列式的第 4 行换为第 2 行，则得

$D'=\begin{vmatrix} 1 & 2 & 3 & 4 & 5 \\ 2 & 2 & 2 & 1 & 1 \\ 3 & 1 & 2 & 4 & 5 \\ 2 & 2 & 2 & 1 & 1 \\ 4 & 3 & 1 & 5 & 0 \end{vmatrix}$，显然 D' 中第 2 行元素和第 4 行元素相等，$D'=0$，同时将 D' 按照第 4 行展开得 $2(A_{41}+A_{42}+A_{43})+A_{44}+A_{45}=0$，设 $A_{41}+A_{42}+A_{43}=x, A_{44}+A_{45}=y$，由上面两个式子即可以得到关于 x,y 的一个方程组

$$\begin{cases} x+2y=27 \\ 2x+y=0 \end{cases},$$

求解该方程组即可以得到 $A_{41}+A_{42}+A_{43}=-9, A_{44}+A_{45}=18$.

此例如果采用分别计算 A_{4j}（$j=1,2,3,4,5$），再按要求分别求和的方法，显然计算量很大，计算时会非常困难，所以这种方法不可取.

6.（2003 年）计算行列式 $D=\begin{vmatrix} a_1+b & a_2 & a_3 & \cdots & a_n \\ a_1 & a_2+b & a_3 & \cdots & a_n \\ a_1 & a_2 & a_3+b & \cdots & a_n \\ \vdots & \vdots & \vdots & & \vdots \\ a_1 & a_2 & a_3 & \cdots & a_n+b \end{vmatrix}$.

答案：$(\sum_{i=1}^{n}a_i+b)b^{n-1}$.

解析：参见典型方法与范例中例 4.

第二章　矩阵

基本要求

1. 掌握矩阵的线性和乘法运算及其运算规律.

2. 掌握方阵的幂、转置、行列式和伴随矩阵等运算及其运算性质.

3. 掌握逆矩阵的概念及其性质，会求矩阵的逆矩阵.

4. 了解分块矩阵的概念及运算，掌握矩阵的行向量组和列向量组.

5. 掌握矩阵的初等变换，会利用初等行变换把矩阵化成行阶梯形矩阵和行最简形矩阵.

6. 理解矩阵秩的概念及性质，会求矩阵的秩.

7. 会用矩阵的秩判断线性方程组解的情况.

内容提要

一、矩阵的运算及运算规律

1. 矩阵的加法满足（其中 $\boldsymbol{A}$、$\boldsymbol{B}$、$\boldsymbol{C}$ 是同型矩阵）：

（1）$\boldsymbol{A}+\boldsymbol{B}=\boldsymbol{B}+\boldsymbol{A}$；

（2）$(\boldsymbol{A}+\boldsymbol{B})+\boldsymbol{C}=\boldsymbol{A}+(\boldsymbol{B}+\boldsymbol{C})$.

2. 数乘矩阵满足（其中 λ 和 μ 为常数，$\boldsymbol{A}$ 和 $\boldsymbol{B}$ 是同型矩阵）：

（1）$\lambda(\mu\boldsymbol{A})=(\lambda\mu)\boldsymbol{A}$；

（2）$(\lambda+\mu)\boldsymbol{A}=\lambda\boldsymbol{A}+\mu\boldsymbol{A}$；

（3）$\lambda(\boldsymbol{A}+\boldsymbol{B})=\lambda\boldsymbol{A}+\lambda\boldsymbol{B}$.

3. 矩阵与矩阵相乘满足（设运算都是可行的）：

（1）$(\boldsymbol{AB})\boldsymbol{C}=\boldsymbol{A}(\boldsymbol{BC})$；

（2）$\lambda(\boldsymbol{AB})=(\lambda\boldsymbol{A})\boldsymbol{B}=\boldsymbol{A}(\lambda\boldsymbol{B})$；

（3）$\boldsymbol{A}(\boldsymbol{B}+\boldsymbol{C})=\boldsymbol{AB}+\boldsymbol{AC}$，$(\boldsymbol{B}+\boldsymbol{C})\boldsymbol{A}=\boldsymbol{BA}+\boldsymbol{CA}$.

矩阵的乘法与实数的乘法本质区别在于：

（1）任意两个实数都可以相乘，但是矩阵的乘法运算必须要满足：只有矩阵 $\boldsymbol{A}$ 的列数等于矩阵 $\boldsymbol{B}$ 的行数时，$\boldsymbol{AB}$ 才有意义；

（2）实数乘法是可交换的，而矩阵乘法不满足交换律，这表现在：$\boldsymbol{A}$ 与 $\boldsymbol{B}$ 可乘，但 $\boldsymbol{B}$ 与 $\boldsymbol{A}$ 未必可乘；$\boldsymbol{A}_{m\times n}\boldsymbol{B}_{n\times m}$ 为 m 阶矩阵，$\boldsymbol{B}_{n\times m}\boldsymbol{A}_{m\times n}$ 为 n 阶矩阵，当 $m\neq n$ 时，$\boldsymbol{AB}\neq\boldsymbol{BA}$；即使 $\boldsymbol{A}$ 和 $\boldsymbol{B}$ 均为 n 阶方阵，$\boldsymbol{AB}$ 也未必等于 $\boldsymbol{BA}$．例如取 $\boldsymbol{A}=\begin{pmatrix}1 & -1\\ 0 & 0\end{pmatrix}$，$\boldsymbol{B}=\begin{pmatrix}1 & 0\\ 1 & 0\end{pmatrix}$，则 $\boldsymbol{AB}=\boldsymbol{O}$，而 $\boldsymbol{BA}=\begin{pmatrix}1 & -1\\ 1 & -1\end{pmatrix}$．

因此，矩阵的乘法有 $\boldsymbol{A}$ 左乘 $\boldsymbol{B}$（即 $\boldsymbol{AB}$）与 $\boldsymbol{A}$ 右乘 $\boldsymbol{B}$（即 $\boldsymbol{BA}$）之分．正是由于矩阵的乘法不满足交换律，所以一个矩阵的等式两端要同时乘以一个矩阵时也要分为左乘和右乘，例如假设 $\boldsymbol{A}=\boldsymbol{B}$，等式两边同时左乘矩阵 $\boldsymbol{C}$（设满足矩阵乘法条件），则得到 $\boldsymbol{CA}=\boldsymbol{CB}$；同时右乘 $\boldsymbol{C}$（设满足矩阵乘法条件），则得到 $\boldsymbol{AC}=\boldsymbol{BC}$．另外，由于矩阵的乘法不满足交换律，那些在实数运算中经常用到的公式例如 $(a+b)(a-b)=a^2-b^2$、$(a+b)^2=a^2+2ab+b^2$ 等，在矩阵的运算中除去 $\boldsymbol{A}$ 与 $\boldsymbol{B}$ 是可交换的情况下（即 $\boldsymbol{AB}=\boldsymbol{BA}$）也不再成立．易见，即使 $\boldsymbol{A}\neq\boldsymbol{O}$，$\boldsymbol{B}\neq\boldsymbol{O}$，但是 $\boldsymbol{AB}$ 仍可能是零矩阵，而这种情况在实数乘法中则不可能发生．

（3）在实数运算中，若有方程 $ax=0$ 且 $a\neq0$，则它必有唯一解 $x=0$；等价地，若有方程 $ax=ay$ 且 $a\neq0$，则有 $x=y$，即 a 可从方程的两边消去，这种运算规律称为消去律．而若矩阵 $\boldsymbol{A}$ 和 $\boldsymbol{X}$ 满足 $\boldsymbol{AX}=\boldsymbol{O}$ 且 $\boldsymbol{A}\neq\boldsymbol{O}$，并不能得出 $\boldsymbol{X}=\boldsymbol{O}$；等价地，若有矩阵方程 $\boldsymbol{AX}=\boldsymbol{AY}$ 且 $\boldsymbol{A}\neq\boldsymbol{O}$，也不能得出 $\boldsymbol{X}=\boldsymbol{Y}$，所以说矩阵的乘法不满足消去律．

4．矩阵的转置满足（设运算都是可行的）：

（1）$(\boldsymbol{A}^{\mathrm{T}})^{\mathrm{T}}=\boldsymbol{A}$；

（2）$(\boldsymbol{A}+\boldsymbol{B})^{\mathrm{T}}=\boldsymbol{A}^{\mathrm{T}}+\boldsymbol{B}^{\mathrm{T}}$，可推广为 $(\boldsymbol{A}+\boldsymbol{B}+\cdots+\boldsymbol{C})^{\mathrm{T}}=\boldsymbol{A}^{\mathrm{T}}+\boldsymbol{B}^{\mathrm{T}}+\cdots+\boldsymbol{C}^{\mathrm{T}}$；

（3）$(\lambda\boldsymbol{A})^{\mathrm{T}}=\lambda\boldsymbol{A}^{\mathrm{T}}$；

（4）$(\boldsymbol{AB})^{\mathrm{T}}=\boldsymbol{B}^{\mathrm{T}}\boldsymbol{A}^{\mathrm{T}}$，可推广为 $(\boldsymbol{AB}\cdots\boldsymbol{C})^{\mathrm{T}}=\boldsymbol{C}^{\mathrm{T}}\cdots\boldsymbol{B}^{\mathrm{T}}\boldsymbol{A}^{\mathrm{T}}$．

若方阵 $\boldsymbol{A}$ 满足 $\boldsymbol{A}^{\mathrm{T}}=\boldsymbol{A}$，则称 $\boldsymbol{A}$ 是对称矩阵．所谓对称，指的是矩阵 $\boldsymbol{A}$ 的元素关于主对角线对称．若方阵 $\boldsymbol{A}$ 满足 $\boldsymbol{A}^{\mathrm{T}}=-\boldsymbol{A}$，则称 $\boldsymbol{A}$ 是反对称矩阵．需要注意的是：若 $\boldsymbol{A}$ 与 $\boldsymbol{B}$ 均是 n 阶对称（反对称）矩阵，k 为任意实数，则 $\boldsymbol{A}+\boldsymbol{B}$，$k\boldsymbol{A}$ 仍为 n 阶对称（反对称）矩阵，但 $\boldsymbol{AB}$ 不一定是对称（反对称）矩阵，且 $\boldsymbol{AB}$ 是对称（反对称）矩阵的充分必要条件是 $\boldsymbol{AB}=\boldsymbol{BA}(\boldsymbol{AB}=-\boldsymbol{BA})$．

5．方阵的幂 $\boldsymbol{A}^k$ 和方阵的多项式．

设 $f(x)=a_mx^m+a_{m-1}x^{m-1}+\cdots+a_1x+a_0$（$a_m\neq0$）为 x 的 m 次多项式，$\boldsymbol{A}$ 为 n 阶

方阵，记

$$f(\boldsymbol{A})=a_m\boldsymbol{A}^m+a_{m-1}\boldsymbol{A}^{m-1}+\cdots+a_1\boldsymbol{A}+a_0\boldsymbol{E}\quad(a_m\neq 0),$$

则 $f(\boldsymbol{A})$ 仍为一个 n 阶方阵，称为方阵 $\boldsymbol{A}$ 的 m 次多项式.

方阵的幂和多项式满足：

（1）$\boldsymbol{A}^k\boldsymbol{A}^l=\boldsymbol{A}^{k+l}$，$(\boldsymbol{A}^k)^l=\boldsymbol{A}^{kl}$（$k$ 和 l 为整数）；

（2）设 $f(\boldsymbol{A})$ 和 $\varphi(\boldsymbol{A})$ 是 $\boldsymbol{A}$ 的两个多项式，则 $f(\boldsymbol{A})\cdot\varphi(\boldsymbol{A})=\varphi(\boldsymbol{A})\cdot f(\boldsymbol{A})$. 因此，方阵的多项式可以像数的多项式一样分解因式.

6．方阵的行列式满足（假设 $\boldsymbol{A}$、$\boldsymbol{B}$ 均是 n 阶方阵）：

（1）$|\boldsymbol{A}^{\mathrm{T}}|=|\boldsymbol{A}|$；

（2）$|\lambda\boldsymbol{A}|=\lambda^n|\boldsymbol{A}|$；

（3）$|\boldsymbol{AB}|=|\boldsymbol{BA}|=|\boldsymbol{A}||\boldsymbol{B}|$.

二、逆矩阵

1．定义

对于 n 阶方阵 $\boldsymbol{A}$，若有 n 阶方阵 $\boldsymbol{B}$ 使

$$\boldsymbol{AB}=\boldsymbol{BA}=\boldsymbol{E},$$

则称矩阵 $\boldsymbol{A}$ 是可逆的，并把矩阵 $\boldsymbol{B}$ 称为 $\boldsymbol{A}$ 的逆矩阵，记作 $\boldsymbol{B}=\boldsymbol{A}^{-1}$.

n 阶方阵 $\boldsymbol{A}$ 可逆 $\Leftrightarrow|\boldsymbol{A}|\neq 0$，且 $\boldsymbol{A}^{-1}=\dfrac{1}{|\boldsymbol{A}|}\boldsymbol{A}^*$（该公式只适用于二阶方阵求逆）；

$\Leftrightarrow$ 存在 n 阶方阵 $\boldsymbol{B}$ 使 $\boldsymbol{AB}=\boldsymbol{E}$（或 $\boldsymbol{BA}=\boldsymbol{E}$，即满足定义里面条件的一半）.

2．逆矩阵的性质

（1）若 $\boldsymbol{A}$ 可逆，则 $\boldsymbol{A}^{-1}$ 也可逆，且 $(\boldsymbol{A}^{-1})^{-1}=\boldsymbol{A}$；

（2）若 $\boldsymbol{A}$ 可逆，则 $|\boldsymbol{A}^{-1}|=|\boldsymbol{A}|^{-1}$；

（3）若 $\boldsymbol{A}$ 可逆，则 $\boldsymbol{A}^{\mathrm{T}}$ 也可逆，且 $(\boldsymbol{A}^{\mathrm{T}})^{-1}=(\boldsymbol{A}^{-1})^{\mathrm{T}}$；

（4）若 $\boldsymbol{A}$ 可逆，数 $\lambda\neq 0$，则 $\lambda\boldsymbol{A}$ 也可逆，且 $(\lambda\boldsymbol{A})^{-1}=\dfrac{1}{\lambda}\boldsymbol{A}^{-1}$；

（5）若 $\boldsymbol{A}$、$\boldsymbol{B}$ 可逆，则 $\boldsymbol{AB}$ 也可逆，且 $(\boldsymbol{AB})^{-1}=\boldsymbol{B}^{-1}\boldsymbol{A}^{-1}$；

（6）若 $\boldsymbol{A}$ 可逆，且 $\boldsymbol{AB}=\boldsymbol{AC}$，则 $\boldsymbol{B}=\boldsymbol{C}$（即矩阵的乘法满足消去律的条件是方阵 $\boldsymbol{A}$ 可逆）.

3．伴随矩阵

方阵 $\boldsymbol{A}$ 的伴随矩阵 $\boldsymbol{A}^*$ 定义为

$$\boldsymbol{A}^*=(A_{ij})^{\mathrm{T}},$$

其中 A_{ij} 是行列式 $|\boldsymbol{A}|$ 中 (i,j) 元的代数余子式.

伴随矩阵的性质

（1）基本性质 $\boldsymbol{A}\boldsymbol{A}^*=\boldsymbol{A}^*\boldsymbol{A}=|\boldsymbol{A}|\boldsymbol{E}$；

（2）若 $\boldsymbol{A}$ 可逆，则有 $\boldsymbol{A}^{-1}=\dfrac{1}{|\boldsymbol{A}|}\boldsymbol{A}^*$，$\boldsymbol{A}^*=|\boldsymbol{A}|\boldsymbol{A}^{-1}$；

（3）$\boldsymbol{A}$ 为 n 阶方阵，则 $|\boldsymbol{A}^*|=|\boldsymbol{A}|^{n-1}$；

（4）$(\boldsymbol{A}^{\mathrm{T}})^*=(\boldsymbol{A}^*)^{\mathrm{T}}$，$(\boldsymbol{A}^*)^{-1}=(\boldsymbol{A}^{-1})^*$.（证明参见典型方法与范例中的例 3）

三、分块矩阵

1. 分块对角矩阵

n 阶方阵 $\boldsymbol{A}$ 的分块矩阵形式也是方阵，它除主对角线有非零子块（且都是方阵）外，其余子块都为零矩阵，即

$$\boldsymbol{A}=\begin{pmatrix}\boldsymbol{A}_1 & \boldsymbol{O} & \cdots & \boldsymbol{O}\\ \boldsymbol{O} & \boldsymbol{A}_2 & \cdots & \boldsymbol{O}\\ \vdots & \vdots & & \vdots\\ \boldsymbol{O} & \boldsymbol{O} & \cdots & \boldsymbol{A}_s\end{pmatrix},$$

其中，$\boldsymbol{A}_1,\boldsymbol{A}_2,\cdots,\boldsymbol{A}_s$ 都是方阵，那么称矩阵 $\boldsymbol{A}$ 为分块对角矩阵. 注意分块后的零子块不一定满足是方阵.

分块对角矩阵的常用性质：

（1）$|\boldsymbol{A}|=|\boldsymbol{A}_1||\boldsymbol{A}_2|\cdots|\boldsymbol{A}_s|$；

（2）若 $\boldsymbol{A}_i$（$i=1,2,\cdots,s$）可逆，即 $|\boldsymbol{A}_i|\neq 0$，则 $|\boldsymbol{A}|\neq 0$，从而 $\boldsymbol{A}$ 可逆，并有

$$\boldsymbol{A}^{-1}=\begin{pmatrix}\boldsymbol{A}_1^{-1} & \boldsymbol{O} & \cdots & \boldsymbol{O}\\ \boldsymbol{O} & \boldsymbol{A}_2^{-1} & \cdots & \boldsymbol{O}\\ \vdots & \vdots & & \vdots\\ \boldsymbol{O} & \boldsymbol{O} & \cdots & \boldsymbol{A}_s^{-1}\end{pmatrix};$$

（3）同结构的分块对角矩阵的和、差、积、数乘、逆仍是分块对角矩阵，且运算表现为对应子块的运算.

2. 与 n 元线性方程组 $\begin{cases}a_{11}x_1+a_{12}x_2+\cdots+a_{1n}x_n=b_1\\ a_{21}x_1+a_{22}x_2+\cdots+a_{2n}x_n=b_2\\ \qquad\cdots\\ a_{m1}x_1+a_{m2}x_2+\cdots+a_{mn}x_n=b_m\end{cases}$ 等价的两种形式：

（1）记 $\boldsymbol{A}=(a_{ij})_{m\times n}$，$\boldsymbol{x}=\begin{pmatrix}x_1\\x_2\\\vdots\\x_n\end{pmatrix}$，$\boldsymbol{\beta}=\begin{pmatrix}b_1\\b_2\\\vdots\\b_m\end{pmatrix}$，其中 $\boldsymbol{A}$ 称为系数矩阵，$\boldsymbol{x}$ 称为解向

量，$\boldsymbol{\beta}$ 称为常数项向量，此方程组可以记作

$$\boldsymbol{A}\boldsymbol{x}=\boldsymbol{\beta},$$

称为方程组的矩阵形式.

（2）把系数矩阵 $\boldsymbol{A}$ 按列分块，记 $\boldsymbol{A}=(\boldsymbol{\alpha}_1,\boldsymbol{\alpha}_2,\cdots,\boldsymbol{\alpha}_n)$，其中 $\boldsymbol{\alpha}_i=\begin{pmatrix} a_{1i} \\ a_{2i} \\ \vdots \\ a_{mi} \end{pmatrix}$（$i=1,2,\cdots,n$），

则方程组可以记作

$$x_1\boldsymbol{\alpha}_1+x_2\boldsymbol{\alpha}_2+\cdots+x_n\boldsymbol{\alpha}_n=\boldsymbol{\beta},$$

称为方程组的向量形式.

四、初等变换

1．定义与记号

初等行变换（互换两行记作 $r_i \leftrightarrow r_j$，某一行元素遍乘非零常数 k 记作 $r_i \times k$，第 j 行所有元素的 k 倍加到第 i 行的对应元素上记作 r_i+kr_j）：矩阵 $\boldsymbol{A}$ 经过初等行变换变为矩阵 $\boldsymbol{B}$，称矩阵 $\boldsymbol{A}$ 与矩阵 $\boldsymbol{B}$ 行等价，记作 $\boldsymbol{A}\overset{r}{\sim}\boldsymbol{B}$；

初等列变换（互换两列记作 $c_i \leftrightarrow c_j$，某一列元素遍乘非零常数 k 记作 $c_i \times k$，第 j 列所有元素的 k 倍加到第 i 列的对应元素上记作 c_i+kc_j）：矩阵 $\boldsymbol{A}$ 经过初等列变换变为矩阵 $\boldsymbol{B}$，称矩阵 $\boldsymbol{A}$ 与矩阵 $\boldsymbol{B}$ 列等价，记作 $\boldsymbol{A}\overset{c}{\sim}\boldsymbol{B}$；

矩阵 $\boldsymbol{A}$ 经过初等变换变为矩阵 $\boldsymbol{B}$，称矩阵 $\boldsymbol{A}$ 与矩阵 $\boldsymbol{B}$ 等价，记作 $\boldsymbol{A}\sim\boldsymbol{B}$.

2．初等变换的性质及应用

（1）$\boldsymbol{A}\overset{r}{\sim}\boldsymbol{B} \Leftrightarrow$ 存在可逆矩阵 $\boldsymbol{P}$，使 $\boldsymbol{PA}=\boldsymbol{B}$；

（2）$\boldsymbol{A}\overset{c}{\sim}\boldsymbol{B} \Leftrightarrow$ 存在可逆矩阵 $\boldsymbol{Q}$，使 $\boldsymbol{AQ}=\boldsymbol{B}$；

（3）$\boldsymbol{A}\sim\boldsymbol{B} \Leftrightarrow$ 存在可逆矩阵 $\boldsymbol{P}$ 和可逆矩阵 $\boldsymbol{Q}$，使 $\boldsymbol{PAQ}=\boldsymbol{B}$；

（4）方阵 $\boldsymbol{A}$ 可逆 $\Leftrightarrow$ $\boldsymbol{A}\overset{r}{\sim}\boldsymbol{E}$；

（5）若 $(\boldsymbol{A},\boldsymbol{E})\overset{r}{\sim}(\boldsymbol{E},\boldsymbol{P})$，则 $\boldsymbol{A}$ 可逆，$\boldsymbol{P}=\boldsymbol{A}^{-1}$；若 $(\boldsymbol{A},\boldsymbol{B})\overset{r}{\sim}(\boldsymbol{E},\boldsymbol{X})$，则 $\boldsymbol{A}$ 可逆，$\boldsymbol{X}=\boldsymbol{A}^{-1}\boldsymbol{B}$.

五、初等矩阵

1．初等矩阵的定义

由单位矩阵经过一次初等变换后得到的矩阵称为初等矩阵．以三阶单位矩阵 $\boldsymbol{E}=\begin{pmatrix} 1 & 0 & 0 \\ 0 & 1 & 0 \\ 0 & 0 & 1 \end{pmatrix}$ 为例来看相应的三种初等矩阵：

（1）$E(2(k))=\begin{pmatrix}1&0&0\\0&k&0\\0&0&1\end{pmatrix}$是由三阶单位矩阵$E$的第2行（或第2列）乘$k$倍后得到的初等矩阵.

定义： $E(i(k))$（$k\neq 0$）表示n阶单位矩阵E的第i行（或第i列）乘以非零常数k所得到的初等矩阵，称为倍乘初等矩阵；

（2）$E(1,2)=\begin{pmatrix}0&1&0\\1&0&0\\0&0&1\end{pmatrix}$是由三阶单位矩阵$E$的第1、2行（或第1、2列）互换后得到的初等矩阵.

定义： $E(i,j)$表示n阶单位矩阵E的第i行与第j行互换（或第i列与第j列互换）所得到的初等矩阵，称为互换初等矩阵；

（3）$E(3,1(k))=\begin{pmatrix}1&0&0\\0&1&0\\k&0&1\end{pmatrix}$是由三阶单位矩阵$E$的第1行的$k$倍加到第3行（或第3列的$k$倍加到第1列）后得到的初等矩阵.

定义： $E(i,j(k))$表示n阶单位矩阵E的第j行的k倍加到第i行（或第i列的k倍加到第j列）所得到的初等矩阵，称为倍加初等矩阵.

2．初等矩阵的性质

（1）初等矩阵的转置仍是初等矩阵；

（2）初等矩阵都是可逆矩阵，并且

$$[E(i(k))]^{-1}=E(i(\frac{1}{k}))，[E(i,j)]^{-1}=E(i,j)，[E(i,j(k))]^{-1}=E(i,j(-k))；$$

（3）若矩阵A可逆，则A可以表示成有限个初等矩阵的乘积，即$A=P_1P_2\cdots P_s$，其中$P_1,P_2,\cdots,P_s$都是初等矩阵；

（4）对矩阵$A_{m\times n}$施行一次初等行变换相当于在矩阵$A_{m\times n}$的左边乘以相应的m阶初等矩阵；对矩阵$A_{m\times n}$施行一次初等列变换相当于在矩阵$A_{m\times n}$的右边乘以相应的n阶初等矩阵.

六、矩阵的秩

1．矩阵秩的定义

矩阵$A_{m\times n}$中任取k行k列（$k\leqslant m$，$k\leqslant n$），位于所取行列交叉处的k^2个元素按照它们在A中所处的位置次序而得到的k阶行列式称为矩阵A的一个k阶子式．$\boldsymbol{A}$ 的 k 阶子式共有 $C_m^k \cdot C_n^k$ 个．矩阵 $\boldsymbol{A}$ 的最高阶非零子式的阶数称为矩阵 $\boldsymbol{A}$ 的秩，记作 $R(\boldsymbol{A})$．注意只有零矩阵的秩等于 0，非零矩阵的秩一定大于或等于 1．

可逆矩阵（非奇异矩阵）的秩等于其阶数，故可逆矩阵又称满秩矩阵，不可逆矩阵（奇异矩阵）又称为降秩矩阵．可逆矩阵、非奇异矩阵和满秩矩阵指的是同一类方阵．

2．矩阵秩的性质

（1）$0 \leqslant R(\boldsymbol{A}_{m\times n}) \leqslant \min\{m,n\}$；

（2）$R(\boldsymbol{A}^{\mathrm{T}}) = R(\boldsymbol{A})$；

（3）若 $\boldsymbol{A} \sim \boldsymbol{B}$，则 $R(\boldsymbol{A}) = R(\boldsymbol{B})$；

（4）若矩阵 $\boldsymbol{P}$ 和 $\boldsymbol{Q}$ 可逆，则 $R(\boldsymbol{PAQ}) = R(\boldsymbol{B})$；

（5）$R(\boldsymbol{AB}) \leqslant \min\{R(\boldsymbol{A}), R(\boldsymbol{B})\}$（教材第三章第三节定理 12)；

（6）$R(\boldsymbol{A}+\boldsymbol{B}) \leqslant R(\boldsymbol{A}) + R(\boldsymbol{B})$（教材第三章第三节定理 13)；

（7）$\max\{R(\boldsymbol{A}), R(\boldsymbol{B})\} \leqslant R(\boldsymbol{A},\boldsymbol{B}) \leqslant R(\boldsymbol{A}) + R(\boldsymbol{B})$（教材第三章第六节定理 4)，特别地，当 $\boldsymbol{B}$ 为列矩阵 $\boldsymbol{\beta}$ 时，有 $R(\boldsymbol{A}) \leqslant R(\boldsymbol{A},\boldsymbol{\beta}) \leqslant R(\boldsymbol{A})+1$；

（8）若 $\boldsymbol{A}_{m\times n}\boldsymbol{B}_{n\times l}=\boldsymbol{O}$，则 $R(\boldsymbol{A})+R(\boldsymbol{B}) \leqslant n$（教材第三章第四节例 10)．

3．矩阵秩的求法

根据教材第二章定理 4 若 $\boldsymbol{A} \sim \boldsymbol{B}$，则 $R(\boldsymbol{A}) = R(\boldsymbol{B})$，将矩阵 $\boldsymbol{A}$ 利用初等变换化为行阶梯形矩阵 $\boldsymbol{B}$，则矩阵 $\boldsymbol{B}$ 中非零行的行数即为矩阵 $\boldsymbol{A}$ 的秩．

矩阵的秩是矩阵的一个重要的指数，由于它是矩阵在初等变换下的不变量，因此在初等变换的辅助下，矩阵的秩有着十分广泛的应用，尤其是在判断线性方程组解的情况上，起着重要的作用．

七、判定线性方程组解的情况的定理

1．n 元齐次线性方程组 $\boldsymbol{A}_{m\times n}\boldsymbol{x} = \boldsymbol{0}$ 解的判定定理

n 元齐次线性方程组 $\boldsymbol{A}_{m\times n}\boldsymbol{x} = \boldsymbol{0}$ 有非零解的充要条件是 $R(\boldsymbol{A}) < n$，只有零解的充要条件是 $R(\boldsymbol{A})=n$．

2．n 元非齐次线性方程组 $\boldsymbol{A}_{m\times n}\boldsymbol{x} = \boldsymbol{\beta}$ 解的判定定理

n 元非齐次线性方程组 $\boldsymbol{A}_{m\times n}\boldsymbol{x} = \boldsymbol{\beta}$ 无解的充要条件是 $R(\boldsymbol{A}) \neq R(\boldsymbol{A}\mid\boldsymbol{\beta})$ 即 $R(\boldsymbol{A}) < R(\boldsymbol{A}\mid\boldsymbol{\beta})$，有唯一解的充要条件是 $R(\boldsymbol{A}) = R(\boldsymbol{A}\mid\boldsymbol{\beta}) = n$，有无穷解的充要条件是 $R(\boldsymbol{A}) = R(\boldsymbol{A}\mid\boldsymbol{\beta}) < n$．

这两个关于方程组解的情况的判定定理非常重要，是线性代数课程中最基本、最重要的内容之一．一定要注意的是这两个定理中字母 n 的含义是指方程组中未

知量的个数，而不是方程的个数．

另外还需要注意的是这两个定理适用于所有线性方程组解的情况的判定，而第一章中的克拉默法则只适用于系数矩阵 $\boldsymbol{A}$ 是方阵的方程组（即未知量的个数与方程的个数相等）解的判定，而且克拉默法则只能判断非齐次线性方程组 $\boldsymbol{Ax}=\boldsymbol{\beta}$ 是否有唯一解（即 $|\boldsymbol{A}|\neq 0$，方程组 $\boldsymbol{Ax}=\boldsymbol{\beta}$ 有唯一解）．一旦 $|\boldsymbol{A}|=0$，那么非齐次线性方程组 $\boldsymbol{Ax}=\boldsymbol{\beta}$ 是无解还是无穷解，克拉默法则就得不出结论了．但是克拉默法则经常用于判断未知量的个数与方程的个数相等的齐次方程组 $\boldsymbol{Ax}=\boldsymbol{0}$ 是否只有零解的情况（即 $|\boldsymbol{A}|\neq 0$，方程组 $\boldsymbol{Ax}=\boldsymbol{0}$ 只有零解），尤其是系数矩阵 $\boldsymbol{A}$ 中还带有参数的齐次方程组，用克拉默法则比用矩阵的秩去判定要更简单一些．

典型方法与范例

例 1 设 $\boldsymbol{\alpha}=\left(1,\frac{1}{2},\frac{1}{3}\right)$，$\boldsymbol{\beta}=(1,1,1)^{\mathrm{T}}$，计算 $(\boldsymbol{\beta\alpha})^n$．

解：由于 $\boldsymbol{\beta\alpha}=\begin{pmatrix}1\\1\\1\end{pmatrix}\begin{pmatrix}1 & \frac{1}{2} & \frac{1}{3}\end{pmatrix}=\begin{pmatrix}1 & \frac{1}{2} & \frac{1}{3}\\ 1 & \frac{1}{2} & \frac{1}{3}\\ 1 & \frac{1}{2} & \frac{1}{3}\end{pmatrix}$ 是一个三阶方阵，而求方阵的幂是一个非常繁琐的过程，所以此题不能直接计算 $(\boldsymbol{\beta\alpha})^n$．考虑到 $\boldsymbol{\alpha\beta}=\begin{pmatrix}1 & \frac{1}{2} & \frac{1}{3}\end{pmatrix}\begin{pmatrix}1\\1\\1\end{pmatrix}=1+\frac{1}{2}+\frac{1}{3}=\frac{11}{6}$ 是一个数，再利用矩阵的乘法满足结合律，故

$$(\boldsymbol{\beta\alpha})^n=\underbrace{(\boldsymbol{\beta\alpha})(\boldsymbol{\beta\alpha})\cdots(\boldsymbol{\beta\alpha})}_{n}=\boldsymbol{\beta}\underbrace{(\boldsymbol{\alpha\beta})(\boldsymbol{\alpha\beta})\cdots(\boldsymbol{\alpha\beta})}_{n-1}\boldsymbol{\alpha}=\boldsymbol{\beta}\underbrace{\left(\frac{11}{6}\right)\left(\frac{11}{6}\right)\cdots\left(\frac{11}{6}\right)}_{n-1}\boldsymbol{\alpha}=\left(\frac{11}{6}\right)^{n-1}\boldsymbol{\beta\alpha}$$

$$=\left(\frac{11}{6}\right)^{n-1}\begin{pmatrix}1 & \frac{1}{2} & \frac{1}{3}\\ 1 & \frac{1}{2} & \frac{1}{3}\\ 1 & \frac{1}{2} & \frac{1}{3}\end{pmatrix}.$$

本例的关键是利用矩阵乘法的结合律．此外，本题的一个推广为：若 $\boldsymbol{\alpha}$ 和 $\boldsymbol{\beta}$ 是 n 维列向量，则 $\boldsymbol{A}=\boldsymbol{\alpha\beta}^{\mathrm{T}}$ 是 n 阶方阵，而 $\boldsymbol{\alpha}^{\mathrm{T}}\boldsymbol{\beta}$ 则是一个一阶方阵，即一个数．

例 2　设 A 为三阶可逆矩阵，且 $A^{-1}=\begin{pmatrix}1&2&3\\0&1&-2\\0&0&-1\end{pmatrix}$，求 A^*.

解：由伴随矩阵的基本性质 $A^*A=|A|E$，两边都右乘 A^{-1}，得到 $A^*=|A|A^{-1}$；

由逆矩阵的性质 $|A^{-1}|=|A|^{-1}$ 并且此例中的 A^{-1} 是一个上三角形矩阵，因此易得

$$|A|=|A^{-1}|^{-1}=(-1)^{-1}=-1,$$

所以 $A^*=|A|A^{-1}=-A^{-1}=\begin{pmatrix}-1&-2&-3\\0&-1&2\\0&0&1\end{pmatrix}$.

例 3　设 $A=\begin{pmatrix}1&0&0\\2&2&0\\3&4&5\end{pmatrix}$，求 $(A^*)^{-1}$ 和 $(A^{-1})^*$.

解：由伴随矩阵的基本性质 $A^*A=|A|E$ 及 $|A|=10\neq0$，则 A 可逆，两边同除以 $|A|$，得 $A^*\cdot\left(\dfrac{1}{|A|}A\right)=E$，由教材第二章第三节逆矩阵的推论 1 易知 $(A^*)^{-1}=\dfrac{1}{|A|}A$；

继续利用伴随矩阵的基本性质 $A^*A=|A|E$，将此性质中的 A 都替换成 A^{-1}，不难得到 $(A^{-1})^*\cdot A^{-1}=|A^{-1}|E=\dfrac{1}{|A|}E$，再在此式两边都右乘矩阵 A，即可得到 $(A^{-1})^*=\dfrac{1}{|A|}A$.

故可以得出前面内容提要中的伴随矩阵的一个性质：$(A^*)^{-1}=(A^{-1})^*$.

此例中，易得出 $(A^*)^{-1}=(A^{-1})^*=\dfrac{1}{10}A=\begin{pmatrix}\frac{1}{10}&0&0\\\frac{1}{5}&\frac{1}{5}&0\\\frac{3}{10}&\frac{4}{10}&\frac{1}{2}\end{pmatrix}$.

下面证明伴随矩阵的另一个性质 $(A^{\mathrm T})^*=(A^*)^{\mathrm T}$.

证明：一方面，在伴随矩阵的基本性质 $A^*A=|A|E$ 中，将其中的 A 都替换成 $A^{\mathrm T}$，得到 $(A^{\mathrm T})^*\cdot A^{\mathrm T}=|A^{\mathrm T}|E=|A|E$，再在此式两边都右乘矩阵 $(A^{\mathrm T})^{-1}$，即可得到 $(A^{\mathrm T})^*=|A|(A^{\mathrm T})^{-1}$；

另一方面，$(A^*)^{\mathrm T}\cdot A^{\mathrm T}=(A\cdot A^*)^{\mathrm T}=(|A|E)^{\mathrm T}=|A|E$，两边都右乘矩阵 $(A^{\mathrm T})^{-1}$，亦可得到 $(A^*)^{\mathrm T}=|A|(A^{\mathrm T})^{-1}$，故此性质成立.

性质 $(A^*)^{-1}=(A^{-1})^*$，$(A^{\mathrm{T}})^*=(A^*)^{\mathrm{T}}$，$(A^{\mathrm{T}})^{-1}=(A^{\mathrm{T}})^{-1}$ 说明伴随矩阵、转置矩阵、可逆矩阵这三种运算可以变换运算顺序，而结果不变.

例 4 设 A 为三阶矩阵，且 $|A|=\frac{1}{2}$，求 $|(2A)^{-1}-5A^*|$.

解： $(2A)^{-1}=\frac{1}{2}A^{-1}, A^*=|A|A^{-1}=\frac{1}{2}A^{-1}, |A^{-1}|=2$，得到

$$|(2A)^{-1}-5A^*|=|-2A^{-1}|=(-2)^3|A^{-1}|=-8\times 2=-16.$$

例 2 至例 4 都是和伴随矩阵有关的题目，且都是以伴随矩阵的基本性质 $AA^*=A^*A=|A|E$ 为基础解答的，因此在伴随矩阵的性质中，这个基本性质是最重要也是最常用的一个性质.

例 5 已知 A 为 n 阶矩阵，且满足关系式 $A^2+3A+4E=O$，求 $(A+E)^{-1}$.

解： 将原式 $A^2+3A+4E=O$ 做等价变形，得到 $(A+E)(A+2E)=-2E$（注意所求是 $(A+E)^{-1}$，因此做等价变形时务必要出现因子 $(A+E)$），于是 $(A+E)\left[-\frac{1}{2}(A+2E)\right]=E$，由教材第二章第三节逆矩阵的推论 1 可知，$(A+E)$ 可逆，并且 $(A+E)^{-1}=-\frac{1}{2}(A+2E)$.

例 6 求二阶矩阵 $A=\begin{pmatrix} a & b \\ c & d \end{pmatrix}$ 的逆矩阵.

解： 当 $ad-bc\neq 0$ 时，$\begin{pmatrix} a & b \\ c & d \end{pmatrix}^{-1}=\frac{1}{ad-bc}\begin{pmatrix} d & -b \\ -c & a \end{pmatrix}$.

此式应当作为公式熟练应用. 注意：公式 $A^{-1}=\frac{1}{|A|}A^*$ 只适用于二阶方阵求逆，对于三阶及三阶以上方阵，求逆时应采用初等变换或分块矩阵的方法.

例 7 求 $A=\begin{pmatrix} 5 & 2 & 0 & 0 \\ 2 & 1 & 0 & 0 \\ 0 & 0 & 1 & -2 \\ 0 & 0 & 1 & 1 \end{pmatrix}$ 的逆矩阵.

解： 将 A 进行分块，分块矩阵为 $A=\begin{pmatrix} A_1 & O \\ O & A_2 \end{pmatrix}$，其中 $A_1=\begin{pmatrix} 5 & 2 \\ 2 & 1 \end{pmatrix}, A_2=\begin{pmatrix} 1 & -2 \\ 1 & 1 \end{pmatrix}$，则 A 为分块对角阵.

由分块对角阵的性质 $A^{-1}=\begin{pmatrix} A_1^{-1} & O \\ O & A_2^{-1} \end{pmatrix}$，又根据上例二阶方阵求逆的公式得到

$$A_1^{-1}=\begin{pmatrix}1 & -2\\ -2 & 5\end{pmatrix},\quad A_2^{-1}=\begin{pmatrix}\frac{1}{3} & \frac{2}{3}\\ -\frac{1}{3} & \frac{1}{3}\end{pmatrix},$$

因此
$$A^{-1}=\begin{pmatrix}1 & -2 & 0 & 0\\ -2 & 5 & 0 & 0\\ 0 & 0 & \frac{1}{3} & \frac{2}{3}\\ 0 & 0 & -\frac{1}{3} & \frac{1}{3}\end{pmatrix}.$$

例 8　设矩阵 X 满足 $A^*X=A^{-1}B+2X$，其中 $A=\begin{pmatrix}1 & 1 & -1\\ -1 & 1 & 1\\ 1 & -1 & 1\end{pmatrix}$，$B=\begin{pmatrix}1 & 1\\ 1 & 0\\ 0 & -1\end{pmatrix}$，求 X .

解：经过计算得出 $|A|=4$，故 $A^*=|A|A^{-1}=4A^{-1}$，代入矩阵方程得 $4A^{-1}X=A^{-1}B+2X$，用矩阵 A 左乘该式两边，得

$$4X=B+2AX\Rightarrow 4X-2AX=B\Rightarrow 2(2E-A)X=B\Rightarrow X=\frac{1}{2}(2E-A)^{-1}B\ .$$

又因为 $2E-A=\begin{pmatrix}1 & -1 & 1\\ 1 & 1 & -1\\ -1 & 1 & 1\end{pmatrix}$ 是三阶方阵，因此要用初等行变换求 $(2E-A)^{-1}$，

$$\begin{pmatrix}1 & -1 & 1 & 1 & 0 & 0\\ 1 & 1 & -1 & 0 & 1 & 0\\ -1 & 1 & 1 & 0 & 0 & 1\end{pmatrix}\overset{r_2-r_1}{\underset{r_3+r_1}{\sim}}\begin{pmatrix}1 & -1 & 1 & 1 & 0 & 0\\ 0 & 2 & -2 & -1 & 1 & 0\\ 0 & 0 & 2 & 1 & 0 & 1\end{pmatrix}\overset{r_2+r_3}{\sim}\begin{pmatrix}1 & -1 & 1 & 1 & 0 & 0\\ 0 & 2 & 0 & 0 & 1 & 1\\ 0 & 0 & 2 & 1 & 0 & 1\end{pmatrix}$$

$$\overset{r_2\div 2}{\underset{r_3\div 2}{\sim}}\begin{pmatrix}1 & -1 & 1 & 1 & 0 & 0\\ 0 & 1 & 0 & 0 & \frac{1}{2} & \frac{1}{2}\\ 0 & 0 & 1 & \frac{1}{2} & 0 & \frac{1}{2}\end{pmatrix}\overset{r_1+r_2-r_3}{\sim}\begin{pmatrix}1 & 0 & 0 & \frac{1}{2} & \frac{1}{2} & 0\\ 0 & 1 & 0 & 0 & \frac{1}{2} & \frac{1}{2}\\ 0 & 0 & 1 & \frac{1}{2} & 0 & \frac{1}{2}\end{pmatrix},$$

所以 $(2E-A)^{-1}=\frac{1}{2}\begin{pmatrix}1 & 1 & 0\\ 0 & 1 & 1\\ 1 & 0 & 1\end{pmatrix}$，故

$$X=\frac{1}{2}(2E-A)^{-1}B=\frac{1}{4}\begin{pmatrix}1 & 1 & 0\\ 0 & 1 & 1\\ 1 & 0 & 1\end{pmatrix}\begin{pmatrix}1 & 1\\ 1 & 0\\ 0 & -1\end{pmatrix}=\frac{1}{4}\begin{pmatrix}2 & 1\\ 1 & -1\\ 1 & 0\end{pmatrix}.$$

本例是求解矩阵方程，方法是先将方程化简，然后代入具体的矩阵中以求出未知矩阵，这样可使步骤清晰，计算量减少.

另外，此例中用到了利用初等行变换化矩阵为行最简形的方法来求三阶矩阵的逆. 将矩阵利用初等行变换化为行最简形矩阵是线性代数中必须要掌握的方法，其在求阶数是三阶及以上矩阵的逆、解线性方程组、求向量组的最大线性无关组等过程中起着关键的作用. 利用初等行变换化行最简形矩阵时应谨记行最简形矩阵的结构特点（参见教材第二章第五节），遵循从左往右的四字原则，读者可从大量相关例题中找到规律，并通过加强练习掌握此方法.

例 9　λ 取何值时，非齐次线性方程组

$$\begin{cases}(1+\lambda)x_1+x_2+x_3=0\\ x_1+(1+\lambda)x_2+x_3=3\\ x_1+x_2+(1+\lambda)x_3=\lambda\end{cases}$$

（1）有唯一解；（2）无解；（3）有无穷多组解.

解：

方法一　对增广矩阵 $\boldsymbol{B}=(\boldsymbol{A},\boldsymbol{\beta})$ 作初等行变换把它变为行阶梯形矩阵

$$\boldsymbol{B}=\begin{pmatrix}1+\lambda & 1 & 1 & 0\\ 1 & 1+\lambda & 1 & 3\\ 1 & 1 & 1+\lambda & \lambda\end{pmatrix}\overset{r_1\leftrightarrow r_3}{\sim}\begin{pmatrix}1 & 1 & 1+\lambda & \lambda\\ 1 & 1+\lambda & 1 & 3\\ 1+\lambda & 1 & 1 & 0\end{pmatrix}$$

$$\underset{r_3-(1+\lambda)r_1}{\overset{r_2-r_1}{\sim}}\begin{pmatrix}1 & 1 & 1+\lambda & \lambda\\ 0 & \lambda & -\lambda & 3-\lambda\\ 0 & -\lambda & -\lambda(2+\lambda) & -\lambda(1+\lambda)\end{pmatrix}$$

$$\overset{r_3+r_2}{\sim}\begin{pmatrix}1 & 1 & 1+\lambda & \lambda\\ 0 & \lambda & -\lambda & 3-\lambda\\ 0 & 0 & -\lambda(3+\lambda) & (1-\lambda)(3+\lambda)\end{pmatrix}$$

当 $\lambda\neq 0$ 且 $\lambda\neq -3$ 时，$R(\boldsymbol{A})=R(\boldsymbol{B})=3$，方程组有唯一解；

当 $\lambda=0$ 时，$R(\boldsymbol{A})=1$，$R(\boldsymbol{B})=2$，$R(\boldsymbol{A})\neq R(\boldsymbol{B})$，方程组无解；

当 $\lambda=-3$ 时，$R(\boldsymbol{A})=R(\boldsymbol{B})=2<3$，方程组有无穷多组解.

方法二　因系数矩阵 $\boldsymbol{A}$ 为方阵，故根据克拉默法则知，方程组有唯一解的充分必要条件是系数行列式 $|\boldsymbol{A}|\neq 0$. 而

$$|\boldsymbol{A}|=\begin{vmatrix}1+\lambda & 1 & 1\\ 1 & 1+\lambda & 1\\ 1 & 1 & 1+\lambda\end{vmatrix}=(\lambda+3)\begin{vmatrix}1 & 1 & 1\\ 1 & 1+\lambda & 1\\ 1 & 1 & 1+\lambda\end{vmatrix}=(\lambda+3)\begin{vmatrix}1 & 1 & 1\\ 0 & \lambda & 0\\ 0 & 0 & \lambda\end{vmatrix}=\lambda^2(\lambda+3)$$，因此

当 $|\boldsymbol{A}|\neq 0$，即当 $\lambda\neq 0$ 且 $\lambda\neq -3$ 时，方程组有唯一解；

当 $|\boldsymbol{A}|=0$，即 $\lambda=0$ 或 $\lambda=-3$ 时，分以下两种情况讨论：

当$\lambda=0$时，增广矩阵变为

$$\boldsymbol{B}=\begin{pmatrix}1&1&1&0\\1&1&1&3\\1&1&1&0\end{pmatrix}\overset{r_2-r_1}{\underset{r_3-r_1}{\sim}}\begin{pmatrix}1&1&1&0\\0&0&0&3\\0&0&0&0\end{pmatrix}$$，可见$R(\boldsymbol{A})=1$，$R(\boldsymbol{B})=2$，$R(\boldsymbol{A})\neq R(\boldsymbol{B})$，于是方程组无解；

当$\lambda=-3$时，增广矩阵变为

$$\boldsymbol{B}=\begin{pmatrix}-2&1&1&0\\1&-2&1&3\\1&1&-2&-3\end{pmatrix}\overset{r_3\leftrightarrow r_1}{\sim}\begin{pmatrix}1&1&-2&-3\\1&-2&1&3\\-2&1&1&0\end{pmatrix}$$

$$\overset{r_2-r_1}{\underset{r_3+2r_1}{\sim}}\begin{pmatrix}1&1&-2&-3\\0&-3&3&6\\0&3&-3&-6\end{pmatrix}\overset{r_3+r_2}{\sim}\begin{pmatrix}1&1&-2&-3\\0&-3&3&6\\0&0&0&0\end{pmatrix}.$$

可见$R(\boldsymbol{A})=R(\boldsymbol{B})=2<3$，于是方程组有无穷多组解.

比较这两种解法，显见方法二比较简单，但是方法二只适用于系数矩阵为方阵的情形.

注意：对含参数的矩阵作初等变换时，例如在本例中对$\boldsymbol{B}$作初等变换时，由于$1+\lambda$，$3+\lambda$等因式可以等于0，故不宜做诸如$r_2-\dfrac{1}{1+\lambda}r_1$、$r_2\times(1+\lambda)$、$r_3\div(3+\lambda)$这样的变换．如果做了这样的变换，则需要对$1+\lambda=0$、$3+\lambda=0$的情况另作讨论．因此，对含参数的矩阵作初等变换较不方便.

例 10　已知三阶方阵$\boldsymbol{A}=\begin{pmatrix}1&0&-1\\2&\lambda&1\\1&2&1\end{pmatrix}$，$\boldsymbol{B}$是秩为2的三阶方阵，且$R(\boldsymbol{AB})=1$，求$\lambda$.

解：因为$\boldsymbol{A}$为方阵，所以$\boldsymbol{A}$只有两种可能：可逆或不可逆．不妨假设$\boldsymbol{A}$可逆，则矩阵$\boldsymbol{AB}$是在矩阵$\boldsymbol{B}$的左侧乘了一个可逆矩阵，根据初等变换的性质及应用（1），可知$\boldsymbol{AB}$相当于对矩阵$\boldsymbol{B}$进行初等行变换，即$\boldsymbol{AB}\overset{r}{\sim}\boldsymbol{B}$，那么就会得到$R(\boldsymbol{AB})=R(\boldsymbol{B})=1$，这与已知$R(\boldsymbol{B})=2$矛盾，故可以得出$\boldsymbol{A}$不可逆的结论．既然$\boldsymbol{A}$不可逆，则

$$|\boldsymbol{A}|=\begin{vmatrix}1&0&-1\\2&\lambda&1\\1&2&1\end{vmatrix}=2(\lambda-3)=0,$$

所以$\lambda=3$.

例 11 设三阶矩阵 $A=\begin{pmatrix}1&2&-2\\4&t&3\\3&-1&1\end{pmatrix}$，$B$ 为三阶非零矩阵，且 $AB=O$，求 t 的值.

解: 由题设 $AB=O$ 用矩阵秩的性质第 8 条：若 $A_{m\times n}B_{n\times l}=O$，则 $R(A)+R(B)\leqslant n$，有 $R(A)+R(B)\leqslant 3$，又因为 B 为三阶非零矩阵，故 $R(B)\geqslant 1$，结合以上两式知 $R(A)\leqslant 2$，故 A 为降秩矩阵，$|A|=0$.

$$|A|=\begin{vmatrix}1&2&-2\\4&t&3\\3&-1&1\end{vmatrix}=7t+21=0\Rightarrow t=-3.$$

例 12 设 $A=E-\alpha\alpha^{\mathrm{T}}$，其中 E 是 n 阶单位矩阵，α 是 n 维非零列向量，α^{T} 是 α 的转置. 证明：

（1）$A^2=A$ 的充分必要条件是 $\alpha^{\mathrm{T}}\alpha=1$；

（2）当 $\alpha^{\mathrm{T}}\alpha=1$ 时，A 不可逆.

证明:（1）先计算 A^2.

$$A^2=(E-\alpha\alpha^{\mathrm{T}})(E-\alpha\alpha^{\mathrm{T}})=E^2-2\alpha\alpha^{\mathrm{T}}+(\alpha\alpha^{\mathrm{T}})(\alpha\alpha^{\mathrm{T}})=E^2-2\alpha\alpha^{\mathrm{T}}+\alpha(\alpha^{\mathrm{T}}\alpha)\alpha^{\mathrm{T}},$$

注意到 $\alpha^{\mathrm{T}}\alpha$ 是一个数，因此这里用到了矩阵乘法的结合律，并注意 $E^2=E$，故有

$$A^2=E-2\alpha\alpha^{\mathrm{T}}+(\alpha^{\mathrm{T}}\alpha)\alpha\alpha^{\mathrm{T}}=(E-\alpha\alpha^{\mathrm{T}})-\alpha\alpha^{\mathrm{T}}+(\alpha^{\mathrm{T}}\alpha)\alpha\alpha^{\mathrm{T}}=A+(\alpha^{\mathrm{T}}\alpha-1)\alpha\alpha^{\mathrm{T}},$$

于是

$$A^2=A\Leftrightarrow A+(\alpha^{\mathrm{T}}\alpha-1)\alpha\alpha^{\mathrm{T}}=A\Leftrightarrow(\alpha^{\mathrm{T}}\alpha-1)\alpha\alpha^{\mathrm{T}}=O\Leftrightarrow(\alpha^{\mathrm{T}}\alpha-1)=0\Leftrightarrow\alpha^{\mathrm{T}}\alpha=1$$

（因 $\alpha\neq\mathbf{0}$，故 $\alpha\alpha^{\mathrm{T}}$ 为非零 n 阶方阵）.

（2）由（1）知，此时 $A^2=A$. 反证：若 A 为可逆矩阵，用 A^{-1} 左乘 $A^2=A$ 的两边，得到 $A=E$. 又由题设 $A=E-\alpha\alpha^{\mathrm{T}}$，因而 $\alpha\alpha^{\mathrm{T}}=O$，此时与 α 是 n 维非零列向量矛盾. 故 A 不可逆.

习题选解

2. 设 $A=(1\quad 2\quad -3)$，$B=\begin{pmatrix}2\\1\\1\end{pmatrix}$，求 AB 和 BA.

解:

$$AB=(1\quad 2\quad -3)_{1\times 3}\begin{pmatrix}2\\1\\1\end{pmatrix}_{3\times 1}=2+2-3=1,$$

$$BA=\begin{pmatrix}2\\1\\1\end{pmatrix}_{3\times1}(1\quad 2\quad -3)_{1\times3}=\begin{pmatrix}2&4&-6\\1&2&-3\\1&2&-3\end{pmatrix}.$$

3．计算：

（1）$\begin{pmatrix}1\\2\\3\end{pmatrix}(1\quad 0)+\begin{pmatrix}1&2\\-1&3\\0&-1\end{pmatrix}\begin{pmatrix}0&1\\-1&0\end{pmatrix}$；

解： $\begin{pmatrix}1\\2\\3\end{pmatrix}_{3\times1}(1\quad 0)_{1\times2}+\begin{pmatrix}1&2\\-1&3\\0&-1\end{pmatrix}_{3\times2}\begin{pmatrix}0&1\\-1&0\end{pmatrix}_{2\times2}=\begin{pmatrix}1&0\\2&0\\3&0\end{pmatrix}+\begin{pmatrix}-2&1\\-3&-1\\1&0\end{pmatrix}=\begin{pmatrix}-1&1\\-1&-1\\4&0\end{pmatrix}.$

（2）$\begin{pmatrix}1&0&0\\0&1&0\\0&0&1\end{pmatrix}\begin{pmatrix}2&1\\4&3\\7&9\end{pmatrix}$；

解： $\begin{pmatrix}1&0&0\\0&1&0\\0&0&1\end{pmatrix}_{3\times3}\begin{pmatrix}2&1\\4&3\\7&9\end{pmatrix}_{3\times2}=\begin{pmatrix}2&1\\4&3\\7&9\end{pmatrix}.$

（3）$\begin{pmatrix}2&1&4&0\\1&-1&3&4\end{pmatrix}\begin{pmatrix}1&3&1\\0&-1&2\\1&-3&1\\4&0&-2\end{pmatrix}$；

解： $\begin{pmatrix}2&1&4&0\\1&-1&3&4\end{pmatrix}_{2\times4}\begin{pmatrix}1&3&1\\0&-1&2\\1&-3&1\\4&0&-2\end{pmatrix}_{4\times3}=\begin{pmatrix}6&-7&8\\20&-5&-6\end{pmatrix}.$

（4）$(x_1\quad x_2\quad x_3)\begin{pmatrix}a_{11}&a_{12}&a_{13}\\a_{12}&a_{22}&a_{23}\\a_{13}&a_{23}&a_{33}\end{pmatrix}\begin{pmatrix}x_1\\x_2\\x_3\end{pmatrix}.$

解： $(x_1\quad x_2\quad x_3)_{1\times3}\begin{pmatrix}a_{11}&a_{12}&a_{13}\\a_{12}&a_{22}&a_{23}\\a_{13}&a_{23}&a_{33}\end{pmatrix}_{3\times3}\begin{pmatrix}x_1\\x_2\\x_3\end{pmatrix}_{3\times1}$

$$=(x_1\quad x_2\quad x_3)_{1\times3}\begin{pmatrix}a_{11}x_1+a_{12}x_2+a_{13}x_3\\a_{12}x_1+a_{22}x_2+a_{23}x_3\\a_{13}x_1+a_{23}x_2+a_{33}x_3\end{pmatrix}_{3\times1}$$

$$=x_1(a_{11}x_1+a_{12}x_2+a_{13}x_3)+x_2(a_{12}x_1+a_{22}x_2+a_{23}x_3)+x_3(a_{13}x_1+a_{23}x_2+a_{33}x_3)$$

$$=a_{11}x_1^{\ 2}+a_{22}x_2^{\ 2}+a_{33}x_3^{\ 2}+2a_{12}x_1x_2+2a_{13}x_1x_3+2a_{23}x_2x_3 .$$

注意此题用到了矩阵乘法的结合律，也可以按照从左到右的顺序计算.

4．$\boldsymbol{A}=\begin{pmatrix}1&1&1\\1&1&-1\\1&-1&1\end{pmatrix}$，$\boldsymbol{B}=\begin{pmatrix}1&2&3\\-1&-2&4\\0&5&1\end{pmatrix}$，求$3\boldsymbol{AB}-2\boldsymbol{A}$和$\boldsymbol{A}^{\mathrm{T}}\boldsymbol{B}$.

解：$3\boldsymbol{AB}-2\boldsymbol{A}=3\begin{pmatrix}0&5&8\\0&-5&6\\2&9&0\end{pmatrix}-2\begin{pmatrix}1&1&1\\1&1&-1\\1&-1&1\end{pmatrix}$

$$=\begin{pmatrix}0&15&24\\0&-15&18\\6&27&0\end{pmatrix}-\begin{pmatrix}2&2&2\\2&2&-2\\2&-2&2\end{pmatrix}=\begin{pmatrix}-2&13&22\\-2&-17&20\\4&29&-2\end{pmatrix},$$

因为$\boldsymbol{A}^{\mathrm{T}}=\boldsymbol{A}$，$\boldsymbol{A}$是对称阵，故

$$\boldsymbol{A}^{\mathrm{T}}\boldsymbol{B}=\boldsymbol{AB}=\begin{pmatrix}0&5&8\\0&-5&6\\2&9&0\end{pmatrix}.$$

5．设$\boldsymbol{A}=(1\quad -1\quad 1)$，$\boldsymbol{B}=\begin{pmatrix}1\\1\\2\end{pmatrix}$，求$(\boldsymbol{BA})^n$.

解：$(\boldsymbol{BA})^n=\underbrace{(\boldsymbol{BA})(\boldsymbol{BA})\cdots(\boldsymbol{BA})}_{n}=\boldsymbol{B}\underbrace{(\boldsymbol{AB})(\boldsymbol{AB})\cdots(\boldsymbol{AB})}_{n-1}\boldsymbol{A}=(\boldsymbol{AB})^{n-1}\boldsymbol{BA}$，

又因为$\boldsymbol{AB}=2$，$\boldsymbol{BA}=\begin{pmatrix}1&-1&1\\1&-1&1\\2&-2&2\end{pmatrix}$，因此$(\boldsymbol{BA})^n=2^{n-1}\begin{pmatrix}1&-1&1\\1&-1&1\\2&-2&2\end{pmatrix}$.

6．设$\boldsymbol{A}=\begin{pmatrix}\lambda&1&0\\0&\lambda&1\\0&0&\lambda\end{pmatrix}$，求$\boldsymbol{A}^n$.

解：把$\boldsymbol{A}$写成两个矩阵之和

$$\boldsymbol{A}=\begin{pmatrix}\lambda&0&0\\0&\lambda&0\\0&0&\lambda\end{pmatrix}+\begin{pmatrix}0&1&0\\0&0&1\\0&0&0\end{pmatrix}=\lambda\boldsymbol{E}+\boldsymbol{B},$$

其中三阶矩阵$\boldsymbol{B}=\begin{pmatrix}0&1&0\\0&0&1\\0&0&0\end{pmatrix}$满足$\boldsymbol{B}^2=\begin{pmatrix}0&0&1\\0&0&0\\0&0&0\end{pmatrix}$，$\boldsymbol{B}^k=\boldsymbol{O}$（$k\geqslant 3$）.

于是

$$\begin{aligned}A^n&=(\lambda E+B)^n=C_n^0\lambda^n E+C_n^1\lambda^{n-1}B+\cdots+C_n^n B^n\\&=C_n^0\lambda^n E+C_n^1\lambda^{n-1}B+C_n^2\lambda^{n-2}B^2\\&=\lambda^n E+n\lambda^{n-1}B+\frac{n(n-1)}{2}\lambda^{n-2}B^2\\&=\begin{pmatrix}\lambda^n&0&0\\0&\lambda^n&0\\0&0&\lambda^n\end{pmatrix}+\begin{pmatrix}0&n\lambda^{n-1}&0\\0&0&n\lambda^{n-1}\\0&0&0\end{pmatrix}+\begin{pmatrix}0&0&\frac{n(n-1)}{2}\lambda^{n-2}\\0&0&0\\0&0&0\end{pmatrix}\\&=\begin{pmatrix}\lambda^n&n\lambda^{n-1}&\frac{n(n-1)}{2}\lambda^{n-2}\\0&\lambda^n&n\lambda^{n-1}\\0&0&\lambda^n\end{pmatrix}.\end{aligned}$$

7．设 A 和 B 为 n 阶方阵，且 A 为对称阵，证明 $B^{\mathrm{T}}AB$ 也是对称阵.

证明： $(B^{\mathrm{T}}AB)^{\mathrm{T}}=B^{\mathrm{T}}A^{\mathrm{T}}(B^{\mathrm{T}})^{\mathrm{T}}=B^{\mathrm{T}}AB$（因为 A 为对称阵），故由对称阵的定义知 $B^{\mathrm{T}}AB$ 为对称阵.

8．若方阵 A 和 B 是可交换的，即 $AB=BA$，证明下列两式成立：

（1）$(A+B)^2=A^2+2AB+B^2$；

（2）$(A+B)(A-B)=A^2-B^2$.

证明：（1）$(A+B)^2=(A+B)(A+B)=A^2+AB+BA+B^2=A^2+2AB+B^2$（因为 $AB=BA$）；

（2）$(A+B)(A-B)=A^2-AB+BA-B^2=A^2-B^2$（因为 $AB=BA$）.

9．设 x 为 n 维列向量，$x^{\mathrm{T}}x=1$，令 $H=E-2xx^{\mathrm{T}}$，证明 H 是对称阵，且 $HH^{\mathrm{T}}=E$.

证明： $H^{\mathrm{T}}=(E-2xx^{\mathrm{T}})^{\mathrm{T}}=E^{\mathrm{T}}-2(xx^{\mathrm{T}})^{\mathrm{T}}=E-2(x^{\mathrm{T}})^{\mathrm{T}}x^{\mathrm{T}}=E-2xx^{\mathrm{T}}=H$，所以 H 是对称阵；

注意到，$x^{\mathrm{T}}x=1$，而 xx^{T} 是 n 阶方阵，故有

$$\begin{aligned}HH^{\mathrm{T}}&=HH=(E-2xx^{\mathrm{T}})(E-2xx^{\mathrm{T}})=E^2-2xx^{\mathrm{T}}-2xx^{\mathrm{T}}+4(xx^{\mathrm{T}})(xx^{\mathrm{T}})\\&=E-4xx^{\mathrm{T}}+4x(x^{\mathrm{T}}x)x^{\mathrm{T}}=E-4xx^{\mathrm{T}}+4xx^{\mathrm{T}}=E.\end{aligned}$$

10．设 A 为 n 阶方阵，并且满足 $A^2-A-2E=O$，证明 A 和 $A+2E$ 都可逆，并求 A^{-1} 和 $(A+2E)^{-1}$.

证明： 由 $A^2-A-2E=O$，得到 $A(A-E)=2E$，也就是 $A\cdot\frac{1}{2}(A-E)=E$，

所以A可逆，并且$A^{-1}=\frac{1}{2}(A-E)$；

因为$(A+2E)(A-3E)=A^2-A-6E=2E-6E=-4E$，即

$(A+2E)\cdot\left[-\frac{1}{4}(A-3E)\right]=E$，所以$A+2E$可逆，且$(A+2E)^{-1}=\left[-\frac{1}{4}(A-3E)\right]$.

11．设$P^{-1}AP=\Lambda$，其中$P=\begin{pmatrix}-1&-4\\1&1\end{pmatrix}$，$\Lambda=\begin{pmatrix}-1&0\\0&2\end{pmatrix}$，求$A^{11}$.

解：本题与教材第二章第三节例17相仿．因$P^{-1}AP=\Lambda$，故$A=P\Lambda P^{-1}$，于是

$$
\begin{aligned}
A^{11}&=P\Lambda^{11}P^{-1}\\
&=\begin{pmatrix}-1&-4\\1&1\end{pmatrix}\begin{pmatrix}-1&0\\0&2\end{pmatrix}^{11}\begin{pmatrix}-1&-4\\1&1\end{pmatrix}^{-1}=\frac{1}{3}\begin{pmatrix}-1&-4\\1&1\end{pmatrix}\begin{pmatrix}-1&0\\0&2^{11}\end{pmatrix}\begin{pmatrix}1&4\\-1&-1\end{pmatrix}\\
&=\frac{1}{3}\begin{pmatrix}1+2^{13}&4+2^{13}\\-1-2^{11}&-4-2^{11}\end{pmatrix}=\begin{pmatrix}2731&2732\\-683&-684\end{pmatrix}.
\end{aligned}
$$

12．设$A^k=O$（k为正整数)，证明$(E-A)^{-1}=E+A+A^2+\cdots+A^{k-1}$.

证明：

$$
\begin{aligned}
(E-A)(E+A+A^2+\cdots+A^{k-1})&=E+A+A^2+\cdots+A^{k-1}-A-A^2-\cdots-A^{k-1}-A^k\\
&=E-A^k=E-O=E,
\end{aligned}
$$

故$E-A$可逆，并且$(E-A)^{-1}=E+A+A^2+\cdots+A^{k-1}$.

13．设A和B均为n阶方阵，$A=\frac{1}{2}(B+E)$，求证$A^2=A$的充分必要条件是$B^2=E$.

证明：将$A=\frac{1}{2}(B+E)$代入$A^2=A$，得

$$\frac{1}{4}(B+E)^2=\frac{1}{2}(B+E)\Leftrightarrow B^2+2B+E=2(B+E)\Leftrightarrow B^2=E$$

14．设$A=diag(1,-2,1)$，$A^*BA=2BA-8E$，求B.

解：由于所给矩阵方程中含有A和A^*，因此仍从伴随矩阵的基本性质$AA^*=|A|E$入手.

用A左乘所给方程$A^*BA=2BA-8E$的两边，得

$$AA^*BA=2ABA-8A,$$

即$|A|BA=2ABA-8A$，又因为$|A|=-2\neq0$，故A可逆，用A^{-1}右乘上式两边，得

$$
\begin{aligned}
|A|B=2AB-8E\Rightarrow -2B=2AB-8E\Rightarrow 2AB+2B\\
=8E\Rightarrow(A+E)B=4E\Rightarrow B=4(A+E)^{-1}.
\end{aligned}
$$

注意到$A+E=diag(1,-2,1)+diag(1,1,1)=diag(2,-1,2)$是可逆矩阵，且

$$(\boldsymbol{A}+\boldsymbol{E})^{-1}=diag\left(\frac{1}{2},-1,\frac{1}{2}\right)$$，于是 $\boldsymbol{B}=4(\boldsymbol{A}+\boldsymbol{E})^{-1}=diag(2,-4,2)$.

15．设 $\boldsymbol{A}$ 为三阶方阵，$\boldsymbol{E}$ 为三阶单位矩阵，且 $\boldsymbol{A}$ 满足 $\boldsymbol{A}^2+2\boldsymbol{A}-2\boldsymbol{E}=\boldsymbol{O}$，$|\boldsymbol{A}|=3$，求 $|\boldsymbol{A}+2\boldsymbol{E}|$ 和 $|\boldsymbol{A}+\boldsymbol{E}|$.

解：由已知等式 $\boldsymbol{A}^2+2\boldsymbol{A}-2\boldsymbol{E}=\boldsymbol{O}$，得到 $\boldsymbol{A}(\boldsymbol{A}+2\boldsymbol{E})=2\boldsymbol{E}$，等式两边同取行列式，得到 $|\boldsymbol{A}|\cdot|\boldsymbol{A}+2\boldsymbol{E}|=|2\boldsymbol{E}|$，因为 $\boldsymbol{A}$ 和 $\boldsymbol{E}$ 均为三阶方阵且 $|\boldsymbol{A}|=3$，$|2\boldsymbol{E}|=2^3|\boldsymbol{E}|=8$，故 $|\boldsymbol{A}+2\boldsymbol{E}|=\frac{8}{3}$；

又 $(\boldsymbol{A}+\boldsymbol{E})^2=\boldsymbol{A}^2+2\boldsymbol{A}+\boldsymbol{E}=2\boldsymbol{E}+\boldsymbol{E}=3\boldsymbol{E}$，等式两边同取行列式，得到

$|(\boldsymbol{A}+\boldsymbol{E})^2|=|\boldsymbol{A}+\boldsymbol{E}|^2=|3\boldsymbol{E}|=3^3\cdot1=27$，故 $|\boldsymbol{A}+\boldsymbol{E}|=\pm3\sqrt{3}$.

16．若 $\boldsymbol{A}$ 和 $\boldsymbol{B}$ 均为 n 阶矩阵，且 $|\boldsymbol{A}|=-2$，$|\boldsymbol{B}|=3$，求 $|-\boldsymbol{A}^*\boldsymbol{B}^{-1}|$.

解：由 $|\boldsymbol{A}|=-2$，$|\boldsymbol{B}|=3$，计算得到 $|\boldsymbol{A}^*|=|\boldsymbol{A}|^{n-1}=(-2)^{n-1}$（证明见习题 18），$|\boldsymbol{B}^{-1}|=\frac{1}{3}$，故 $|-\boldsymbol{A}^*\boldsymbol{B}^{-1}|=(-1)^n|\boldsymbol{A}^*|\cdot|\boldsymbol{B}^{-1}|=(-1)^n(-2)^{n-1}\times\frac{1}{3}=-\frac{2^{n-1}}{3}$.

17．若三阶矩阵 $\boldsymbol{A}$ 的伴随矩阵为 $\boldsymbol{A}^*$，已知 $|\boldsymbol{A}|=\frac{1}{2}$，求 $|(3\boldsymbol{A})^{-1}-2\boldsymbol{A}^*|$.

解：由 $\boldsymbol{A}^*=|\boldsymbol{A}|\boldsymbol{A}^{-1}=\frac{1}{2}\boldsymbol{A}^{-1}$，得

$$|(3\boldsymbol{A})^{-1}-2\boldsymbol{A}^*|=|\frac{1}{3}\boldsymbol{A}^{-1}-\boldsymbol{A}^{-1}|=|-\frac{2}{3}\boldsymbol{A}^{-1}|=\left(-\frac{2}{3}\right)^3|\boldsymbol{A}|^{-1}=-\frac{16}{27}.$$

18．设 n 阶矩阵 $\boldsymbol{A}$ 的伴随矩阵为 $\boldsymbol{A}^*$，证明：

（1）若 $|\boldsymbol{A}|=0$,则 $|\boldsymbol{A}^*|=0$；（2）$|\boldsymbol{A}^*|=|\boldsymbol{A}|^{n-1}$.

证明：（1）因 $\boldsymbol{A}\boldsymbol{A}^*=|\boldsymbol{A}|\boldsymbol{E}$，当 $|\boldsymbol{A}|=0$ 时，上式成为 $\boldsymbol{A}\boldsymbol{A}^*=\boldsymbol{O}$.

要证 $|\boldsymbol{A}^*|=0$，用反证法：设 $|\boldsymbol{A}^*|\neq0$，则 $\boldsymbol{A}^*$ 可逆，用 $(\boldsymbol{A}^*)^{-1}$ 右乘 $\boldsymbol{A}\boldsymbol{A}^*=\boldsymbol{O}$ 两边，得 $\boldsymbol{A}=\boldsymbol{O}$，于是推得 $\boldsymbol{A}$ 的所有 $n-1$ 阶子式均为 0，亦即 $\boldsymbol{A}^*$ 的所有元素均为 0，这导致 $\boldsymbol{A}^*=\boldsymbol{O}$．因此与 $\boldsymbol{A}^*$ 可逆矛盾．故当 $|\boldsymbol{A}|=0$ 时，$|\boldsymbol{A}^*|=0$；

（2）分两种情形：

情形 1：$|\boldsymbol{A}|=0$．由（1），$|\boldsymbol{A}^*|=0=|\boldsymbol{A}|^{n-1}$，结论成立；

情形 2：$|\boldsymbol{A}|\neq0$，由伴随矩阵的基本性质 $\boldsymbol{A}\boldsymbol{A}^*=|\boldsymbol{A}|\boldsymbol{E}$，两边取行列式，得

$|\boldsymbol{A}|\cdot|\boldsymbol{A}^*|=|\boldsymbol{A}\boldsymbol{A}^*|=||\boldsymbol{A}|\boldsymbol{E}|=|\boldsymbol{A}|^n\cdot|\boldsymbol{E}|=|\boldsymbol{A}|^n$，因为 $|\boldsymbol{A}|\neq0$，故 $|\boldsymbol{A}^*|=|\boldsymbol{A}|^{n-1}$.

注意：本题（2）的结论应当记住.

20．设$\boldsymbol{A}=\begin{pmatrix}3&4&0&0\\4&-3&0&0\\0&0&2&0\\0&0&2&2\end{pmatrix}$，求$\boldsymbol{A}^{-1}$和$|\boldsymbol{A}^8|$.

解： 将$\boldsymbol{A}$进行分块，分块矩阵为$\boldsymbol{A}=\begin{pmatrix}\boldsymbol{A}_1&\boldsymbol{O}\\\boldsymbol{O}&\boldsymbol{A}_2\end{pmatrix}$，其中$\boldsymbol{A}_1=\begin{pmatrix}3&4\\4&-3\end{pmatrix}$，$\boldsymbol{A}_2=\begin{pmatrix}2&0\\2&2\end{pmatrix}$，则$\boldsymbol{A}$为分块对角阵.

由分块对角阵的性质$\boldsymbol{A}^{-1}=\begin{pmatrix}\boldsymbol{A}_1^{-1}&\boldsymbol{O}\\\boldsymbol{O}&\boldsymbol{A}_2^{-1}\end{pmatrix}$，并且

$$\boldsymbol{A}_1^{-1}=\begin{pmatrix}\frac{3}{25}&\frac{4}{25}\\\frac{4}{25}&-\frac{3}{25}\end{pmatrix},\quad \boldsymbol{A}_2^{-1}=\begin{pmatrix}\frac{1}{2}&0\\-\frac{1}{2}&\frac{1}{2}\end{pmatrix},$$

因此
$$\boldsymbol{A}^{-1}=\begin{pmatrix}\frac{3}{25}&\frac{4}{25}&0&0\\\frac{4}{25}&-\frac{3}{25}&0&0\\0&0&\frac{1}{2}&0\\0&0&-\frac{1}{2}&\frac{1}{2}\end{pmatrix};$$

$$|\boldsymbol{A}^8|=|\boldsymbol{A}|^8=(|\boldsymbol{A}_1|\cdot|\boldsymbol{A}_2|)^8=(-25\times4)^8=10^{16}.$$

21．设$\boldsymbol{A}$为三阶矩阵，$|\boldsymbol{A}|=-2$，将矩阵$\boldsymbol{A}$按列分块为$\boldsymbol{A}=(\boldsymbol{\alpha}_1,\boldsymbol{\alpha}_2,\boldsymbol{\alpha}_3)$，其中$\boldsymbol{\alpha}_j$（$j=1,2,3$）为矩阵$\boldsymbol{A}$的第$j$列. 求：（1）$|\boldsymbol{\alpha}_1,2\boldsymbol{\alpha}_2,\boldsymbol{\alpha}_3|$；（2）$|\boldsymbol{\alpha}_3-2\boldsymbol{\alpha}_1,3\boldsymbol{\alpha}_2,\boldsymbol{\alpha}_1|$.

解：（1）$|\boldsymbol{\alpha}_1,2\boldsymbol{\alpha}_2,\boldsymbol{\alpha}_3|=2|\boldsymbol{\alpha}_1,\boldsymbol{\alpha}_2,\boldsymbol{\alpha}_3|=2|\boldsymbol{A}|=-4$；

（2）
$$\begin{aligned}|\boldsymbol{\alpha}_3-2\boldsymbol{\alpha}_1,3\boldsymbol{\alpha}_2,\boldsymbol{\alpha}_1|&=|\boldsymbol{\alpha}_3,3\boldsymbol{\alpha}_2,\boldsymbol{\alpha}_1|+|-2\boldsymbol{\alpha}_1,3\boldsymbol{\alpha}_2,\boldsymbol{\alpha}_1|=-|\boldsymbol{\alpha}_1,3\boldsymbol{\alpha}_2,\boldsymbol{\alpha}_3|\\&=-3|\boldsymbol{\alpha}_1,\boldsymbol{\alpha}_2,\boldsymbol{\alpha}_3|=-3|\boldsymbol{A}|=6.\end{aligned}$$

其中$|-2\boldsymbol{\alpha}_1,3\boldsymbol{\alpha}_2,\boldsymbol{\alpha}_1|=0$（第一列和第三列对应元素成比例）.

22．求下列方阵的逆阵.

（2）$\begin{pmatrix}1&2&-1\\3&4&-2\\5&-4&1\end{pmatrix}$；

解：

$$\begin{pmatrix}1&2&-1&1&0&0\\3&4&-2&0&1&0\\5&-4&1&0&0&1\end{pmatrix}\overset{r_2-3r_1}{\underset{r_3-5r_1}{\sim}}\begin{pmatrix}1&2&-1&1&0&0\\0&-2&1&-3&1&0\\0&-14&6&-5&0&1\end{pmatrix}$$

$$\overset{r_1+r_2}{\underset{r_3-7r_2}{\sim}}\begin{pmatrix}1&0&0&-2&1&0\\0&-2&1&-3&1&0\\0&0&-1&16&-7&1\end{pmatrix}\overset{r_2+r_3}{\underset{r_3\div(-1)}{\sim}}\begin{pmatrix}1&0&0&-2&1&0\\0&-2&0&13&-6&1\\0&0&1&-16&7&-1\end{pmatrix}$$

$$\underset{r_2\div(-2)}{\sim}\begin{pmatrix}1&0&0&-2&1&0\\0&1&0&-\dfrac{13}{2}&3&-\dfrac{1}{2}\\0&0&1&-16&7&-1\end{pmatrix}$$

因此
$$A^{-1}=\begin{pmatrix}-2&1&0\\-\dfrac{13}{2}&3&-\dfrac{1}{2}\\-16&7&-1\end{pmatrix};$$

（3）$\begin{pmatrix}3&2&1\\3&1&5\\3&2&3\end{pmatrix}$；

解：

$$\begin{pmatrix}3&2&1&1&0&0\\3&1&5&0&1&0\\3&2&3&0&0&1\end{pmatrix}\overset{r_2-r_1}{\underset{r_3-r_1}{\sim}}\begin{pmatrix}3&2&1&1&0&0\\0&-1&4&-1&1&0\\0&0&2&-1&0&1\end{pmatrix}\underset{r_3\div2}{\sim}\begin{pmatrix}3&2&1&1&0&0\\0&-1&4&-1&1&0\\0&0&1&-\dfrac{1}{2}&0&\dfrac{1}{2}\end{pmatrix}$$

$$\overset{r_1-r_3}{\underset{r_2-4r_3}{\sim}}\begin{pmatrix}3&2&0&\dfrac{3}{2}&0&-\dfrac{1}{2}\\0&-1&0&1&1&-2\\0&0&1&-\dfrac{1}{2}&0&\dfrac{1}{2}\end{pmatrix}\underset{r_2\div(-1)}{\sim}\begin{pmatrix}3&2&0&\dfrac{3}{2}&0&-\dfrac{1}{2}\\0&1&0&-1&-1&2\\0&0&1&-\dfrac{1}{2}&0&\dfrac{1}{2}\end{pmatrix}$$

$$\overset{r_1-2r_2}{\sim}\begin{pmatrix}3&0&0&\dfrac{7}{2}&2&-\dfrac{9}{2}\\0&1&0&-1&-1&2\\0&0&1&-\dfrac{1}{2}&0&\dfrac{1}{2}\end{pmatrix}\underset{r_1\div3}{\sim}\begin{pmatrix}1&0&0&\dfrac{7}{6}&\dfrac{2}{3}&-\dfrac{3}{2}\\0&1&0&-1&-1&2\\0&0&1&-\dfrac{1}{2}&0&\dfrac{1}{2}\end{pmatrix},$$

因此
$$A^{-1}=\begin{pmatrix}\frac{7}{6} & \frac{2}{3} & -\frac{3}{2}\\ -1 & -1 & 2\\ -\frac{1}{2} & 0 & \frac{1}{2}\end{pmatrix};$$

（4）$\begin{pmatrix}-2 & 3 & 3\\ 1 & -1 & 0\\ -1 & 2 & 1\end{pmatrix}$；

解：

$$\begin{pmatrix}-2 & 3 & 3 & 1 & 0 & 0\\ 1 & -1 & 0 & 0 & 1 & 0\\ -1 & 2 & 1 & 0 & 0 & 1\end{pmatrix}\overset{r_1\leftrightarrow r_2}{\sim}\begin{pmatrix}1 & -1 & 0 & 0 & 1 & 0\\ -2 & 3 & 3 & 1 & 0 & 0\\ -1 & 2 & 1 & 0 & 0 & 1\end{pmatrix}$$
$$\underset{r_3+r_1}{\overset{r_2+2r_1}{\sim}}\begin{pmatrix}1 & -1 & 0 & 0 & 1 & 0\\ 0 & 1 & 3 & 1 & 2 & 0\\ 0 & 1 & 1 & 0 & 1 & 1\end{pmatrix}\underset{r_3-r_2}{\overset{r_1+r_2}{\sim}}\begin{pmatrix}1 & 0 & 3 & 1 & 3 & 0\\ 0 & 1 & 3 & 1 & 2 & 0\\ 0 & 0 & -2 & -1 & -1 & 1\end{pmatrix}$$
$$\underset{r_3\div(-2)}{\sim}\begin{pmatrix}1 & 0 & 3 & 1 & 3 & 0\\ 0 & 1 & 3 & 1 & 2 & 0\\ 0 & 0 & 1 & \frac{1}{2} & \frac{1}{2} & -\frac{1}{2}\end{pmatrix}\underset{r_2-3r_3}{\overset{r_1-3r_3}{\sim}}\begin{pmatrix}1 & 0 & 0 & -\frac{1}{2} & \frac{3}{2} & \frac{3}{2}\\ 0 & 1 & 0 & -\frac{1}{2} & \frac{1}{2} & \frac{3}{2}\\ 0 & 0 & 1 & \frac{1}{2} & \frac{1}{2} & -\frac{1}{2}\end{pmatrix},$$

因此
$$A^{-1}=\frac{1}{2}\begin{pmatrix}-1 & 3 & 3\\ -1 & 1 & 3\\ 1 & 1 & -1\end{pmatrix};$$

（5）$\begin{pmatrix}0 & 1 & 0 & 0\\ 0 & 0 & 2 & 0\\ 0 & 0 & 0 & 3\\ 4 & 0 & 0 & 0\end{pmatrix}$；

解：

$$\begin{pmatrix}0 & 1 & 0 & 0 & 1 & 0 & 0 & 0\\ 0 & 0 & 2 & 0 & 0 & 1 & 0 & 0\\ 0 & 0 & 0 & 3 & 0 & 0 & 1 & 0\\ 4 & 0 & 0 & 0 & 0 & 0 & 0 & 1\end{pmatrix}\overset{\substack{r_4\leftrightarrow r_3\\ r_3\leftrightarrow r_2\\ r_2\leftrightarrow r_1}}{\sim}\begin{pmatrix}4 & 0 & 0 & 0 & 0 & 0 & 0 & 1\\ 0 & 1 & 0 & 0 & 1 & 0 & 0 & 0\\ 0 & 0 & 2 & 0 & 0 & 1 & 0 & 0\\ 0 & 0 & 0 & 3 & 0 & 0 & 1 & 0\end{pmatrix}$$

$$\overset{r_1\div 4,\ r_3\div 2}{\underset{r_4\div 3}{\sim}}\begin{pmatrix}1&0&0&0&0&0&0&\frac{1}{4}\\0&1&0&0&1&0&0&0\\0&0&1&0&0&\frac{1}{2}&0&0\\0&0&0&1&0&0&\frac{1}{3}&0\end{pmatrix},$$

因此
$$A^{-1}=\begin{pmatrix}0&0&0&\frac{1}{4}\\1&0&0&0\\0&\frac{1}{2}&0&0\\0&0&\frac{1}{3}&0\end{pmatrix};$$

注意本题的第一步用到了逐行互换.

（6）$\begin{pmatrix}1&0&1&-1\\2&0&1&0\\3&1&2&0\\-3&1&0&4\end{pmatrix}$.

解：

$$\begin{pmatrix}1&0&1&-1&1&0&0&0\\2&0&1&0&0&1&0&0\\3&1&2&0&0&0&1&0\\-3&1&0&4&0&0&0&1\end{pmatrix}\overset{r_2-2r_1,\ r_3-3r_1}{\underset{r_4+3r_1}{\sim}}\begin{pmatrix}1&0&1&-1&1&0&0&0\\0&0&-1&2&-2&1&0&0\\0&1&-1&3&-3&0&1&0\\0&1&3&1&3&0&0&1\end{pmatrix}$$

$$\overset{r_2\leftrightarrow r_3}{\sim}\begin{pmatrix}1&0&1&-1&1&0&0&0\\0&1&-1&3&-3&0&1&0\\0&0&-1&2&-2&1&0&0\\0&1&3&1&3&0&0&1\end{pmatrix}\overset{r_4-r_2}{\sim}\begin{pmatrix}1&0&1&-1&1&0&0&0\\0&1&-1&3&-3&0&1&0\\0&0&-1&2&-2&1&0&0\\0&0&4&-2&6&0&-1&1\end{pmatrix}$$

$$\overset{r_1+r_3,\ r_2-r_3}{\underset{r_4+4r_3}{\sim}}\begin{pmatrix}1&0&0&1&-1&1&0&0\\0&1&0&1&-1&-1&1&0\\0&0&-1&2&-2&1&0&0\\0&0&0&6&-2&4&-1&1\end{pmatrix}\overset{r_3\div(-1)}{\underset{r_4\div 6}{\sim}}\begin{pmatrix}1&0&0&1&-1&1&0&0\\0&1&0&1&-1&-1&1&0\\0&0&1&-2&2&-1&0&0\\0&0&0&1&-\frac{2}{6}&\frac{4}{6}&-\frac{1}{6}&\frac{1}{6}\end{pmatrix}$$

$$\underset{r_3+2r_4}{\overset{\substack{r_1-r_4\\ r_2-r_4}}{\sim}}\begin{pmatrix} 1 & 0 & 0 & 0 & -\frac{4}{6} & \frac{2}{6} & \frac{1}{6} & -\frac{1}{6} \\ 0 & 1 & 0 & 0 & -\frac{4}{6} & -\frac{10}{6} & \frac{7}{6} & -\frac{1}{6} \\ 0 & 0 & 1 & 0 & \frac{8}{6} & \frac{2}{6} & -\frac{2}{6} & \frac{2}{6} \\ 0 & 0 & 0 & 1 & -\frac{2}{6} & \frac{4}{6} & -\frac{1}{6} & \frac{1}{6} \end{pmatrix},$$

因此
$$A^{-1}=\frac{1}{6}\begin{pmatrix} -4 & 2 & 1 & -1 \\ -4 & -10 & 7 & -1 \\ 8 & 2 & -2 & 2 \\ -2 & 4 & -1 & 1 \end{pmatrix}.$$

23．解下列矩阵方程：

（1）$\begin{pmatrix} 2 & 5 \\ 1 & 3 \end{pmatrix}X=\begin{pmatrix} 4 & -6 \\ 2 & 1 \end{pmatrix}$；

解： $X=\begin{pmatrix} 2 & 5 \\ 1 & 3 \end{pmatrix}^{-1}\begin{pmatrix} 4 & -6 \\ 2 & 1 \end{pmatrix}=\begin{pmatrix} 3 & -5 \\ -1 & 2 \end{pmatrix}\begin{pmatrix} 4 & -6 \\ 2 & 1 \end{pmatrix}=\begin{pmatrix} 2 & -23 \\ 0 & 8 \end{pmatrix}$.

（2）$X\begin{pmatrix} 2 & 1 & -1 \\ 2 & 1 & 0 \\ 1 & -1 & 1 \end{pmatrix}=\begin{pmatrix} 1 & -1 & 3 \\ 4 & 3 & 2 \end{pmatrix}$；

解：
$$X=\begin{pmatrix} 1 & -1 & 3 \\ 4 & 3 & 2 \end{pmatrix}\begin{pmatrix} 2 & 1 & -1 \\ 2 & 1 & 0 \\ 1 & -1 & 1 \end{pmatrix}^{-1}=\frac{1}{3}\begin{pmatrix} 1 & -1 & 3 \\ 4 & 3 & 2 \end{pmatrix}\begin{pmatrix} 1 & 0 & 1 \\ -2 & 3 & -2 \\ -3 & 3 & 0 \end{pmatrix}$$
$$=\frac{1}{3}\begin{pmatrix} -6 & 6 & 3 \\ -8 & 15 & -2 \end{pmatrix}=\begin{pmatrix} -2 & 2 & 1 \\ -\frac{8}{3} & 5 & -\frac{2}{3} \end{pmatrix}.$$

（3）$\begin{pmatrix} 1 & -1 & -1 \\ -3 & 2 & 1 \\ 2 & 0 & 1 \end{pmatrix}X=\begin{pmatrix} 1 & 2 \\ 3 & 0 \\ 2 & 5 \end{pmatrix}$；

解： 此题属于求 $X=A^{-1}B$ 类型，方法是利用初等行变换求 $A^{-1}B$.

构造一个新矩阵 (A,B)，将矩阵 (A,B) 进行初等行变换化为行最简形，即 $(A,B)\overset{r}{\sim}(E,X)$，其中 $X=A^{-1}B$，即为所求.

$$(A,B)=\begin{pmatrix} 1 & -1 & -1 & 1 & 2 \\ -3 & 2 & 1 & 3 & 0 \\ 2 & 0 & 1 & 2 & 5 \end{pmatrix}\underset{r_3-2r_1}{\overset{r_2+3r_1}{\sim}}\begin{pmatrix} 1 & -1 & -1 & 1 & 2 \\ 0 & -1 & -2 & 6 & 6 \\ 0 & 2 & 3 & 0 & 1 \end{pmatrix}$$

$$\overset{r_1-r_2}{\underset{r_3+2r_2}{\sim}}\begin{pmatrix}1&0&1&-5&-4\\0&-1&-2&6&6\\0&0&-1&12&13\end{pmatrix}\overset{r_2\div(-1)}{\underset{r_3\div(-1)}{\sim}}\begin{pmatrix}1&0&1&-5&-4\\0&1&2&-6&-6\\0&0&1&-12&-13\end{pmatrix}$$

$$\overset{r_1-r_3}{\underset{r_2-2r_3}{\sim}}\begin{pmatrix}1&0&0&7&9\\0&1&0&18&20\\0&0&1&-12&-13\end{pmatrix},$$

故
$$X=\begin{pmatrix}7&9\\18&20\\-12&-13\end{pmatrix}.$$

若此题先求 A^{-1}，再用 A^{-1} 左乘 B 也可求出 X，但是显然比用初等行变换直接求 X 繁琐.

（4）设 $AX+B=X$，其中 $A=\begin{pmatrix}0&1&0\\-1&1&1\\-1&0&-1\end{pmatrix}$，$B=\begin{pmatrix}1&-1\\2&0\\5&-3\end{pmatrix}$.

解： $AX+B=X\Rightarrow X-AX=B\Rightarrow(E-A)X=B\Rightarrow X=(E-A)^{-1}B$.

计算出 $E-A=\begin{pmatrix}1&-1&0\\1&0&-1\\1&0&2\end{pmatrix}$，利用初等行变换求 $A^{-1}B$ 的应用，构造一个新矩阵 $(E-A,B)$，将矩阵 $(E-A,B)$ 进行初等行变换化为行最简形，即 $(E-A,B)\overset{r}{\sim}(E,X)$，其中 $X=(E-A)^{-1}B$，即为所求.

具体过程如下：

$$(E-A,B)=\begin{pmatrix}1&-1&0&1&-1\\1&0&-1&2&0\\1&0&2&5&-3\end{pmatrix}\overset{r_3-r_2}{\underset{r_2-r_1}{\sim}}\begin{pmatrix}1&-1&0&1&-1\\0&1&-1&1&1\\0&0&3&3&-3\end{pmatrix}$$

$$\overset{r_3\div3}{\sim}\begin{pmatrix}1&-1&0&1&-1\\0&1&-1&1&1\\0&0&1&1&-1\end{pmatrix}\overset{r_2+r_3}{\sim}\begin{pmatrix}1&-1&0&1&-1\\0&1&0&2&0\\0&0&1&1&-1\end{pmatrix}$$

$$\overset{r_1+r_2}{\sim}\begin{pmatrix}1&0&0&3&-1\\0&1&0&2&0\\0&0&1&1&-1\end{pmatrix},$$

故
$$X=\begin{pmatrix}3&-1\\2&0\\1&-1\end{pmatrix}.$$

此题要注意解矩阵方程时不能写成$\boldsymbol{X}=\boldsymbol{B}(\boldsymbol{E}-\boldsymbol{A})^{-1}$，更不能写成$\boldsymbol{X}=\dfrac{\boldsymbol{B}}{(\boldsymbol{E}-\boldsymbol{A})}$（矩阵没有除法）.

24．将矩阵化成行阶梯形、行最简形及标准形矩阵.

（1）$\boldsymbol{A}=\begin{pmatrix}1&2&-1&1\\-3&-1&-1&-1\\4&3&0&2\\-7&-4&-1&-3\end{pmatrix}$；（2）$\boldsymbol{B}=\begin{pmatrix}1&2&-1&-3\\-2&0&1&-1\\2&-1&0&1\\0&3&-1&2\end{pmatrix}$

解：

（1）$$\begin{pmatrix}1&2&-1&1\\-3&-1&-1&-1\\4&3&0&2\\-7&-4&-1&-3\end{pmatrix}\overset{\substack{r_2+3r_1\\r_3-4r_1}}{\underset{r_4+7r_1}{\sim}}\begin{pmatrix}1&2&-1&1\\0&5&-4&2\\0&-5&4&-2\\0&10&-8&4\end{pmatrix}\overset{r_3\div(-1)}{\underset{r_4\div 2}{\sim}}\begin{pmatrix}1&2&-1&1\\0&5&-4&2\\0&5&-4&2\\0&5&-4&2\end{pmatrix}$$

$$\overset{r_3-r_2}{\underset{r_4-r_2}{\sim}}\begin{pmatrix}1&2&-1&1\\0&5&-4&2\\0&0&0&0\\0&0&0&0\end{pmatrix}\overset{r_2\div 5}{\sim}\begin{pmatrix}1&2&-1&1\\0&1&-\frac{4}{5}&\frac{2}{5}\\0&0&0&0\\0&0&0&0\end{pmatrix}\overset{r_1-2r_2}{\sim}\begin{pmatrix}1&0&\frac{3}{5}&\frac{1}{5}\\0&1&-\frac{4}{5}&\frac{2}{5}\\0&0&0&0\\0&0&0&0\end{pmatrix}$$

$$\overset{c_3-\frac{3}{5}c_1+\frac{4}{5}c_2}{\underset{c_4-\frac{1}{5}c_1-\frac{2}{5}c_2}{\sim}}\begin{pmatrix}1&0&0&0\\0&1&0&0\\0&0&0&0\\0&0&0&0\end{pmatrix},$$

行阶梯形、行最简形及标准形矩阵依次为：

$$\begin{pmatrix}1&2&-1&1\\0&5&-4&2\\0&0&0&0\\0&0&0&0\end{pmatrix},\quad\begin{pmatrix}1&0&\frac{3}{5}&\frac{1}{5}\\0&1&-\frac{4}{5}&\frac{2}{5}\\0&0&0&0\\0&0&0&0\end{pmatrix},\quad\begin{pmatrix}1&0&0&0\\0&1&0&0\\0&0&0&0\\0&0&0&0\end{pmatrix};$$

（2）$$\begin{pmatrix}1&2&-1&-3\\-2&0&1&-1\\2&-1&0&1\\0&3&-1&2\end{pmatrix}\overset{r_3+r_2}{\underset{r_2+2r_1}{\sim}}\begin{pmatrix}1&2&-1&-3\\0&4&-1&-7\\0&-1&1&0\\0&3&-1&2\end{pmatrix}\overset{r_2\leftrightarrow r_3}{\sim}\begin{pmatrix}1&2&-1&-3\\0&-1&1&0\\0&4&-1&-7\\0&3&-1&2\end{pmatrix}$$

$$\overset{r_3+4r_2}{\underset{r_4+3r_2}{\sim}}\begin{pmatrix}1&2&-1&-3\\0&-1&1&0\\0&0&3&-7\\0&0&2&2\end{pmatrix}\overset{r_4\div 2}{\underset{r_4\leftrightarrow r_3}{\sim}}\begin{pmatrix}1&2&-1&-3\\0&-1&1&0\\0&0&1&1\\0&0&3&-7\end{pmatrix}\overset{r_4-3r_3}{\underset{r_4\div(-10)}{\sim}}\begin{pmatrix}1&2&-1&-3\\0&-1&1&0\\0&0&1&1\\0&0&0&1\end{pmatrix}$$

$$\overset{r_1+3r_4}{\underset{r_3-r_4}{\sim}}\begin{pmatrix}1&2&-1&0\\0&-1&1&0\\0&0&1&0\\0&0&0&1\end{pmatrix}\overset{r_1+r_3}{\underset{r_2-r_3}{\sim}}\begin{pmatrix}1&2&0&0\\0&-1&0&0\\0&0&1&0\\0&0&0&1\end{pmatrix}\overset{r_1+2r_2}{\underset{r_2\div(-1)}{\sim}}\begin{pmatrix}1&0&0&0\\0&1&0&0\\0&0&1&0\\0&0&0&1\end{pmatrix},$$

行阶梯形、行最简形及标准形矩阵依次为：

$$\begin{pmatrix}1&2&-1&-3\\0&-1&1&0\\0&0&1&1\\0&0&0&1\end{pmatrix},\quad\begin{pmatrix}1&0&0&0\\0&1&0&0\\0&0&1&0\\0&0&0&1\end{pmatrix},\quad\begin{pmatrix}1&0&0&0\\0&1&0&0\\0&0&1&0\\0&0&0&1\end{pmatrix}.$$

注意：一个矩阵的行阶梯形矩阵并不是唯一的，但是行最简形和标准形矩阵一定是唯一的.

26．设 $\boldsymbol{A}=\begin{pmatrix}1&-2&3k\\-1&2k&-3\\k&-2&3\end{pmatrix}$，求 k 为何值时可使 $R(\boldsymbol{A})$ 等于 1、2、3.

解：将 $\boldsymbol{A}$ 进行初等行变换化为行阶梯形矩阵

$$\boldsymbol{A}=\begin{pmatrix}1&-2&3k\\-1&2k&-3\\k&-2&3\end{pmatrix}\overset{r_2+r_1}{\underset{r_3-kr_1}{\sim}}\begin{pmatrix}1&-2&3k\\0&2(k-1)&3(k-1)\\0&2(k-1)&3(1+k)(1-k)\end{pmatrix}\overset{r_3-r_2}{\sim}\begin{pmatrix}1&-2&3k\\0&2(k-1)&3(k-1)\\0&0&3(2+k)(1-k)\end{pmatrix}.$$

当 $k=1$ 时，$R(\boldsymbol{A})=1$；当 $k=-2$ 时，$R(\boldsymbol{A})=2$；当 $k\neq1$ 且 $k\neq-2$ 时，$R(\boldsymbol{A})=3$.

注意：在对带参数的矩阵（如此例中的 $\boldsymbol{A}$）作初等变换时，不宜作诸如 $r_i\div(k-1)$ 的行变换，这是因为当 $k=1$ 时，第 i 行是零行，但是经此变换后该行有可能出现非零元素. 如果作了这种变换，那么必须补充对 $k=1$ 情形的讨论.

27．设矩阵 $\boldsymbol{A}=\begin{pmatrix}0&0&1&2&-1\\1&3&-2&2&-1\\2&6&-4&5&0\\-1&-3&4&0&-5\end{pmatrix}$，求 $R(\boldsymbol{A})$，并求一个最高阶非零子式.

解：先将矩阵 $\boldsymbol{A}$ 用初等行变换化为行阶梯形矩阵

$$\boldsymbol{A}=\begin{pmatrix}0&0&1&2&-1\\1&3&-2&2&-1\\2&6&-4&5&0\\-1&-3&4&0&-5\end{pmatrix}\overset{r_1\leftrightarrow r_2}{\sim}\begin{pmatrix}1&3&-2&2&-1\\0&0&1&2&-1\\2&6&-4&5&0\\-1&-3&4&0&-5\end{pmatrix}\overset{r_3-2r_1}{\underset{r_4+r_1}{\sim}}\begin{pmatrix}1&3&-2&2&-1\\0&0&1&2&-1\\0&0&0&1&2\\0&0&2&2&-6\end{pmatrix}$$

$$\overset{r_4-2r_2}{\sim}\begin{pmatrix}1&3&-2&2&-1\\0&0&1&2&-1\\0&0&0&1&2\\0&0&0&-2&-4\end{pmatrix}\overset{r_4+2r_3}{\sim}\begin{pmatrix}1&3&-2&2&-1\\0&0&1&2&-1\\0&0&0&1&2\\0&0&0&0&0\end{pmatrix},$$

因此$R(\boldsymbol{A})=3$，故矩阵$\boldsymbol{A}$的最高阶非零子式为三阶．由于行阶梯形矩阵中 3 个非零行的首非零元位于第 1、3、4 列，故在矩阵$\boldsymbol{A}$的第 1、3、4 列所构成的矩阵$\begin{pmatrix}0&1&2\\1&-2&2\\2&-4&5\\-1&4&0\end{pmatrix}$中寻找三阶非零子式．不妨取该矩阵中的前三行构成的三阶子式，计算得$\begin{vmatrix}0&1&2\\1&-2&2\\2&-4&5\end{vmatrix}=-1\neq0$，则此三阶子式即为矩阵$\boldsymbol{A}$中的一个最高阶非零子式．

28．λ取何值时，非齐次线性方程组

$$\begin{cases}\lambda x_1+x_2+x_3=1\\x_1+\lambda x_2+x_3=\lambda\\x_1+x_2+\lambda x_3=\lambda^2\end{cases}$$

（1）有唯一解；（2）无解；（3）有无穷多组解．

解：仿照本章典型方法与范例中的例 9，本题也有两种方法，且以行列式解法较为简单，故这里只用此法解之．

$$|\boldsymbol{A}|=\begin{vmatrix}\lambda&1&1\\1&\lambda&1\\1&1&\lambda\end{vmatrix}=(\lambda+2)\begin{vmatrix}1&1&1\\1&\lambda&1\\1&1&\lambda\end{vmatrix}=(\lambda+2)\begin{vmatrix}1&1&1\\0&\lambda-1&0\\0&0&\lambda-1\end{vmatrix}=(\lambda-1)^2(\lambda+2),$$

当$|\boldsymbol{A}|\neq0$，即当$\lambda\neq1$并且$\lambda\neq-2$时，$R(\boldsymbol{A})=3$，方程组有唯一解；

当$\lambda=1$时，增广矩阵成为

$$\boldsymbol{B}=\begin{pmatrix}1&1&1&1\\1&1&1&1\\1&1&1&1\end{pmatrix}\sim\begin{pmatrix}1&1&1&1\\0&0&0&0\\0&0&0&0\end{pmatrix},$$

可见$R(\boldsymbol{A})=R(\boldsymbol{B})=1<3$，于是方程组有无穷多解；

当$\lambda=-2$时，增广矩阵成为

$$\boldsymbol{B}=\begin{pmatrix}-2&1&1&1\\1&-2&1&-2\\1&1&-2&4\end{pmatrix}\underset{\substack{r_2-r_1\\r_3+2r_1}}{\overset{r_3\leftrightarrow r_1}{\sim}}\begin{pmatrix}1&1&-2&4\\0&-3&3&-6\\0&3&-3&9\end{pmatrix}\overset{r_3+r_2}{\sim}\begin{pmatrix}1&1&-2&4\\0&-3&3&-6\\0&0&0&3\end{pmatrix},$$

可见$R(\boldsymbol{A})=2$，$R(\boldsymbol{B})=3$，$R(\boldsymbol{A})\neq R(\boldsymbol{B})$，于是方程组无解．

单元测试

一、选择题

1．设方阵 $\boldsymbol{A}$、$\boldsymbol{B}$、$\boldsymbol{C}$ 满足 $\boldsymbol{ABC}=\boldsymbol{E}$，则必有（　　）．

A．$\boldsymbol{ACB}=\boldsymbol{E}$　　B．$\boldsymbol{CBA}=\boldsymbol{E}$

C．$\boldsymbol{BAC}=\boldsymbol{E}$　　D．$\boldsymbol{BCA}=\boldsymbol{E}$

2．设 $\boldsymbol{A}$、$\boldsymbol{B}$、$\boldsymbol{A}+\boldsymbol{B}$、$\boldsymbol{A}^{-1}+\boldsymbol{B}^{-1}$ 均可逆，则 $(\boldsymbol{A}^{-1}+\boldsymbol{B}^{-1})^{-1}$ 为（　　）．

A．$\boldsymbol{A}^{-1}+\boldsymbol{B}^{-1}$　　B．$\boldsymbol{A}+\boldsymbol{B}$

C．$\boldsymbol{B}(\boldsymbol{A}+\boldsymbol{B})^{-1}\boldsymbol{A}$　　D．$\boldsymbol{B}^{-1}(\boldsymbol{A}+\boldsymbol{B})\ \boldsymbol{A}^{-1}$

3．矩阵 $\begin{pmatrix}1 & a & a^2\\ 1 & b & b^2\\ 1 & c & c^2\end{pmatrix}$ 的秩为 3，则（　　）．

A．a、b、c 都不等于 1　　B．a、b、c 都不等于 0

C．a、b、c 互不相等　　D．$a=b=c$

4．设 $\boldsymbol{A}$ 为三阶方阵，$R(\boldsymbol{A})=1$，则（　　）．

A．$R(\boldsymbol{A}^*)=3$　　B．$R(\boldsymbol{A}^*)=2$

C．$R(\boldsymbol{A}^*)=1$　　D．$R(\boldsymbol{A}^*)=0$

二、填空题

1．设矩阵 $\boldsymbol{A}=\begin{pmatrix}1 & 0 & 1\\ 0 & 2 & 0\\ 1 & 0 & 1\end{pmatrix}$，且 $\boldsymbol{AB}+\boldsymbol{E}=\boldsymbol{A}^2+\boldsymbol{B}$，则 $\boldsymbol{B}=$__________．

2．设 $\boldsymbol{\alpha}$ 是三维列向量，$\boldsymbol{\alpha}^{\mathrm{T}}$ 是 $\boldsymbol{\alpha}$ 的转置，若 $\boldsymbol{\alpha}\boldsymbol{\alpha}^{\mathrm{T}}=\begin{pmatrix}1 & -1 & 1\\ -1 & 1 & -1\\ 1 & -1 & 1\end{pmatrix}$，则 $\boldsymbol{\alpha}^{\mathrm{T}}\boldsymbol{\alpha}=$__________．

3．设 $\boldsymbol{A}$ 为三阶方阵，$|\boldsymbol{A}|=\dfrac{1}{27}$，则 $|(3\boldsymbol{A})^{-1}-18\boldsymbol{A}^*|=$__________．

4．设矩阵 $\boldsymbol{A}=\begin{pmatrix}k & 1 & 1 & 1\\ 1 & k & 1 & 1\\ 1 & 1 & k & 1\\ 1 & 1 & 1 & k\end{pmatrix}$，$R(\boldsymbol{A})=3$，则 $k=$__________．

三、计算和证明

1．设$A=\begin{pmatrix}1&1&0&0\\3&2&0&0\\0&0&3&-2\\0&0&0&-1\end{pmatrix}$，求$|A|$、$A^{-1}$、$|A^3|$、$AA^{\mathrm{T}}$．

2．设$A^*=\begin{pmatrix}1&0&0&0\\0&1&0&0\\1&0&1&0\\0&-3&0&8\end{pmatrix}$，且$ABA^{-1}=BA^{-1}+3E$，求矩阵$B$．

3．确定参数λ，使矩阵$A=\begin{pmatrix}1&1&\lambda^2&-2\\1&-2&\lambda&1\\-2&1&-2&\lambda\end{pmatrix}$的秩最小.

4．证明线性方程组$\begin{cases}x_1-x_2=b_1\\x_2-x_3=b_2\\x_3-x_4=b_3\\x_4-x_1=b_4\end{cases}$有解的充要条件是$b_1+b_2+b_3+b_4=0$．

5．设矩阵$A=\begin{pmatrix}1&2&0&0&1\\0&6&2&4&10\\1&11&3&6&16\\1&-19&-7&-14&-34\end{pmatrix}$，求$R(A)$，并求一个最高阶非零子式.

6．λ取何值时，非齐次线性方程组

$$\begin{cases}x_1+x_2+(2-\lambda)x_3=1\\(2-\lambda)x_1+(2-\lambda)x_2+x_3=1\\(3-2\lambda)x_1+(2-\lambda)x_2+x_3=\lambda\end{cases}$$

（1）有唯一解；（2）无解；（3）有无穷多组解.

单元测试解答

一、选择题

1．D.

2．C.

$A^{-1}+B^{-1}=A^{-1}E+EB^{-1}=A^{-1}BB^{-1}+A^{-1}AB^{-1}=A^{-1}(B+A)B^{-1}=A^{-1}(A+B)B^{-1}$，

由可逆矩阵的性质得 $(A^{-1}+B^{-1})^{-1}=[A^{-1}(A+B)B^{-1}]^{-1}=B(A+B)^{-1}A$．因此选 C.

3．C．矩阵 $\begin{pmatrix}1 & a & a^2\\1 & b & b^2\\1 & c & c^2\end{pmatrix}$ 为满秩矩阵，故 $\begin{vmatrix}1 & a & a^2\\1 & b & b^2\\1 & c & c^2\end{vmatrix}\neq 0$，注意到该行列式是范德蒙德行列式，所以 $\begin{vmatrix}1 & a & a^2\\1 & b & b^2\\1 & c & c^2\end{vmatrix}=(b-a)(c-a)(c-b)\neq 0$，因此选 C.

4．D．$R(A)=1$ 说明 A 中所有二阶子式全为 0，而 A^* 是由 A 中每个元素的代数余子式构成的．由于 A 是三阶方阵，故 A 中每个元素的代数余子式都是二阶子式，所以 $A^*=O$，故选 D.

A^* 的秩和 A 的秩有如下关系，读者可以记取下来.

$$R(A^*)=\begin{cases}n, & R(A)=n\\1, & R(A)=n-1\\0, & R(A)\leqslant n-2\end{cases}.$$

该性质的证明如下：

（1）当 $R(A)=n$ 时，$|A|\neq 0$．由教材习题二第 18 题，得 $|A^*|=|A|^{n-1}\neq 0$，从而 $R(A^*)=n$；

（2）当 $R(A)\leqslant n-2$ 时，由矩阵秩的定义知 A 的所有 $n-1$ 阶子式即 A^* 的任一元素均为 0，即 $A^*=O$，从而 $R(A^*)=0$；

（3）当 $R(A)=n-1$ 时，由矩阵秩的定义，A 中至少有一个 $n-1$ 阶子式不为 0，亦即 A^* 中至少有一个元素不为 0，故 $R(A^*)\geqslant 1$．另一方面，因为 $R(A)=n-1$，有 $|A|=0$．由 $AA^*=|A|E$ 知，$AA^*=O$．由矩阵秩的性质第 8 条，若 $A_{m\times n}B_{n\times l}=O$，则 $R(A)+R(B)\leqslant n$，得

$$R(A)+R(A^*)\leqslant n.$$

把 $R(A)=n-1$ 代入上式，得 $R(A^*)\leqslant 1$．综合以上两个关于 $R(A^*)$ 的不等式，便有 $R(A^*)=1$ 的结论.

二、填空题

1．$\begin{pmatrix}2 & 0 & 1\\0 & 3 & 0\\1 & 0 & 2\end{pmatrix}$．由方程 $AB+E=A^2+B$，合并含有未知矩阵 B 的项，得

$$(A-E)B=A^2-E=A^2-E^2=(A-E)(A+E).$$

又因为$\boldsymbol{A}-\boldsymbol{E}=\begin{pmatrix}0&0&1\\0&1&0\\1&0&0\end{pmatrix}$，其行列式$|\boldsymbol{A}-\boldsymbol{E}|=-1\neq 0$，故$\boldsymbol{A}-\boldsymbol{E}$可逆，用$(\boldsymbol{A}-\boldsymbol{E})^{-1}$左乘上式两边，即得$\boldsymbol{B}=\boldsymbol{A}+\boldsymbol{E}=\begin{pmatrix}2&0&1\\0&3&0\\1&0&2\end{pmatrix}$.

计算此题时应该注意到此题用到了类似实数多项式里面的平方差公式，一般情况下，这些公式在矩阵中都不再成立了，但是如果两个矩阵可交换的话这些公式就仍然成立（参见教材习题二第 8 题)，此题就是利用了单位矩阵和任何矩阵都可交换，使题目简化了很多.

2．3.

注意到$\boldsymbol{\alpha\alpha}^{\mathrm{T}}$是一个三阶方阵，而$\boldsymbol{\alpha}^{\mathrm{T}}\boldsymbol{\alpha}$是一个数，设$\boldsymbol{\alpha}^{\mathrm{T}}\boldsymbol{\alpha}=k$，则

$(\boldsymbol{\alpha\alpha}^{\mathrm{T}})(\boldsymbol{\alpha\alpha}^{\mathrm{T}})=\boldsymbol{\alpha}(\boldsymbol{\alpha}^{\mathrm{T}}\boldsymbol{\alpha})\boldsymbol{\alpha}^{\mathrm{T}}=k\boldsymbol{\alpha\alpha}^{\mathrm{T}}$，另一方面

$$(\boldsymbol{\alpha\alpha}^{\mathrm{T}})(\boldsymbol{\alpha\alpha}^{\mathrm{T}})=\begin{pmatrix}1&-1&1\\-1&1&-1\\1&-1&1\end{pmatrix}\cdot\begin{pmatrix}1&-1&1\\-1&1&-1\\1&-1&1\end{pmatrix}=\begin{pmatrix}3&-3&3\\-3&3&-3\\3&-3&3\end{pmatrix}=3\begin{pmatrix}1&-1&1\\-1&1&-1\\1&-1&1\end{pmatrix},$$

故$k=3$，即$\boldsymbol{\alpha}^{\mathrm{T}}\boldsymbol{\alpha}=3$.

3．-1.

4．$k=-3$.

$|\boldsymbol{A}|=(k+3)(k-1)^3$，$R(\boldsymbol{A})=3\Rightarrow|\boldsymbol{A}|=0\Rightarrow k=1$或$k=-3$．但是若$k=1$，则$R(\boldsymbol{A})=1$，这不可，故只能是$k=-3$.

三、计算和证明

1．$|\boldsymbol{A}|=3$，$\boldsymbol{A}^{-1}=\begin{pmatrix}-2&1&0&0\\3&-1&0&0\\0&0&\frac{1}{3}&-\frac{2}{3}\\0&0&0&-1\end{pmatrix}$，$|\boldsymbol{A}^3|=27$，$\boldsymbol{A}\boldsymbol{A}^{\mathrm{T}}=\begin{pmatrix}2&5&0&0\\5&13&0&0\\0&0&13&2\\0&0&2&1\end{pmatrix}$.

解: 将$\boldsymbol{A}$进行分块，分块矩阵为$\boldsymbol{A}=\begin{pmatrix}\boldsymbol{A}_1&\boldsymbol{O}\\\boldsymbol{O}&\boldsymbol{A}_2\end{pmatrix}$，其中$\boldsymbol{A}_1=\begin{pmatrix}1&1\\3&2\end{pmatrix}$，$\boldsymbol{A}_2=\begin{pmatrix}3&-2\\0&-1\end{pmatrix}$，则$\boldsymbol{A}$为分块对角阵.

$|\boldsymbol{A}|=|\boldsymbol{A}_1|\cdot|\boldsymbol{A}_2|=(-1)\times(-3)=3$，

$$A^{-1}=\begin{pmatrix}A_1^{-1}&O\\O&A_2^{-1}\end{pmatrix}=\begin{pmatrix}-2&1&0&0\\3&-1&0&0\\0&0&\frac{1}{3}&-\frac{2}{3}\\0&0&0&-1\end{pmatrix},$$

$|A^3|=|A|^3=3^3=27$，

$$AA^{\mathrm T}=\begin{pmatrix}A_1&O\\O&A_2\end{pmatrix}\begin{pmatrix}A_1^{\mathrm T}&O\\O&A_2^{\mathrm T}\end{pmatrix}=\begin{pmatrix}A_1A_1^{\mathrm T}&O\\O&A_2A_2^{\mathrm T}\end{pmatrix}=\begin{pmatrix}2&5&0&0\\5&13&0&0\\0&0&13&2\\0&0&2&1\end{pmatrix}.$$

2． $\begin{pmatrix}6&0&0&0\\0&6&0&0\\6&0&6&0\\0&3&0&-1\end{pmatrix}$.

解： $|A^*|=8$，又因为$|A^*|=|A|^{n-1}\Rightarrow|A|^3=8\Rightarrow|A|=2$，

$$ABA^{-1}=BA^{-1}+3E\Rightarrow ABA^{-1}-BA^{-1}=3E\Rightarrow(A-E)BA^{-1}=3E,$$

等式两边右乘A，得$(A-E)B=3A$，用A^*左乘上式两边

$$A^*(A-E)B=3A^*A\Rightarrow(|A|E-A^*)B=3|A|E\Rightarrow(2E-A^*)B=6E$$

$$B=6(2E-A^*)^{-1}=\begin{pmatrix}6&0&0&0\\0&6&0&0\\6&0&6&0\\0&3&0&-1\end{pmatrix}.$$

3． $\lambda=1$.

解：

$$\begin{pmatrix}1&1&\lambda^2&-2\\1&-2&\lambda&1\\-2&1&-2&\lambda\end{pmatrix}\underset{r_3+2r_1}{\overset{r_2-r_1}{\sim}}\begin{pmatrix}1&1&\lambda^2&-2\\0&-3&\lambda-\lambda^2&3\\0&3&-2+2\lambda^2&\lambda-4\end{pmatrix}\overset{r_3+r_2}{\sim}\begin{pmatrix}1&1&\lambda^2&-2\\0&-3&\lambda-\lambda^2&3\\0&0&-2+\lambda+\lambda^2&\lambda-1\end{pmatrix}$$

$$=\begin{pmatrix}1&1&\lambda^2&-2\\0&-3&\lambda(1-\lambda)&3\\0&0&(\lambda-1)(\lambda+2)&\lambda-1\end{pmatrix}$$

显然A的秩$\geqslant2$，要使$R(A)=2$，则$\lambda-1=0$，即$\lambda=1$.

4．**证明**：

$$B=\begin{pmatrix}1&-1&0&0&b_1\\0&1&-1&0&b_2\\0&0&1&-1&b_3\\-1&0&0&1&b_4\end{pmatrix}\overset{r_1+r_2+r_3+r_4}{\sim}\begin{pmatrix}0&0&0&0&b_1+b_2+b_3+b_4\\0&1&-1&0&b_2\\0&0&1&-1&b_3\\-1&0&0&1&b_4\end{pmatrix}$$

$$\overset{r_1\leftrightarrow r_4}{\sim}\begin{pmatrix}-1&0&0&1&b_4\\0&1&-1&0&b_2\\0&0&1&-1&b_3\\0&0&0&0&b_1+b_2+b_3+b_4\end{pmatrix}$$

方程组有解的充要条件是 $R(A)=R(B)$，而 $R(A)=R(B)$ 的充要条件是 $b_1+b_2+b_3+b_4=0$，得证.

5．$R(A)=2$，$\begin{vmatrix}1&2\\0&6\end{vmatrix}$.

解：

$$A=\begin{pmatrix}1&2&0&0&1\\0&6&2&4&10\\1&11&3&6&16\\1&-19&-7&-14&-34\end{pmatrix}\underset{r_4-r_1}{\overset{r_2\div 2\atop r_3-r_1}{\sim}}\begin{pmatrix}1&2&0&0&1\\0&3&1&2&5\\0&9&3&6&15\\0&-21&-7&-14&-35\end{pmatrix}\underset{r_4+7r_2}{\overset{r_3-3r_2}{\sim}}\begin{pmatrix}1&2&0&0&1\\0&3&1&2&5\\0&0&0&0&0\\0&0&0&0&0\end{pmatrix}$$

$R(A)=2$，取 A 中第 1、2 行和第 1、2 列交叉处的元素构成的二阶子式 $\begin{vmatrix}1&2\\0&6\end{vmatrix}=6\neq 0$ 即为所求最高阶非零子式.

6．

（1）当 $\lambda\neq 1$，$\lambda\neq 3$ 时有唯一解；

（2）当 $\lambda=3$ 时无解；

（3）当 $\lambda=1$ 时有无穷多组解.

解：

$$|A|=\begin{vmatrix}1&1&2-\lambda\\2-\lambda&2-\lambda&1\\3-2\lambda&2-\lambda&1\end{vmatrix}\overset{r_3-r_2}{=\!=}\begin{vmatrix}1&1&2-\lambda\\2-\lambda&2-\lambda&1\\1-\lambda&0&0\end{vmatrix}$$

$$=(1-\lambda)\begin{vmatrix}1&2-\lambda\\2-\lambda&1\end{vmatrix}=(\lambda-1)^2(\lambda-3),$$

当 $|A|\neq 0$ 时，即当 $\lambda\neq 1$ 并且 $\lambda\neq 3$ 时，$R(A)=3$，方程组有唯一解；

当 $\lambda=1$ 时，增广矩阵成为

$$B=\begin{pmatrix}1&1&1&1\\1&1&1&1\\1&1&1&1\end{pmatrix}\sim\begin{pmatrix}1&1&1&1\\0&0&0&0\\0&0&0&0\end{pmatrix},$$

可见 $R(A)=R(B)=1<3$，于是方程组有无穷多解；

当 $\lambda=3$ 时，增广矩阵成为

$$B=\begin{pmatrix}1&1&-1&1\\-1&-1&1&1\\-3&-1&1&3\end{pmatrix}\overset{r_2+r_1}{\underset{r_3+3r_1}{\sim}}\begin{pmatrix}1&1&-1&1\\0&0&0&2\\0&2&-2&6\end{pmatrix}\overset{r_3\leftrightarrow r_2}{\sim}\begin{pmatrix}1&1&-1&1\\0&2&-2&6\\0&0&0&2\end{pmatrix},$$

可见 $R(A)=2$，$R(B)=3$，$R(A)\neq R(B)$，于是方程组无解.

考研经典题剖析

1.（2004 年）设 A 为三阶矩阵，将 A 的第 1 列与第 2 列交换得到矩阵 B，再把 B 的第 2 列加到第 3 列得到矩阵 C，则满足 $AQ=C$ 的可逆矩阵 Q 为（　　）.

A. $\begin{pmatrix}0&1&0\\1&0&0\\1&0&1\end{pmatrix}$　　B. $\begin{pmatrix}0&1&0\\1&0&1\\0&0&1\end{pmatrix}$

C. $\begin{pmatrix}0&1&0\\1&0&0\\0&1&1\end{pmatrix}$　　D. $\begin{pmatrix}0&1&1\\1&0&0\\0&0&1\end{pmatrix}$

答案：D

解析：由题设，由 A 到 B 的过程相当于 A 右乘初等矩阵 $\begin{pmatrix}0&1&0\\1&0&0\\0&0&1\end{pmatrix}$，$B$ 到 C 的过程相当于 B 右乘初等矩阵 $\begin{pmatrix}1&0&0\\0&1&1\\0&0&1\end{pmatrix}$，即 $A\begin{pmatrix}0&1&0\\1&0&0\\0&0&1\end{pmatrix}\begin{pmatrix}1&0&0\\0&1&1\\0&0&1\end{pmatrix}=C$，

所以
$$Q=\begin{pmatrix}0&1&0\\1&0&0\\0&0&1\end{pmatrix}\begin{pmatrix}1&0&0\\0&1&1\\0&0&1\end{pmatrix}=\begin{pmatrix}0&1&1\\1&0&0\\0&0&1\end{pmatrix},$$

故选 D.

2.（2004 年）设矩阵 $A=\begin{pmatrix}2&1&0\\1&2&0\\0&0&1\end{pmatrix}$，矩阵 B 满足 $ABA^*=2BA^*+E$，其中 A^* 为

$\boldsymbol{A}$的伴随矩阵，$\boldsymbol{E}$为单位矩阵，则$|\boldsymbol{B}|=$__________.

答案：$\frac{1}{9}$

解析：由已知$\boldsymbol{ABA}^*=2\boldsymbol{BA}^*+\boldsymbol{E}$做等价变形，得$(\boldsymbol{A}-2\boldsymbol{E})\boldsymbol{BA}^*=\boldsymbol{E}$，两边都取行列式，得到

$$|\boldsymbol{A}-2\boldsymbol{E}|\cdot|\boldsymbol{B}|\cdot|\boldsymbol{A}^*|=|\boldsymbol{E}|=1,$$

又因为$\boldsymbol{A}-2\boldsymbol{E}=\begin{pmatrix}0&1&0\\1&0&0\\0&0&-1\end{pmatrix}$，$|\boldsymbol{A}-2\boldsymbol{E}|=1$，由已知得$|\boldsymbol{A}|=3$，根据公式$|\boldsymbol{A}^*|=|\boldsymbol{A}|^{n-1}$，得

$$|\boldsymbol{A}^*|=3^2=9,$$

故$|\boldsymbol{B}|=\frac{1}{9}$.

3.（2005 年）设$\boldsymbol{\alpha}_1$、$\boldsymbol{\alpha}_2$、$\boldsymbol{\alpha}_3$均为三维列向量，记矩阵$\boldsymbol{A}=(\boldsymbol{\alpha}_1,\boldsymbol{\alpha}_2,\boldsymbol{\alpha}_3)$，$\boldsymbol{B}=(\boldsymbol{\alpha}_1+\boldsymbol{\alpha}_2+\boldsymbol{\alpha}_3,\boldsymbol{\alpha}_1+2\boldsymbol{\alpha}_2+4\boldsymbol{\alpha}_3,\boldsymbol{\alpha}_1+3\boldsymbol{\alpha}_2+9\boldsymbol{\alpha}_3)$.
如果$|\boldsymbol{A}|=1$，那么$|\boldsymbol{B}|=$__________.

答案：2

解析：方法 1　对矩阵$\boldsymbol{B}$分解得

$$\boldsymbol{B}=(\boldsymbol{\alpha}_1,\boldsymbol{\alpha}_2,\boldsymbol{\alpha}_3)\begin{pmatrix}1&1&1\\1&2&3\\1&4&9\end{pmatrix},$$

两边都取行列式得$|\boldsymbol{B}|=|\boldsymbol{A}|\begin{vmatrix}1&1&1\\1&2&3\\1&4&9\end{vmatrix}$，又因为$\begin{vmatrix}1&1&1\\1&2&3\\1&4&9\end{vmatrix}$是三阶范德蒙德行列式，计算得$\begin{vmatrix}1&1&1\\1&2&3\\1&4&9\end{vmatrix}=2$，所以$|\boldsymbol{B}|=2$.

方法 2　用行列式的性质对行列式做恒等变形得

$$\begin{aligned}|\boldsymbol{B}|&=|\boldsymbol{\alpha}_1+\boldsymbol{\alpha}_2+\boldsymbol{\alpha}_3,\boldsymbol{\alpha}_1+2\boldsymbol{\alpha}_2+4\boldsymbol{\alpha}_3,\boldsymbol{\alpha}_1+3\boldsymbol{\alpha}_2+9\boldsymbol{\alpha}_3|\\&\xlongequal[c_2-c_1]{c_3-c_2}|\boldsymbol{\alpha}_1+\boldsymbol{\alpha}_2+\boldsymbol{\alpha}_3,\boldsymbol{\alpha}_2+3\boldsymbol{\alpha}_3,\boldsymbol{\alpha}_2+5\boldsymbol{\alpha}_3|\xlongequal{c_3-c_2}|\boldsymbol{\alpha}_1+\boldsymbol{\alpha}_2+\boldsymbol{\alpha}_3,\boldsymbol{\alpha}_2+3\boldsymbol{\alpha}_3,2\boldsymbol{\alpha}_3|\\&=2|\boldsymbol{\alpha}_1+\boldsymbol{\alpha}_2+\boldsymbol{\alpha}_3,\boldsymbol{\alpha}_2+3\boldsymbol{\alpha}_3,\boldsymbol{\alpha}_3|=2|\boldsymbol{\alpha}_1+\boldsymbol{\alpha}_2+\boldsymbol{\alpha}_3,\boldsymbol{\alpha}_2,\boldsymbol{\alpha}_3|+2|\boldsymbol{\alpha}_1+\boldsymbol{\alpha}_2+\boldsymbol{\alpha}_3,3\boldsymbol{\alpha}_3,\boldsymbol{\alpha}_3|\\&=2|\boldsymbol{\alpha}_1+\boldsymbol{\alpha}_2+\boldsymbol{\alpha}_3,\boldsymbol{\alpha}_2,\boldsymbol{\alpha}_3|\xlongequal{c_1-c_2-c_3}2|\boldsymbol{\alpha}_1,\boldsymbol{\alpha}_2,\boldsymbol{\alpha}_3|=2.\end{aligned}$$

注意行列式$|\boldsymbol{\alpha}_1+\boldsymbol{\alpha}_2+\boldsymbol{\alpha}_3,3\boldsymbol{\alpha}_3,\boldsymbol{\alpha}_3|$的第 2 列和第 3 列对应元素成比例，故该行列式的值为 0.

4．（2005 年）设 $\boldsymbol{A}$ 为 n（$n \geqslant 2$）阶可逆矩阵，交换 $\boldsymbol{A}$ 的第 1 行与第 2 行得矩阵 $\boldsymbol{B}$，$\boldsymbol{A}^*$ 和 $\boldsymbol{B}^*$ 分别为 $\boldsymbol{A}$ 和 $\boldsymbol{B}$ 的伴随矩阵，则下列说法中正确的是（　　）.

A．交换 $\boldsymbol{A}^*$ 的第 1 列与第 2 列得 $\boldsymbol{B}^*$

B．交换 $\boldsymbol{A}^*$ 的第 1 行与第 2 行得 $\boldsymbol{B}^*$

C．交换 $\boldsymbol{A}^*$ 的第 1 列与第 2 列得 $-\boldsymbol{B}^*$

D．交换 $\boldsymbol{A}^*$ 的第 1 行与第 2 行得 $-\boldsymbol{B}^*$

答案：C

解析：设 $\boldsymbol{A}$ 为三阶矩阵，用初等矩阵左乘 $\boldsymbol{A}$ 得到 $\boldsymbol{B}$，根据题意有 $\begin{pmatrix}0&1&0\\1&0&0\\0&0&1\end{pmatrix}\boldsymbol{A}=\boldsymbol{B}$，即有 $\boldsymbol{B}^{-1}=\boldsymbol{A}^{-1}\begin{pmatrix}0&1&0\\1&0&0\\0&0&1\end{pmatrix}^{-1}=\boldsymbol{A}^{-1}\begin{pmatrix}0&1&0\\1&0&0\\0&0&1\end{pmatrix}$，由此得 $\dfrac{\boldsymbol{B}^*}{|\boldsymbol{B}|}=\dfrac{\boldsymbol{A}^*}{|\boldsymbol{A}|}\begin{pmatrix}0&1&0\\1&0&0\\0&0&1\end{pmatrix}$，因为 $|\boldsymbol{A}|=-|\boldsymbol{B}|$，所以 $\boldsymbol{A}^*\begin{pmatrix}0&1&0\\1&0&0\\0&0&1\end{pmatrix}=-\boldsymbol{B}^*$，所以选 C.

5．（2006 年）设矩阵 $\boldsymbol{A}=\begin{pmatrix}2&1\\-1&2\end{pmatrix}$，$\boldsymbol{E}$ 为二阶单位矩阵，矩阵 $\boldsymbol{B}$ 满足 $\boldsymbol{BA}=\boldsymbol{B}+2\boldsymbol{E}$，则 $|\boldsymbol{B}|=$__________.

答案：2

解析：由已知条件 $\boldsymbol{BA}=\boldsymbol{B}+2\boldsymbol{E}$，推知 $\boldsymbol{B}(\boldsymbol{A}-\boldsymbol{E})=2\boldsymbol{E}$，两边取行列式，有 $|\boldsymbol{B}|\cdot|\boldsymbol{A}-\boldsymbol{E}|=|2\boldsymbol{E}|=4$，又因为 $|\boldsymbol{A}-\boldsymbol{E}|=\begin{vmatrix}1&1\\-1&1\end{vmatrix}=2$，所以 $|\boldsymbol{B}|=2$.

6．（2007 年）设矩阵 $\boldsymbol{A}=\begin{pmatrix}0&1&0&0\\0&0&1&0\\0&0&0&1\\0&0&0&0\end{pmatrix}$，则 $\boldsymbol{A}^3$ 的秩为________.

答案：1

解析：$\boldsymbol{A}^3=\begin{pmatrix}0&1&0&0\\0&0&1&0\\0&0&0&1\\0&0&0&0\end{pmatrix}\begin{pmatrix}0&1&0&0\\0&0&1&0\\0&0&0&1\\0&0&0&0\end{pmatrix}\begin{pmatrix}0&1&0&0\\0&0&1&0\\0&0&0&1\\0&0&0&0\end{pmatrix}=\begin{pmatrix}0&0&0&1\\0&0&0&0\\0&0&0&0\\0&0&0&0\end{pmatrix}$，则 $\boldsymbol{A}^3$ 的秩 $R(\boldsymbol{A}^3)=1$.

7．（2008 年）设 $\boldsymbol{A}$ 为 n 阶非零矩阵，$\boldsymbol{E}$ 为 n 阶单位矩阵．若 $\boldsymbol{A}^3=\boldsymbol{O}$，则下列结论中正确的是（　　）.

A．$\boldsymbol{E}-\boldsymbol{A}$ 不可逆，$\boldsymbol{E}+\boldsymbol{A}$ 不可逆

B．$E-A$ 不可逆，$E+A$ 可逆

C．$E-A$ 可逆，$E+A$ 可逆

D．$E-A$ 可逆，$E+A$ 不可逆

答案：C

解析：由已知 $A^3=O$ 可得 $E=E-A^3=E^3-A^3=(E-A)(E+A+A^2)$ 和 $E=E+A^3=E^3+A^3=(E+A)(E-A+A^2)$，由逆矩阵的定义可知选 C.

8.（2008 年）设矩阵 $A=\begin{pmatrix} 2a & 1 & & \\ a^2 & 2a & \ddots & \\ & \ddots & \ddots & 1 \\ & & a^2 & 2a \end{pmatrix}_{n\times n}$，矩阵 A 满足方程组 $AX=\beta$，其中 $X=(x_1,x_2,\cdots,x_n)^{\mathrm{T}}$，$\beta=(1,0,\cdots,0)^{\mathrm{T}}$.

（1）求证 $|A|=(n+1)a^n$；

（2）a 为何值时，方程组 $AX=\beta$ 有唯一解，并求 x_1.

答案：（2）$x_1=\dfrac{n}{(n+1)a}$

解析：（1）利用行列式的性质，有

$$|A|=\begin{vmatrix} 2a & 1 & 0 & \cdots & 0 & 0 & 0 \\ a^2 & 2a & 1 & \cdots & 0 & 0 & 0 \\ 0 & a^2 & 2a & \cdots & 0 & 0 & 0 \\ \vdots & \vdots & \vdots & & \vdots & \vdots & \vdots \\ 0 & 0 & 0 & \cdots & 2a & 1 & 0 \\ 0 & 0 & 0 & \cdots & a^2 & 2a & 1 \\ 0 & 0 & 0 & \cdots & 0 & a^2 & 2a \end{vmatrix} \xlongequal{r_2-\frac{a}{2}r_1} \begin{vmatrix} 2a & 1 & 0 & \cdots & 0 & 0 & 0 \\ 0 & \frac{3a}{2} & 1 & \cdots & 0 & 0 & 0 \\ 0 & a^2 & 2a & \cdots & 0 & 0 & 0 \\ \vdots & \vdots & \vdots & & \vdots & \vdots & \vdots \\ 0 & 0 & 0 & \cdots & 2a & 1 & 0 \\ 0 & 0 & 0 & \cdots & a^2 & 2a & 1 \\ 0 & 0 & 0 & \cdots & 0 & a^2 & 2a \end{vmatrix}$$

$$\xlongequal{r_3-\frac{2a}{3}r_2} \begin{vmatrix} 2a & 1 & 0 & \cdots & 0 & 0 & 0 \\ 0 & \frac{3a}{2} & 1 & \cdots & 0 & 0 & 0 \\ 0 & 0 & \frac{4a}{3} & \cdots & 0 & 0 & 0 \\ \vdots & \vdots & \vdots & & \vdots & \vdots & \vdots \\ 0 & 0 & 0 & \cdots & 2a & 1 & 0 \\ 0 & 0 & 0 & \cdots & a^2 & 2a & 1 \\ 0 & 0 & 0 & \cdots & 0 & a^2 & 2a \end{vmatrix}=\cdots\cdots$$

$$\xlongequal{r_n-\frac{(n-1)a}{n}r_{(n-1)}}\begin{vmatrix} 2a & 1 & 0 & \cdots & 0 & 0 & 0 \\ 0 & \frac{3a}{2} & 1 & \cdots & 0 & 0 & 0 \\ 0 & 0 & \frac{4a}{3} & \cdots & 0 & 0 & 0 \\ \vdots & \vdots & \vdots & & \vdots & \vdots & \vdots \\ 0 & 0 & 0 & \cdots & \frac{(n-1)a}{n-2} & 1 & 0 \\ 0 & 0 & 0 & \cdots & 0 & \frac{na}{n-1} & 1 \\ 0 & 0 & 0 & \cdots & 0 & 0 & \frac{(n+1)a}{n} \end{vmatrix}$$

$$=2a\cdot\frac{3a}{2}\cdot\frac{4a}{3}\cdots\frac{na}{n-1}\cdot\frac{(n+1)a}{n}=(n+1)a^n;$$

（2）若使方程组 $\boldsymbol{AX}=\boldsymbol{\beta}$ 有唯一解，则 $|\boldsymbol{A}|=(n+1)a^n\neq 0$，即 $a\neq 0$，由克拉默法则得

$$x_1=\frac{\begin{vmatrix} 1 & 1 & 0 & \cdots & 0 & 0 & 0 \\ 0 & 2a & 1 & \cdots & 0 & 0 & 0 \\ 0 & a^2 & 2a & \cdots & 0 & 0 & 0 \\ \vdots & \vdots & \vdots & & \vdots & \vdots & \vdots \\ 0 & 0 & 0 & \cdots & 2a & 1 & 0 \\ 0 & 0 & 0 & \cdots & a^2 & 2a & 1 \\ 0 & 0 & 0 & \cdots & 0 & a^2 & 2a \end{vmatrix}}{|\boldsymbol{A}|}=\frac{1\times na^{n-1}}{(n+1)a^n}=\frac{n}{(n+1)a}.$$

注意上式分子中的行列式按第一列展开后得到的 $(n-1)$ 阶行列式和本题中的 n 阶行列式 $|\boldsymbol{A}|$ 的结构完全一样，所以根据递推公式 $|\boldsymbol{A}|_n=(n+1)a^n$，不难计算出分子中的行列式为 na^{n-1}.

9.（2010 年）设矩阵 $\boldsymbol{A}$ 为 $m\times n$ 型矩阵，$\boldsymbol{B}$ 为 $n\times m$ 型矩阵，$\boldsymbol{AB}=\boldsymbol{E}$、$R(\boldsymbol{A})$、$R(\boldsymbol{B})$ 分别表示矩阵 $\boldsymbol{A}$ 和 $\boldsymbol{B}$ 的秩，则下列选项中正确的是（　　）.

A. $R(\boldsymbol{A})=m$，$R(\boldsymbol{B})=m$　　B. $R(\boldsymbol{A})=m$，$R(\boldsymbol{B})=n$

C. $R(\boldsymbol{A})=n$，$R(\boldsymbol{B})=m$　　D. $R(\boldsymbol{A})=n$，$R(\boldsymbol{B})=n$

答案： A

解析： 因 $\boldsymbol{A}_{m\times n}\boldsymbol{B}_{n\times m}=\boldsymbol{E}_m$，故 $R(\boldsymbol{AB})=R(\boldsymbol{E})=m$，又因为

$R(\boldsymbol{AB})\leqslant R(\boldsymbol{A})$，$R(\boldsymbol{AB})\leqslant R(\boldsymbol{B})$，故有 $m\leqslant R(\boldsymbol{A})$，$m\leqslant R(\boldsymbol{B})$.

因为 $\boldsymbol{A}$ 是 $m\times n$ 型矩阵，$\boldsymbol{B}$ 是 $n\times m$ 型矩阵，故 $R(\boldsymbol{A})\leqslant m$，$R(\boldsymbol{B})\leqslant m$. 结合上述不等式可得 $R(\boldsymbol{A})=R(\boldsymbol{B})=m$，故选 A.

10.（2011 年）设 $\boldsymbol{A}$ 为三阶矩阵，把 $\boldsymbol{A}$ 的第 2 列加到第 1 列得到矩阵 $\boldsymbol{B}$，再交换 $\boldsymbol{B}$ 的第 2 行与第 3 行得到单位矩阵 $\boldsymbol{E}$，记 $\boldsymbol{P}_1=\begin{pmatrix}1&0&0\\1&1&0\\0&0&1\end{pmatrix}$，$\boldsymbol{P}_2=\begin{pmatrix}1&0&0\\0&0&1\\0&1&0\end{pmatrix}$，则 $\boldsymbol{A}=$（　　）.

A. $\boldsymbol{P}_1\boldsymbol{P}_2$　　B. $\boldsymbol{P}_1^{-1}\boldsymbol{P}_2$　　C. $\boldsymbol{P}_2\boldsymbol{P}_1$　　D. $\boldsymbol{P}_2^{-1}\boldsymbol{P}_1$

答案：D

解析：由题设有 $\boldsymbol{P}_2\boldsymbol{A}\boldsymbol{P}_1=\boldsymbol{E}$，$\boldsymbol{A}=\boldsymbol{P}_2^{-1}\boldsymbol{P}_1^{-1}$，因为 $\boldsymbol{P}_1^{-1}=\boldsymbol{P}_1$，所以 $\boldsymbol{A}=\boldsymbol{P}_2^{-1}\boldsymbol{P}_1$，选 D.

11.（2012 年）设 $\boldsymbol{A}$ 为三阶矩阵，$\boldsymbol{P}$ 为三阶可逆矩阵，$\boldsymbol{P}^{-1}\boldsymbol{A}\boldsymbol{P}=\begin{pmatrix}1&0&0\\0&1&0\\0&0&2\end{pmatrix}$，$\boldsymbol{P}=(\boldsymbol{\alpha}_1,\boldsymbol{\alpha}_2,\boldsymbol{\alpha}_3)$，$\boldsymbol{Q}=(\boldsymbol{\alpha}_1+\boldsymbol{\alpha}_2,\boldsymbol{\alpha}_2,\boldsymbol{\alpha}_3)$，则 $\boldsymbol{Q}^{-1}\boldsymbol{A}\boldsymbol{Q}=$（　　）.

A. $\begin{pmatrix}1&0&0\\0&2&0\\0&0&1\end{pmatrix}$　　B. $\begin{pmatrix}1&0&0\\0&1&0\\0&0&2\end{pmatrix}$

C. $\begin{pmatrix}2&0&0\\0&1&0\\0&0&2\end{pmatrix}$　　D. $\begin{pmatrix}2&0&0\\0&2&0\\0&0&1\end{pmatrix}$

答案：B

解析：$\boldsymbol{Q}=(\boldsymbol{\alpha}_1+\boldsymbol{\alpha}_2,\boldsymbol{\alpha}_2,\boldsymbol{\alpha}_3)=(\boldsymbol{\alpha}_1,\boldsymbol{\alpha}_2,\boldsymbol{\alpha}_3)\begin{pmatrix}1&0&0\\1&1&0\\0&0&1\end{pmatrix}=\boldsymbol{P}\begin{pmatrix}1&0&0\\1&1&0\\0&0&1\end{pmatrix}$，因此

$$\boldsymbol{Q}^{-1}\boldsymbol{A}\boldsymbol{Q}=\begin{pmatrix}1&0&0\\1&1&0\\0&0&1\end{pmatrix}^{-1}\boldsymbol{P}^{-1}\boldsymbol{A}\boldsymbol{P}\begin{pmatrix}1&0&0\\1&1&0\\0&0&1\end{pmatrix}=\begin{pmatrix}1&0&0\\-1&1&0\\0&0&1\end{pmatrix}\begin{pmatrix}1&0&0\\0&1&0\\0&0&2\end{pmatrix}\begin{pmatrix}1&0&0\\1&1&0\\0&0&1\end{pmatrix}$$

$$=\begin{pmatrix}1&0&0\\0&1&0\\0&0&2\end{pmatrix}$$，故选 B.

12.（2013 年）设 $\boldsymbol{A}$ 为三阶方阵，$\boldsymbol{A}$ 中的元素 a_{ij} 不全为 0，A_{ij} 为 a_{ij} 的代数余子式，若 $a_{ij}+A_{ij}=0$（$i,j=1,2,3$），则 $|\boldsymbol{A}|=$________.

答案：-1.

解析：由于 $\boldsymbol{A}$ 中的元素 a_{ij} 不全为 0，不妨设 $a_{11}\neq 0$，并且根据已知 $A_{ij}=-a_{ij}$，则

$$|\boldsymbol{A}|=\sum_{j=1}^{3}a_{1j}A_{1j}=-\sum_{j=1}^{3}{a_{1j}}^2<0,$$

又因为
$$|\boldsymbol{A}|\boldsymbol{E}=\boldsymbol{A}\boldsymbol{A}^*=\begin{pmatrix}a_{11}&a_{12}&a_{13}\\a_{21}&a_{22}&a_{23}\\a_{31}&a_{32}&a_{33}\end{pmatrix}\begin{pmatrix}A_{11}&A_{21}&A_{31}\\A_{12}&A_{22}&A_{32}\\A_{13}&A_{23}&A_{33}\end{pmatrix}$$
$$=\begin{pmatrix}a_{11}&a_{12}&a_{13}\\a_{21}&a_{22}&a_{23}\\a_{31}&a_{32}&a_{33}\end{pmatrix}\begin{pmatrix}-a_{11}&-a_{21}&-a_{31}\\-a_{12}&-a_{22}&-a_{32}\\-a_{13}&-a_{23}&-a_{33}\end{pmatrix}=-\boldsymbol{A}\boldsymbol{A}^{\mathrm{T}},$$
两边同取行列式，得$|\boldsymbol{A}|^3=(-1)^3|\boldsymbol{A}|\cdot|\boldsymbol{A}^{\mathrm{T}}|=-|\boldsymbol{A}|^2$，由于$|\boldsymbol{A}|\neq 0$，所以$|\boldsymbol{A}|=-1$.

第三章 线性方程组

基本要求

1. 理解向量组、线性组合、线性表示、线性相关、线性无关、等价向量组、最大无关组、向量组的秩等概念.

2. 掌握判断向量组的线性相关性的方法.

3. 会求向量组的秩及向量组的最大线性无关组，并会将不属于最大线性无关组中的向量用最大线性无关组线性表示.

4. 会求齐次线性方程组的基础解系，会求齐次线性方程组和非齐次线性方程组的通解.

5. 掌握齐次线性方程组和非齐次线性方程组的解的结构.

内容提要

一、线性组合、线性表示与向量组的等价性

1. 给定向量组 $\boldsymbol{A}:\boldsymbol{\alpha}_1,\boldsymbol{\alpha}_2,\cdots,\boldsymbol{\alpha}_m$，对于任意的一组实数 $k_1,k_2,\cdots,k_m$，表达式

$$k_1\boldsymbol{\alpha}_1+k_2\boldsymbol{\alpha}_2+\cdots+k_m\boldsymbol{\alpha}_m$$

称为向量组 $\boldsymbol{A}$ 的一个线性组合，$k_1,k_2,\cdots,k_m$ 称为这个线性组合的系数.

给定向量组 $\boldsymbol{A}:\boldsymbol{\alpha}_1,\boldsymbol{\alpha}_2,\cdots,\boldsymbol{\alpha}_m$ 和向量 $\boldsymbol{\beta}$，如果存在一组数 $\lambda_1,\lambda_2,\cdots,\lambda_m$，使

$$\boldsymbol{\beta}=\lambda_1\boldsymbol{\alpha}_1+\lambda_2\boldsymbol{\alpha}_2+\cdots+\lambda_m\boldsymbol{\alpha}_m$$

则称向量 $\boldsymbol{\beta}$ 可由向量组 $\boldsymbol{\alpha}_1,\boldsymbol{\alpha}_2,\cdots,\boldsymbol{\alpha}_m$ 线性表示，而 λ_i（$i=1,2,\cdots,m$）称为此线性表示的第 i 个系数.

2. 向量 $\boldsymbol{\beta}$ 能由向量组 $\boldsymbol{A}:\boldsymbol{\alpha}_1,\boldsymbol{\alpha}_2,\cdots,\boldsymbol{\alpha}_m$ 线性表示的充分必要条件是矩阵 $\boldsymbol{A}=(\boldsymbol{\alpha}_1,\boldsymbol{\alpha}_2,\cdots,\boldsymbol{\alpha}_m)$ 的秩等于矩阵 $\boldsymbol{B}=(\boldsymbol{\alpha}_1,\boldsymbol{\alpha}_2,\cdots,\boldsymbol{\alpha}_m,\boldsymbol{\beta})$ 的秩，即 $R(\boldsymbol{\alpha}_1,\boldsymbol{\alpha}_2,\cdots,\boldsymbol{\alpha}_m)=R(\boldsymbol{\alpha}_1,\boldsymbol{\alpha}_2,\cdots,\boldsymbol{\alpha}_m,\boldsymbol{\beta})$.

3. 设有向量组 $\boldsymbol{A}:\boldsymbol{\alpha}_1,\boldsymbol{\alpha}_2,\cdots,\boldsymbol{\alpha}_m$ 和 $\boldsymbol{B}:\boldsymbol{\beta}_1,\boldsymbol{\beta}_2,\cdots,\boldsymbol{\beta}_l$. 若向量组 $\boldsymbol{B}$ 中的每个向量都能由向量组 $\boldsymbol{A}$ 中的向量线性表示，则称向量组 $\boldsymbol{B}$ 能由向量组 $\boldsymbol{A}$ 线性表示. 如果向

量组 $\boldsymbol{B}$ 能由向量组 $\boldsymbol{A}$ 线性表示，且向量组 $\boldsymbol{A}$ 也能由向量组 $\boldsymbol{B}$ 线性表示，则称向量组 $\boldsymbol{A}$ 与向量组 $\boldsymbol{B}$ 等价.

4. 向量组 $\boldsymbol{B}:\boldsymbol{\beta}_1,\boldsymbol{\beta}_2,\cdots,\boldsymbol{\beta}_l$ 能由向量组 $\boldsymbol{A}:\boldsymbol{\alpha}_1,\boldsymbol{\alpha}_2,\cdots,\boldsymbol{\alpha}_m$ 线性表示的充要条件是矩阵 $\boldsymbol{A}=(\boldsymbol{\alpha}_1,\boldsymbol{\alpha}_2,\cdots,\boldsymbol{\alpha}_m)$ 的秩等于矩阵 $(\boldsymbol{A},\boldsymbol{B})=(\boldsymbol{\alpha}_1,\cdots,\boldsymbol{\alpha}_m,\boldsymbol{\beta}_1,\cdots,\boldsymbol{\beta}_l)$ 的秩，即 $R(\boldsymbol{A})=R(\boldsymbol{A},\boldsymbol{B})$.

由于 $R(\boldsymbol{B})\leqslant R(\boldsymbol{A},\boldsymbol{B})$，易推出向量组 $\boldsymbol{B}:\boldsymbol{\beta}_1,\boldsymbol{\beta}_2,\cdots,\boldsymbol{\beta}_l$ 能由向量组 $\boldsymbol{A}:\boldsymbol{\alpha}_1,\boldsymbol{\alpha}_2,\cdots,\boldsymbol{\alpha}_m$ 线性表示的必要条件是 $R(\boldsymbol{\beta}_1,\boldsymbol{\beta}_2,\cdots,\boldsymbol{\beta}_l)\leqslant R(\boldsymbol{\alpha}_1,\boldsymbol{\alpha}_2,\cdots,\boldsymbol{\alpha}_m)$，即 $R(\boldsymbol{B})\leqslant R(\boldsymbol{A})$.

5. 向量组 $\boldsymbol{A}:\boldsymbol{\alpha}_1,\boldsymbol{\alpha}_2,\cdots,\boldsymbol{\alpha}_m$ 与向量组 $\boldsymbol{B}:\boldsymbol{\beta}_1,\boldsymbol{\beta}_2,\cdots,\boldsymbol{\beta}_l$ 等价的充分必要条件是

$$R(\boldsymbol{A})=R(\boldsymbol{B})=R(\boldsymbol{A},\boldsymbol{B}).$$

二、线性相关性的概念及判定方法

1. 定义　给定向量组 $\boldsymbol{A}:\boldsymbol{\alpha}_1,\boldsymbol{\alpha}_2,\cdots,\boldsymbol{\alpha}_m$，若存在不全为 0 的数 $k_1,k_2,\cdots,k_m$ 使

$$k_1\boldsymbol{\alpha}_1+k_2\boldsymbol{\alpha}_2+\cdots+k_m\boldsymbol{\alpha}_m=\boldsymbol{0},$$

则称向量组 $\boldsymbol{A}$ 是线性相关的；若只有 $k_1,k_2,\cdots,k_m$ 全为 0 时上式才成立，则称向量组 $\boldsymbol{A}:\boldsymbol{\alpha}_1,\boldsymbol{\alpha}_2,\cdots,\boldsymbol{\alpha}_m$ 线性无关.

该定义可以作为判定向量组的线性相关性的一种方法，此外还有下述判定方法.

2. 向量组 $\boldsymbol{A}:\boldsymbol{\alpha}_1,\boldsymbol{\alpha}_2,\cdots,\boldsymbol{\alpha}_m$（$m\geqslant 2$）线性相关的充要条件是向量组中至少有一个向量可由其余 $m-1$ 个向量线性表示.

注意该判定定理中的充分必要条件是至少有一个向量可由其余 $m-1$ 个向量线性表示，而不是每一个向量都可由其余 $m-1$ 个向量线性表示.

3. 对于向量组 $\boldsymbol{\alpha}_1,\boldsymbol{\alpha}_2,\cdots,\boldsymbol{\alpha}_m$，设矩阵 $\boldsymbol{A}=(\boldsymbol{\alpha}_1,\boldsymbol{\alpha}_2,\cdots,\boldsymbol{\alpha}_m)$，则向量组 $\boldsymbol{\alpha}_1,\boldsymbol{\alpha}_2,\cdots,\boldsymbol{\alpha}_m$ 线性无关的充分必要条件是 $R(\boldsymbol{A})=m$；向量组 $\boldsymbol{\alpha}_1,\boldsymbol{\alpha}_2,\cdots,\boldsymbol{\alpha}_m$ 线性相关的充分必要条件是 $R(\boldsymbol{A})<m$.

注意该定理是判定一个向量组 $\boldsymbol{\alpha}_1,\boldsymbol{\alpha}_2,\cdots,\boldsymbol{\alpha}_m$ 是否线性相关最常用的方法.

4. 设向量组 $\boldsymbol{\alpha}_1,\boldsymbol{\alpha}_2,\cdots,\boldsymbol{\alpha}_m$ 线性无关，而向量组 $\boldsymbol{\alpha}_1,\boldsymbol{\alpha}_2,\cdots,\boldsymbol{\alpha}_m,\boldsymbol{\beta}$ 线性相关，则向量 $\boldsymbol{\beta}$ 能由向量组 $\boldsymbol{\alpha}_1,\boldsymbol{\alpha}_2,\cdots,\boldsymbol{\alpha}_m$ 线性表示，且表示法唯一.

5. $n+1$ 个 n 维向量线性相关.

6. 若向量组 $\boldsymbol{\alpha}_1,\boldsymbol{\alpha}_2,\cdots,\boldsymbol{\alpha}_m$ 线性相关，则向量组 $\boldsymbol{\alpha}_1,\boldsymbol{\alpha}_2,\cdots,\boldsymbol{\alpha}_m,\boldsymbol{\alpha}_{m+1}$ 也线性相关. 反之，若向量组 $\boldsymbol{\alpha}_1,\boldsymbol{\alpha}_2,\cdots,\boldsymbol{\alpha}_m,\boldsymbol{\alpha}_{m+1}$ 线性无关，则向量组 $\boldsymbol{\alpha}_1,\boldsymbol{\alpha}_2,\cdots,\boldsymbol{\alpha}_m$ 也线性无关.

7. 若 m 个 n 维向量 $\boldsymbol{\alpha}_1,\boldsymbol{\alpha}_2,\cdots,\boldsymbol{\alpha}_m$ 线性相关，同时去掉其第 i（$1\leqslant i\leqslant n$）个分量得到的 m 个 $n-1$ 维向量也线性相关；反之，若 m 个 $n-1$ 维向量 $\boldsymbol{\beta}_1,\boldsymbol{\beta}_2,\cdots,\boldsymbol{\beta}_m$ 线性无关，同时增加其第 i（$1\leqslant i\leqslant n$）个分量得到的 m 个 n 维向量也线性无关.

注意上述第6和7个判定方法都可以再推广，具体内容可参见教材第三章定理8.

三、向量组的最大线性无关组及向量组的秩

1．定义

设有向量组$\boldsymbol{A}$，若在$\boldsymbol{A}$中存在r个向量$\boldsymbol{\alpha}_1,\boldsymbol{\alpha}_2,\cdots,\boldsymbol{\alpha}_r$满足：

（1）向量组$\boldsymbol{A}_0:\boldsymbol{\alpha}_1,\boldsymbol{\alpha}_2,\cdots,\boldsymbol{\alpha}_r$线性无关；

（2）向量组$\boldsymbol{A}$中任意$r+1$个向量（如果$\boldsymbol{A}$中含有$r+1$个向量的话）都线性相关，则称向量组$\boldsymbol{\alpha}_1,\boldsymbol{\alpha}_2,\cdots,\boldsymbol{\alpha}_r$为向量组$\boldsymbol{A}$的一个最大线性无关向量组，简称最大无关组；最大无关组中所含向量个数r称为向量组$\boldsymbol{A}$的秩.

注意：（1）一个向量组若仅含有一个零向量，此时不存在最大线性无关组，或称其最大线性无关组所含有向量的个数为0；（2）若向量组本身是线性无关的，则其最大线性无关组就是该向量组本身；（3）一个向量组的最大线性无关组可能不止一组，可能有很多组；（4）如果向量组Ⅱ与Ⅲ都是向量组Ⅰ的最大线性无关组，那么这两个向量组Ⅱ与Ⅲ是等价的，并且向量组Ⅱ与Ⅲ中所含有的向量的个数是相同的.

2．向量组$\boldsymbol{A}$与其任一最大无关组$\boldsymbol{A}_0$等价.

3．（最大无关组的等价定义一）

设向量组$\boldsymbol{A}_0:\boldsymbol{\alpha}_1,\boldsymbol{\alpha}_2,\cdots,\boldsymbol{\alpha}_r$是向量组$\boldsymbol{A}$的一个部分组，且满足：

（1）向量组$\boldsymbol{A}_0$线性无关；

（2）向量组$\boldsymbol{A}$中任意一个向量都可由向量组$\boldsymbol{A}_0$线性表示，

那么向量组$\boldsymbol{A}_0$就是向量组$\boldsymbol{A}$的一个最大线性无关组.

4．（最大无关组的等价定义二）

设向量组$\boldsymbol{A}_0:\boldsymbol{\alpha}_1,\boldsymbol{\alpha}_2,\cdots,\boldsymbol{\alpha}_r$是向量组$\boldsymbol{A}$的一个部分组，且满足：

（1）向量组$\boldsymbol{A}_0$线性无关；

（2）向量组$\boldsymbol{A}$的秩为r；

那么向量组$\boldsymbol{A}_0$就是向量组$\boldsymbol{A}$的一个最大线性无关组.

由于最大无关组的定义中第二个条件比较难验证，因此这两个等价定义更常用一些.

5．矩阵的秩等于它的列向量组的秩，也等于它的行向量组的秩，因此向量组$\boldsymbol{A}$的秩也记作$R(\boldsymbol{A})$.

四、齐次线性方程组解的性质和解的结构

1．若$\boldsymbol{x}=\boldsymbol{\xi}_1$和$\boldsymbol{x}=\boldsymbol{\xi}_2$是$\boldsymbol{Ax}=\boldsymbol{0}$的解，则$\boldsymbol{x}=\boldsymbol{\xi}_1+\boldsymbol{\xi}_2$也是$\boldsymbol{Ax}=\boldsymbol{0}$的解.

2．若 $\boldsymbol{x}=\boldsymbol{\xi}$ 是 $\boldsymbol{Ax}=\boldsymbol{0}$ 的解，k 为实数，则 $\boldsymbol{x}=k\boldsymbol{\xi}$ 也是 $\boldsymbol{Ax}=\boldsymbol{0}$ 的解.

3．设齐次线性方程组 $\boldsymbol{Ax}=\boldsymbol{0}$ 有非零解，如果它的 s 个解向量 $\boldsymbol{\xi}_1,\boldsymbol{\xi}_2,\cdots,\boldsymbol{\xi}_s$ 满足：

（1）$\boldsymbol{\xi}_1,\boldsymbol{\xi}_2,\cdots,\boldsymbol{\xi}_s$ 线性无关；

（2）$\boldsymbol{Ax}=\boldsymbol{0}$ 的任何一个解 $\boldsymbol{\xi}$ 都可用 $\boldsymbol{\xi}_1,\boldsymbol{\xi}_2,\cdots,\boldsymbol{\xi}_s$ 线性表示，即

$$\boldsymbol{\xi}=k_1\boldsymbol{\xi}_1+k_2\boldsymbol{\xi}_2+\cdots+k_s\boldsymbol{\xi}_s,$$

则称 $\boldsymbol{\xi}_1,\boldsymbol{\xi}_2,\cdots,\boldsymbol{\xi}_s$ 是方程组 $\boldsymbol{Ax}=\boldsymbol{0}$ 的基础解系，且当 $k_1,k_2,\cdots,k_s$ 为任意实数时，

$$\boldsymbol{\xi}=k_1\boldsymbol{\xi}_1+k_2\boldsymbol{\xi}_2+\cdots+k_s\boldsymbol{\xi}_s$$

为 $\boldsymbol{Ax}=\boldsymbol{0}$ 的通解.

4．对齐次线性方程组 $\boldsymbol{Ax}=\boldsymbol{0}$ 可总结如下：

（1）当 $R(\boldsymbol{A})=n$ 时，方程组 $\boldsymbol{Ax}=\boldsymbol{0}$ 只有零解，无基础解系；

（2）当 $R(\boldsymbol{A})=r<n$ 时，方程组 $\boldsymbol{Ax}=\boldsymbol{0}$ 有无穷多解，其基础解系由 $n-r$ 个线性无关的解向量 $\boldsymbol{\xi}_1,\boldsymbol{\xi}_2,\cdots,\boldsymbol{\xi}_{n-r}$ 组成，其通解可表示为 $\boldsymbol{x}=k_1\boldsymbol{\xi}_1+k_2\boldsymbol{\xi}_2+\cdots+k_{n-r}\boldsymbol{\xi}_{n-r}$（$k_1,k_2,\cdots,k_{n-r}$ 为任意常数）

一定要注意：n 是指方程组中未知量的个数，而不是方程的个数.

五、非齐次线性方程组解的性质和解的结构

1．若 $\boldsymbol{x}=\boldsymbol{\eta}_1$ 和 $\boldsymbol{x}=\boldsymbol{\eta}_2$ 都是 $\boldsymbol{Ax}=\boldsymbol{\beta}$ 的解，则 $\boldsymbol{x}=\boldsymbol{\eta}_1-\boldsymbol{\eta}_2$ 为对应的齐次线性方程组 $\boldsymbol{Ax}=\boldsymbol{0}$ 的解.

2．设 $\boldsymbol{x}=\boldsymbol{\eta}$ 是 $\boldsymbol{Ax}=\boldsymbol{\beta}$ 的解，$\boldsymbol{x}=\boldsymbol{\xi}$ 是 $\boldsymbol{Ax}=\boldsymbol{0}$ 的解，则 $\boldsymbol{x}=\boldsymbol{\xi}+\boldsymbol{\eta}$ 是 $\boldsymbol{Ax}=\boldsymbol{\beta}$ 的解.

3．若 $\boldsymbol{\eta}^*$ 是非齐次线性方程组 $\boldsymbol{Ax}=\boldsymbol{\beta}$ 的一个解，$\boldsymbol{\xi}_1,\boldsymbol{\xi}_2,\cdots,\boldsymbol{\xi}_{n-r}$ 是对应的齐次线性方程组 $\boldsymbol{Ax}=\boldsymbol{0}$ 的基础解系，则 $\boldsymbol{Ax}=\boldsymbol{\beta}$ 的通解为

$$\boldsymbol{x}=k_1\boldsymbol{\xi}_1+k_2\boldsymbol{\xi}_2+\cdots+k_{n-r}\boldsymbol{\xi}_{n-r}+\boldsymbol{\eta}^*\text{（}k_1,k_2,\cdots,k_{n-r}\text{ 为任意常数）}$$

非齐次线性方程组 $\boldsymbol{Ax}=\boldsymbol{\beta}$ 的通解结构为其对应的齐次线性方程组 $\boldsymbol{Ax}=\boldsymbol{0}$ 的通解加上它本身的一个解构成.

六、向量空间、基与维数

1．设 $\boldsymbol{V}$ 为 n 维向量组成的集合，若集合 $\boldsymbol{V}$ 非空，且集合 $\boldsymbol{V}$ 关于向量的加法和数乘两种运算封闭，则称集合 $\boldsymbol{V}$ 为向量空间.

2．设 $\boldsymbol{W}$ 是向量空间 $\boldsymbol{V}$ 的一个非空子集，若 $\boldsymbol{W}$ 关于向量的加法和数乘运算都封闭，则称 $\boldsymbol{W}$ 是 $\boldsymbol{V}$ 的一个子空间.

3．设 $\boldsymbol{V}$ 为向量空间，若 r 个向量 $\boldsymbol{\alpha}_1,\boldsymbol{\alpha}_2,\cdots,\boldsymbol{\alpha}_r\in\boldsymbol{V}$ 且满足：

（1）向量组 $\boldsymbol{\alpha}_1,\boldsymbol{\alpha}_2,\cdots,\boldsymbol{\alpha}_r$ 线性无关；

（2）$\boldsymbol{V}$ 中每一个向量 $\boldsymbol{\alpha}$ 都可由向量组 $\boldsymbol{\alpha}_1,\boldsymbol{\alpha}_2,\cdots,\boldsymbol{\alpha}_r$ 线性表示，则称向量组

$\boldsymbol{\alpha}_1,\boldsymbol{\alpha}_2,\cdots,\boldsymbol{\alpha}_r$ 为向量空间 $\boldsymbol{V}$ 的一个基，r 称为向量空间 $\boldsymbol{V}$ 的维数，并称 $\boldsymbol{V}$ 为 r 维的向量空间.

4．如果在向量空间 $\boldsymbol{V}$ 中取定一个基 $\boldsymbol{\alpha}_1,\boldsymbol{\alpha}_2,\cdots,\boldsymbol{\alpha}_r$，那么 $\boldsymbol{V}$ 中任一向量 $\boldsymbol{x}$ 可唯一地表达为

$$\boldsymbol{x}=\lambda_1\boldsymbol{\alpha}_1+\lambda_2\boldsymbol{\alpha}_2+\cdots+\lambda_r\boldsymbol{\alpha}_r,$$

数组 $\lambda_1,\lambda_2,\cdots,\lambda_r$ 称为向量 $\boldsymbol{x}$ 在基 $\boldsymbol{\alpha}_1,\boldsymbol{\alpha}_2,\cdots,\boldsymbol{\alpha}_r$ 中的坐标.

典型方法与范例

例 1 判断向量 $\boldsymbol{\beta}$ 能否由向量组 $\boldsymbol{\alpha}_1,\boldsymbol{\alpha}_2,\boldsymbol{\alpha}_3$ 线性表示，若能，求出线性表达式，其中

$$\boldsymbol{\beta}=\begin{pmatrix}1\\0\\3\\1\end{pmatrix},\ \boldsymbol{\alpha}_1=\begin{pmatrix}1\\1\\2\\2\end{pmatrix},\ \boldsymbol{\alpha}_2=\begin{pmatrix}1\\2\\1\\3\end{pmatrix},\ \boldsymbol{\alpha}_3=\begin{pmatrix}1\\-1\\4\\0\end{pmatrix}.$$

解：

$$(\boldsymbol{\alpha}_1,\boldsymbol{\alpha}_2,\boldsymbol{\alpha}_3,\boldsymbol{\beta})=\begin{pmatrix}1&1&1&1\\1&2&-1&0\\2&1&4&3\\2&3&0&1\end{pmatrix}\overset{\substack{r_2-r_1\\r_3-2r_1\\r_4-2r_1}}{\sim}\begin{pmatrix}1&1&1&1\\0&1&-2&-1\\0&-1&2&1\\0&1&-2&-1\end{pmatrix}\overset{\substack{r_3+r_2\\r_4-r_2\\r_1-r_2}}{\sim}\begin{pmatrix}1&0&3&2\\0&1&-2&-1\\0&0&0&0\\0&0&0&0\end{pmatrix},$$

由于 $R(\boldsymbol{\alpha}_1,\boldsymbol{\alpha}_2,\boldsymbol{\alpha}_3)=R(\boldsymbol{\alpha}_1,\boldsymbol{\alpha}_2,\boldsymbol{\alpha}_3,\boldsymbol{\beta})=2<3$，故向量 $\boldsymbol{\beta}$ 可由向量组 $\boldsymbol{\alpha}_1,\boldsymbol{\alpha}_2,\boldsymbol{\alpha}_3$ 线性表示，且表达式不唯一.

设 $\boldsymbol{\beta}=x_1\boldsymbol{\alpha}_1+x_2\boldsymbol{\alpha}_2+x_3\boldsymbol{\alpha}_3$，其对应一个三元线性非齐次方程组.

由矩阵 $(\boldsymbol{\alpha}_1,\boldsymbol{\alpha}_2,\boldsymbol{\alpha}_3,\boldsymbol{\beta})$ 的行最简形知线性方程组的通解为

$$\begin{cases}x_1=-3x_3+2\\x_2=2x_3-1\end{cases},$$

可取 $x_3=0$，得一解 $(x_1,x_2,x_3)^{\mathrm{T}}=(2,-1,0)^{\mathrm{T}}$．故

$$\boldsymbol{\beta}=2\boldsymbol{\alpha}_1-1\boldsymbol{\alpha}_2+0\boldsymbol{\alpha}_3.$$

显然，此例中，$\boldsymbol{\beta}$ 由 $\boldsymbol{\alpha}_1,\boldsymbol{\alpha}_2,\boldsymbol{\alpha}_3$ 线性表示的方法有许多种．令 $x_3=c$，得

$$\boldsymbol{\beta}=(2-3c)\boldsymbol{\alpha}_1+(-1+2c)\boldsymbol{\alpha}_2+c\boldsymbol{\alpha}_3,$$

这是 $\boldsymbol{\beta}$ 能由向量组 $\boldsymbol{\alpha}_1,\boldsymbol{\alpha}_2,\boldsymbol{\alpha}_3$ 线性表示的通式，其中 c 为任意常数.

例 2 设 $\boldsymbol{\alpha}_1=(1+\lambda,\ 1,\ 1)^{\mathrm{T}}$，$\boldsymbol{\alpha}_2=(1,\ 1+\lambda,\ 1)^{\mathrm{T}}$，$\boldsymbol{\alpha}_3=(1,\ 1,\ 1+\lambda)^{\mathrm{T}}$，$\boldsymbol{\beta}=(0,\ \lambda,\ \lambda^2)^{\mathrm{T}}$，问 λ 为何值时，（1）$\boldsymbol{\beta}$ 可由 $\boldsymbol{\alpha}_1,\boldsymbol{\alpha}_2,\boldsymbol{\alpha}_3$ 线性表示，且表达式唯一；

（2）$\boldsymbol{\beta}$ 可由 $\boldsymbol{\alpha}_1,\boldsymbol{\alpha}_2,\boldsymbol{\alpha}_3$ 线性表示，且表达式不唯一；

（3）$\boldsymbol{\beta}$ 不能由 $\boldsymbol{\alpha}_1,\boldsymbol{\alpha}_2,\boldsymbol{\alpha}_3$ 线性表示.

解： 设 $x_1\boldsymbol{\alpha}_1+x_2\boldsymbol{\alpha}_2+x_3\boldsymbol{\alpha}_3=\boldsymbol{\beta}$，得线性方程组

$$\begin{pmatrix}1+\lambda & 1 & 1\\ 1 & 1+\lambda & 1\\ 1 & 1 & 1+\lambda\end{pmatrix}\begin{pmatrix}x_1\\ x_2\\ x_3\end{pmatrix}=\begin{pmatrix}0\\ \lambda\\ \lambda^2\end{pmatrix},$$

容易计算出系数行列式

$$|\boldsymbol{A}|=\begin{vmatrix}1+\lambda & 1 & 1\\ 1 & 1+\lambda & 1\\ 1 & 1 & 1+\lambda\end{vmatrix}=\begin{vmatrix}3+\lambda & 1 & 1\\ 3+\lambda & 1+\lambda & 1\\ 3+\lambda & 1 & 1+\lambda\end{vmatrix}=(3+\lambda)\begin{vmatrix}1 & 1 & 1\\ 1 & 1+\lambda & 1\\ 1 & 1 & 1+\lambda\end{vmatrix}$$

$$=(3+\lambda)\begin{vmatrix}1 & 1 & 1\\ 0 & \lambda & 0\\ 0 & 0 & \lambda\end{vmatrix}=\lambda^2(3+\lambda),$$

（1）根据克拉默法则可知，若 $|\boldsymbol{A}|\neq 0$ 即 $\lambda\neq 0$ 且 $\lambda\neq -3$，则方程组有唯一解，那么 $\boldsymbol{\beta}$ 可由 $\boldsymbol{\alpha}_1,\boldsymbol{\alpha}_2,\boldsymbol{\alpha}_3$ 唯一地线性表示.

（2）若 $\lambda=0$，此时的线性方程组为齐次方程组，因为 $|\boldsymbol{A}|=0$，由克拉默法则知方程组有无穷多个解，故 $\boldsymbol{\beta}$ 可由 $\boldsymbol{\alpha}_1,\boldsymbol{\alpha}_2,\boldsymbol{\alpha}_3$ 线性表示，且表达式不唯一.

（3）若 $\lambda=-3$，则方程组的增广矩阵

$$\boldsymbol{B}=(\boldsymbol{A},\boldsymbol{\beta})=\begin{pmatrix}-2 & 1 & 1 & 0\\ 1 & -2 & 1 & -3\\ 1 & 1 & -2 & 9\end{pmatrix}\overset{r_1\leftrightarrow r_2}{\sim}\begin{pmatrix}1 & -2 & 1 & -3\\ -2 & 1 & 1 & 0\\ 1 & 1 & -2 & 9\end{pmatrix}\underset{r_3-r_1}{\overset{r_2+2r_1}{\sim}}\begin{pmatrix}1 & -2 & 1 & -3\\ 0 & -3 & 3 & -6\\ 0 & 3 & -3 & 12\end{pmatrix}$$

$$\overset{r_3+r_2}{\sim}\begin{pmatrix}1 & -2 & 1 & -3\\ 0 & -3 & 3 & -6\\ 0 & 0 & 0 & 6\end{pmatrix},$$

可见 $R(\boldsymbol{A})=2$，$R(\boldsymbol{B})=3$，$R(\boldsymbol{A})\neq R(\boldsymbol{B})$，故方程组无解，从而 $\boldsymbol{\beta}$ 不能由 $\boldsymbol{\alpha}_1,\boldsymbol{\alpha}_2,\boldsymbol{\alpha}_3$ 线性表示.

注意本例和第二章典型方法与范例中的例 9（方法二）极为相似，此例的意义在于：可以站在向量组的角度重新理解方程组 $\boldsymbol{Ax}=\boldsymbol{\beta}$ 有解的问题，即 $\boldsymbol{Ax}=\boldsymbol{\beta}$ 有唯一解等价于向量 $\boldsymbol{\beta}$ 可以由向量组 $\boldsymbol{A}$ 唯一地线性表示；$\boldsymbol{Ax}=\boldsymbol{\beta}$ 有无穷解等价于向量 $\boldsymbol{\beta}$ 可以由向量组 $\boldsymbol{A}$ 线性表示，且表示方法有无穷种；$\boldsymbol{Ax}=\boldsymbol{\beta}$ 无解等价于向量 $\boldsymbol{\beta}$ 不可以由向量组 $\boldsymbol{A}$ 线性表示.

例 3 已知向量组 $\boldsymbol{\alpha}_1,\boldsymbol{\alpha}_2,\boldsymbol{\alpha}_3$ 线性无关，证明：向量组 $\boldsymbol{\beta}_1=\boldsymbol{\alpha}_1$，$\boldsymbol{\beta}_2=\boldsymbol{\alpha}_1+\boldsymbol{\alpha}_2$，$\boldsymbol{\beta}_3=\boldsymbol{\alpha}_1+\boldsymbol{\alpha}_2+\boldsymbol{\alpha}_3$ 也线性无关.

证明：设存在一组数k_1,k_2,k_3，使得$k_1\boldsymbol{\beta}_1+k_2\boldsymbol{\beta}_2+k_3\boldsymbol{\beta}_3=\mathbf{0}$，即

$$k_1\boldsymbol{\alpha}_1+k_2(\boldsymbol{\alpha}_1+\boldsymbol{\alpha}_2)+k_3(\boldsymbol{\alpha}_1+\boldsymbol{\alpha}_2+\boldsymbol{\alpha}_3)=\mathbf{0}$$

整理后得

$$(k_1+k_2+k_3)\boldsymbol{\alpha}_1+(k_2+k_3)\boldsymbol{\alpha}_2+k_3\boldsymbol{\alpha}_3=\mathbf{0}$$

由已知，向量组$\boldsymbol{\alpha}_1,\boldsymbol{\alpha}_2,\boldsymbol{\alpha}_3$线性无关，可得

$$\begin{cases}k_1+k_2+k_3=0\\k_2+k_3=0\\k_3=0\end{cases}$$

显然该方程组的系数行列式$\begin{vmatrix}1&1&1\\0&1&1\\0&0&1\end{vmatrix}=1\neq 0$，所以该方程组只有零解，即$k_1=k_2=k_3=0$，由线性无关的定义知向量组$\boldsymbol{\beta}_1,\boldsymbol{\beta}_2,\boldsymbol{\beta}_3$也线性无关.

例 4 已知向量组$\boldsymbol{A}$：

$$\boldsymbol{\alpha}_1=\begin{pmatrix}1\\0\\2\\1\end{pmatrix},\ \boldsymbol{\alpha}_2=\begin{pmatrix}1\\2\\0\\1\end{pmatrix},\ \boldsymbol{\alpha}_3=\begin{pmatrix}2\\1\\3\\0\end{pmatrix},\ \boldsymbol{\alpha}_4=\begin{pmatrix}2\\5\\-1\\4\end{pmatrix},\ \boldsymbol{\alpha}_5=\begin{pmatrix}1\\-1\\3\\-1\end{pmatrix}.$$

（1）求向量组$\boldsymbol{A}:\boldsymbol{\alpha}_1,\boldsymbol{\alpha}_2,\boldsymbol{\alpha}_3,\boldsymbol{\alpha}_4,\boldsymbol{\alpha}_5$的秩及其一个最大无关组；

（2）将不属于最大无关组的向量用最大无关组线性表示.

解：

$$\boldsymbol{A}=\begin{pmatrix}1&1&2&2&1\\0&2&1&5&-1\\2&0&3&-1&3\\1&1&0&4&-1\end{pmatrix}\underset{r_4-r_1}{\overset{r_3-2r_1}{\sim}}\begin{pmatrix}1&1&2&2&1\\0&2&1&5&-1\\0&-2&-1&-5&1\\0&0&-2&2&-2\end{pmatrix}\underset{r_4\div(-2)}{\overset{\substack{r_3+r_2\\r_2\div 2}}{\sim}}\begin{pmatrix}1&1&2&2&1\\0&1&\frac{1}{2}&\frac{5}{2}&-\frac{1}{2}\\0&0&0&0&0\\0&0&1&-1&1\end{pmatrix}$$

$$\underset{\substack{r_2-\frac{1}{2}r_3\\r_1-2r_3}}{\overset{r_3\leftrightarrow r_4}{\sim}}\begin{pmatrix}1&1&0&4&-1\\0&1&0&3&-1\\0&0&1&-1&1\\0&0&0&0&0\end{pmatrix}\overset{r_1-r_2}{\sim}\begin{pmatrix}1&0&0&1&0\\0&1&0&3&-1\\0&0&1&-1&1\\0&0&0&0&0\end{pmatrix},$$

因此$R(\boldsymbol{A})=3$，并且向量组$\boldsymbol{A}:\boldsymbol{\alpha}_1,\boldsymbol{\alpha}_2,\boldsymbol{\alpha}_3,\boldsymbol{\alpha}_4,\boldsymbol{\alpha}_5$的最大无关组中含有 3 个向量；取$\boldsymbol{\alpha}_1,\boldsymbol{\alpha}_2,\boldsymbol{\alpha}_3$为向量组$\boldsymbol{A}$的最大无关组，有$\boldsymbol{\alpha}_4=\boldsymbol{\alpha}_1+3\boldsymbol{\alpha}_2-\boldsymbol{\alpha}_3,\boldsymbol{\alpha}_5=-\boldsymbol{\alpha}_2+\boldsymbol{\alpha}_3$.

例 5 已知三阶矩阵$\boldsymbol{B}\neq\boldsymbol{O}$，且$\boldsymbol{B}$的每一个列向量都是方程组$\begin{cases}x_1+2x_2-2x_3=0\\2x_1-x_2+\lambda x_3=0\\3x_1+x_2-x_3=0\end{cases}$的解，求$\lambda$和$|\boldsymbol{B}|$的值.

解：齐次方程组$\begin{cases}x_1+2x_2-2x_3=0\\2x_1-x_2+\lambda x_3=0\\3x_1+x_2-x_3=0\end{cases}$等价的矩阵形式为$\boldsymbol{Ax}=\boldsymbol{0}$，其中系数矩阵

$\boldsymbol{A}=\begin{pmatrix}1&2&-2\\2&-1&\lambda\\3&1&-1\end{pmatrix}$，令$\boldsymbol{B}=(\boldsymbol{\beta}_1,\boldsymbol{\beta}_2,\boldsymbol{\beta}_3)$，则由题设可得

$$\boldsymbol{AB}=\boldsymbol{A}(\boldsymbol{\beta}_1,\boldsymbol{\beta}_2,\boldsymbol{\beta}_3)=(\boldsymbol{A\beta}_1,\boldsymbol{A\beta}_2,\boldsymbol{A\beta}_3)=\boldsymbol{O}，即\boldsymbol{A\beta}_j=\boldsymbol{0}\ （j=1,2,3）.$$

又因为$\boldsymbol{B}\neq\boldsymbol{O}$，所以$\boldsymbol{\beta}_1$、$\boldsymbol{\beta}_2$、$\boldsymbol{\beta}_3$不全为零向量，说明齐次线性方程组$\boldsymbol{Ax}=\boldsymbol{0}$有非零解，所以必有$|\boldsymbol{A}|=0$，即$\begin{vmatrix}1&2&-2\\2&-1&\lambda\\3&1&-1\end{vmatrix}=0$，解得$\lambda=1$.

当$\lambda=1$时，$\boldsymbol{A}=\begin{pmatrix}1&2&-2\\2&-1&1\\3&1&-1\end{pmatrix}\sim\begin{pmatrix}1&2&-2\\0&1&-1\\0&0&0\end{pmatrix}$，所以$R(\boldsymbol{A})=2$，此时$\boldsymbol{Ax}=\boldsymbol{0}$的基础解系中含有解向量的个数为 1 个，故$\boldsymbol{B}$的列向量组是线性相关的，因此$|\boldsymbol{B}|=0$.

例 6 如果n阶方阵$\boldsymbol{A}$的各行元素之和均为0，且$R(\boldsymbol{A})=n-1$，求线性方程组$\boldsymbol{Ax}=\boldsymbol{0}$的通解.

解：构造满足条件的n阶行最简形矩阵$\boldsymbol{A}$.

设$\boldsymbol{A}=\begin{pmatrix}1&0&\cdots&0&-1\\0&1&\cdots&0&-1\\\vdots&\vdots&&\vdots&\vdots\\0&0&\cdots&1&-1\\0&0&\cdots&0&0\end{pmatrix}$，显然对应的齐次方程组$\boldsymbol{Ax}=\boldsymbol{0}$为$\begin{cases}x_1-x_n=0\\x_2-x_n=0\\\cdots\\x_{n-1}-x_n=0\end{cases}$，

因为$R(\boldsymbol{A})=n-1$，所以$n-R(\boldsymbol{A})=1$，即方程组的基础解系中有一个解向量，取x_n为自由未知量，令$x_n=1$，于是得到基础解系为$\begin{pmatrix}1\\1\\\vdots\\1\end{pmatrix}$，故方程组$\boldsymbol{Ax}=\boldsymbol{0}$的通解为：

$$\boldsymbol{x}=k\begin{pmatrix}1\\1\\\vdots\\1\end{pmatrix},\ k\in\mathbf{R}.$$

例 7 设$\boldsymbol{A}$为n（$n\geqslant 2$）阶方阵，且$R(\boldsymbol{A})=n-1$，$\boldsymbol{\alpha}_1$和$\boldsymbol{\alpha}_2$是$\boldsymbol{Ax}=\boldsymbol{0}$的两个不同的解向量，$k$为任意常数，则$\boldsymbol{Ax}=\boldsymbol{0}$的通解为（　　）.

A. $k\boldsymbol{\alpha}_1$　　B. $k\boldsymbol{\alpha}_2$　　C. $k(\boldsymbol{\alpha}_1-\boldsymbol{\alpha}_2)$　　D. $k(\boldsymbol{\alpha}_1+\boldsymbol{\alpha}_2)$

解： 因为$R(\boldsymbol{A})=n-1$，所以$n-R(\boldsymbol{A})=1$，即方程组的基础解系中只有一个解向量，$\boldsymbol{\alpha}_1-\boldsymbol{\alpha}_2$为齐次线性方程组的一个非零解，可以作为基础解系，从而选C．而$\boldsymbol{\alpha}_1$、$\boldsymbol{\alpha}_2$、$\boldsymbol{\alpha}_1+\boldsymbol{\alpha}_2$都有可能为零向量，所以均不能选作基础解系．

例 8　已知$\boldsymbol{\beta}_1$和$\boldsymbol{\beta}_2$是非齐次线性方程组$\boldsymbol{Ax}=\boldsymbol{\beta}$的两个不同解，$\boldsymbol{\alpha}_1$和$\boldsymbol{\alpha}_2$是对应的齐次线性方程组$\boldsymbol{Ax}=\boldsymbol{0}$的基础解系，$k_1$和$k_2$为任意常数，则非齐次线性方程组$\boldsymbol{Ax}=\boldsymbol{\beta}$的通解为（　　）．

A. $k_1\boldsymbol{\alpha}_1+k_2(\boldsymbol{\alpha}_1+\boldsymbol{\alpha}_2)+\dfrac{\boldsymbol{\beta}_1-\boldsymbol{\beta}_2}{2}$　　B. $k_1\boldsymbol{\alpha}_1+k_2(\boldsymbol{\alpha}_1-\boldsymbol{\alpha}_2)+\dfrac{\boldsymbol{\beta}_1+\boldsymbol{\beta}_2}{2}$

C. $k_1\boldsymbol{\alpha}_1+k_2(\boldsymbol{\beta}_1+\boldsymbol{\beta}_2)+\dfrac{\boldsymbol{\beta}_1-\boldsymbol{\beta}_2}{2}$　　D. $k_1\boldsymbol{\alpha}_1+k_2(\boldsymbol{\beta}_1-\boldsymbol{\beta}_2)+\dfrac{\boldsymbol{\beta}_1+\boldsymbol{\beta}_2}{2}$

解： 由于$\boldsymbol{\alpha}_1$和$\boldsymbol{\alpha}_2$是对应的齐次线性方程组$\boldsymbol{Ax}=\boldsymbol{0}$的基础解系，由齐次方程组解的性质易知$\boldsymbol{\alpha}_1-\boldsymbol{\alpha}_2$亦是齐次线性方程组$\boldsymbol{Ax}=\boldsymbol{0}$的解，又因为$(\boldsymbol{\alpha}_1,\boldsymbol{\alpha}_1-\boldsymbol{\alpha}_2)\sim(\boldsymbol{\alpha}_1,\boldsymbol{\alpha}_2)$，故$\boldsymbol{\alpha}_1$和$\boldsymbol{\alpha}_1-\boldsymbol{\alpha}_2$也是齐次线性方程组$\boldsymbol{Ax}=\boldsymbol{0}$的基础解系．而$\boldsymbol{A}\left(\dfrac{\boldsymbol{\beta}_1+\boldsymbol{\beta}_2}{2}\right)=\dfrac{1}{2}(\boldsymbol{A\beta}_1+\boldsymbol{A\beta}_2)=\dfrac{1}{2}(\boldsymbol{\beta}+\boldsymbol{\beta})=\boldsymbol{\beta}$，即$\dfrac{\boldsymbol{\beta}_1+\boldsymbol{\beta}_2}{2}$为$\boldsymbol{Ax}=\boldsymbol{\beta}$的解．从而$k_1\boldsymbol{\alpha}_1+k_2(\boldsymbol{\alpha}_1-\boldsymbol{\alpha}_2)+\dfrac{\boldsymbol{\beta}_1+\boldsymbol{\beta}_2}{2}$为非齐次线性方程组$\boldsymbol{Ax}=\boldsymbol{\beta}$的通解，因此选B．选项D中，虽然$\boldsymbol{\beta}_1-\boldsymbol{\beta}_2$也是$\boldsymbol{Ax}=\boldsymbol{0}$的解，但由于无法保证$\boldsymbol{\beta}_1-\boldsymbol{\beta}_2$与$\boldsymbol{\alpha}_1$线性无关，因此不能作为基础解系，故不能选D．

例 9　求齐次线性方程组

$$\begin{cases}x_1+x_2+x_3+4x_4-3x_5=0\\2x_1+x_2+3x_3+5x_4-5x_5=0\\x_1-x_2+3x_3-2x_4-x_5=0\\3x_1+x_2+5x_3+6x_4-7x_5=0\end{cases}$$

的一个基础解系，并给出通解．

解： 对系数矩阵进行初等行变换，直至将其化为行最简形矩阵：

$$\boldsymbol{A}=\begin{pmatrix}1&1&1&4&-3\\2&1&3&5&-5\\1&-1&3&-2&-1\\3&1&5&6&-7\end{pmatrix}\overset{\substack{r_2-2r_1\\r_3-r_1\\r_4-3r_1}}{\sim}\begin{pmatrix}1&1&1&4&-3\\0&-1&1&-3&1\\0&-2&2&-6&2\\0&-2&2&-6&2\end{pmatrix}$$

$$\overset{\substack{r_3-2r_2\\r_4-2r_2}}{\sim}\begin{pmatrix}1&1&1&4&-3\\0&-1&1&-3&1\\0&0&0&0&0\\0&0&0&0&0\end{pmatrix}\overset{\substack{r_1+r_2\\r_2\times(-1)}}{\sim}\begin{pmatrix}1&0&2&1&-2\\0&1&-1&3&-1\\0&0&0&0&0\\0&0&0&0&0\end{pmatrix},$$

因此 $R(\boldsymbol{A})=2<5$，故自由未知量的个数是 3，基础解系中含解向量的个数也是 3.

取 x_3、x_4、x_5 为自由未知量，原方程组的同解方程组为

$$\begin{cases} x_1=-2x_2-x_4+2x_5 \\ x_2=x_3-3x_4+x_5 \end{cases}$$

令
$$\begin{pmatrix} x_3 \\ x_4 \\ x_5 \end{pmatrix}=\begin{pmatrix} 1 \\ 0 \\ 0 \end{pmatrix},\ \begin{pmatrix} 0 \\ 1 \\ 0 \end{pmatrix},\ \begin{pmatrix} 0 \\ 0 \\ 1 \end{pmatrix},$$

代入上述方程组，得原方程的一个基础解系为

$$\boldsymbol{\xi}_1=\begin{pmatrix} -2 \\ 1 \\ 1 \\ 0 \\ 0 \end{pmatrix},\ \boldsymbol{\xi}_2=\begin{pmatrix} -1 \\ -3 \\ 0 \\ 1 \\ 0 \end{pmatrix},\ \boldsymbol{\xi}_3=\begin{pmatrix} 2 \\ 1 \\ 0 \\ 0 \\ 1 \end{pmatrix}.$$

故原方程组的通解为

$$\boldsymbol{x}=k_1\boldsymbol{\xi}_1+k_2\boldsymbol{\xi}_2+k_3\boldsymbol{\xi}_3\ （k_1,k_2,k_3\in\mathbf{R}）.$$

例 10　求线性方程组 $\begin{cases} x_1+x_2+x_3+x_4+x_5=3 \\ 2x_1+x_2+3x_3+3x_4+4x_5=14 \\ 3x_1+4x_2+x_3-3x_4+2x_5=-11 \\ x_1-x_2+4x_3+8x_4+4x_5=31 \end{cases}$ 的通解.

解：对增广矩阵进行初等行变换，直至将其化为行最简形矩阵：

$$\boldsymbol{B}=\begin{pmatrix} 1 & 1 & 1 & 1 & 1 & 3 \\ 2 & 1 & 3 & 3 & 4 & 14 \\ 3 & 4 & 1 & -3 & 2 & -11 \\ 1 & -1 & 4 & 8 & 4 & 31 \end{pmatrix} \overset{\substack{r_2-2r_1}}{\underset{\substack{r_3-3r_1 \\ r_4-r_1}}{\sim}} \begin{pmatrix} 1 & 1 & 1 & 1 & 1 & 3 \\ 0 & -1 & 1 & 1 & 2 & 8 \\ 0 & 1 & -2 & -6 & -1 & -20 \\ 0 & -2 & 3 & 7 & 3 & 28 \end{pmatrix}$$

$$\overset{\substack{r_1+r_2}}{\underset{\substack{r_3+r_2 \\ r_4-2r_2}}{\sim}} \begin{pmatrix} 1 & 0 & 2 & 2 & 3 & 11 \\ 0 & -1 & 1 & 1 & 2 & 8 \\ 0 & 0 & -1 & -5 & 1 & -12 \\ 0 & 0 & 1 & 5 & -1 & 12 \end{pmatrix} \overset{\substack{r_1+2r_3}}{\underset{\substack{r_2+r_3 \\ r_4+r_3}}{\sim}} \begin{pmatrix} 1 & 0 & 0 & -8 & 5 & -13 \\ 0 & -1 & 0 & -4 & 3 & -4 \\ 0 & 0 & -1 & -5 & 1 & -12 \\ 0 & 0 & 0 & 0 & 0 & 0 \end{pmatrix}$$

$$\overset{\substack{r_2\times(-1)}}{\underset{\substack{r_3\times(-1)}}{\sim}} \begin{pmatrix} 1 & 0 & 0 & -8 & 5 & -13 \\ 0 & 1 & 0 & 4 & -3 & 4 \\ 0 & 0 & 1 & 5 & -1 & 12 \\ 0 & 0 & 0 & 0 & 0 & 0 \end{pmatrix},$$

因为 $R(\boldsymbol{A})=R(\boldsymbol{B})=3<5$，故方程组有无穷解，且有两个自由未知量.

取 x_4 和 x_5 为自由未知量，得同解方程组 $\begin{cases} x_1 = 8x_4 - 5x_5 - 13 \\ x_2 = -4x_4 + 3x_5 + 4 \\ x_3 = -5x_4 + x_5 + 12 \end{cases}$，令 $x_4 = x_5 = 0$，

得方程组的一个解

$$\eta^* = \begin{pmatrix} -13 \\ 4 \\ 12 \\ 0 \\ 0 \end{pmatrix}.$$

对应齐次线性方程组的同解方程组为 $\begin{cases} x_1 = 8x_4 - 5x_5 \\ x_2 = -4x_4 + 3x_5 \\ x_3 = -5x_4 + x_5 \end{cases}$，令 $\begin{pmatrix} x_4 \\ x_5 \end{pmatrix} = \begin{pmatrix} 1 \\ 0 \end{pmatrix}$，$\begin{pmatrix} 0 \\ 1 \end{pmatrix}$，

得齐次线性方程组的基础解系为 $\boldsymbol{\xi}_1 = \begin{pmatrix} 8 \\ -4 \\ -5 \\ 1 \\ 0 \end{pmatrix}$，$\boldsymbol{\xi}_2 = \begin{pmatrix} -5 \\ 3 \\ 1 \\ 0 \\ 1 \end{pmatrix}$.

于是所求的通解为

$$\boldsymbol{x} = k_1\boldsymbol{\xi}_1 + k_2\boldsymbol{\xi}_2 + \boldsymbol{\eta}^* \text{（} k_1, k_2 \in \mathbf{R} \text{）}.$$

例 11 已知线性方程组 $\boldsymbol{Ax} = \boldsymbol{\beta}$ 的 3 个解为 $\boldsymbol{\eta}_1 = \begin{pmatrix} 1 \\ -1 \\ 1 \end{pmatrix}$，$\boldsymbol{\eta}_2 = \begin{pmatrix} 2 \\ 0 \\ 1 \end{pmatrix}$，$\boldsymbol{\eta}_3 = \begin{pmatrix} 2 \\ -1 \\ 2 \end{pmatrix}$，且 $R(\boldsymbol{A}) = 1$，求方程组 $\boldsymbol{Ax} = \boldsymbol{\beta}$ 的通解.

解：由于 $R(\boldsymbol{A}) = 1$，于是对应的齐次线性方程组 $\boldsymbol{Ax} = \boldsymbol{0}$ 的基础解系中含有两个解向量，令 $\boldsymbol{\xi}_1 = \boldsymbol{\eta}_2 - \boldsymbol{\eta}_1 = \begin{pmatrix} 1 \\ 1 \\ 0 \end{pmatrix}$，$\boldsymbol{\xi}_2 = \boldsymbol{\eta}_3 - \boldsymbol{\eta}_1 = \begin{pmatrix} 1 \\ 0 \\ 1 \end{pmatrix}$，则 $\boldsymbol{\xi}_1$、$\boldsymbol{\xi}_2$ 为 $\boldsymbol{Ax} = \boldsymbol{0}$ 的线性无关的解. 因此 $\boldsymbol{\xi}_1$、$\boldsymbol{\xi}_2$ 可以作为 $\boldsymbol{Ax} = \boldsymbol{0}$ 的基础解系.

于是所求的通解为

$$\boldsymbol{x} = k_1\boldsymbol{\xi}_1 + k_2\boldsymbol{\xi}_2 + \boldsymbol{\eta}_1 \text{（} k_1, k_2 \in \mathbf{R} \text{）}.$$

注意上式中的 $\boldsymbol{\eta}_1$ 也可以换成 $\boldsymbol{\eta}_2$ 或 $\boldsymbol{\eta}_3$.

例 12 已知 $\boldsymbol{\eta}_1$ 和 $\boldsymbol{\eta}_2$ 是方程组 $\begin{cases} x_1 - x_2 + 2x_3 = 3 \\ 2x_1 - 3x_3 = 1 \\ -2x_1 + ax_2 + 10x_3 = 4 \end{cases}$ 的两个不同的解，求 a 的值.

解：由于$\boldsymbol{\eta}_1$和$\boldsymbol{\eta}_2$是非齐次线性方程组的两个不同的解，所以$\boldsymbol{\eta}_1-\boldsymbol{\eta}_2\neq\boldsymbol{0}$为它所对应的齐次线性方程组的解，于是齐次线性方程组$\begin{cases}x_1-x_2+2x_3=0\\2x_1-3x_3=0\\-2x_1+ax_2+10x_3=0\end{cases}$有非零解．根据克拉默法则，该方程组的系数行列式$|\boldsymbol{A}|=0$．

又因为
$$|\boldsymbol{A}|=\begin{vmatrix}1&-1&2\\2&0&-3\\-2&a&10\end{vmatrix}=14+7a=0\text{，所以}a=-2\text{．}$$

例 13　设$\boldsymbol{\eta}^*$是非齐次方程组$\boldsymbol{Ax}=\boldsymbol{\beta}$的一个解，$\boldsymbol{\xi}_1,\boldsymbol{\xi}_2,\cdots,\boldsymbol{\xi}_{n-r}$是对应的齐次方程组$\boldsymbol{Ax}=\boldsymbol{0}$的一个基础解系．证明：

（1）$\boldsymbol{\eta}^*,\boldsymbol{\xi}_1,\boldsymbol{\xi}_2,\cdots,\boldsymbol{\xi}_{n-r}$线性无关；

（2）$\boldsymbol{\eta}^*,\boldsymbol{\eta}^*+\boldsymbol{\xi}_1,\boldsymbol{\eta}^*+\boldsymbol{\xi}_2,\cdots,\boldsymbol{\eta}^*+\boldsymbol{\xi}_{n-r}$线性无关．

证明：（1）设有关系式$k_0\boldsymbol{\eta}^*+k_1\boldsymbol{\xi}_1+k_2\boldsymbol{\xi}_2+\cdots+k_{n-r}\boldsymbol{\xi}_{n-r}=\boldsymbol{0}$，标记此式为(*)，用矩阵$\boldsymbol{A}$左乘上式两边，并注意题设条件，得
$$\begin{aligned}\boldsymbol{0}&=\boldsymbol{A}(k_0\boldsymbol{\eta}^*+k_1\boldsymbol{\xi}_1+k_2\boldsymbol{\xi}_2+\cdots+k_{n-r}\boldsymbol{\xi}_{n-r})\\&=k_0\boldsymbol{A\eta}^*+k_1\boldsymbol{A\xi}_1+k_2\boldsymbol{A\xi}_2+\cdots+k_{n-r}\boldsymbol{A\xi}_{n-r}=k_0\boldsymbol{\beta}\end{aligned}$$

但是$\boldsymbol{\beta}\neq\boldsymbol{0}$，因此$k_0$=0，于是(*)成为$k_1\boldsymbol{\xi}_1+k_2\boldsymbol{\xi}_2+\cdots+k_{n-r}\boldsymbol{\xi}_{n-r}=\boldsymbol{0}$，因为$\boldsymbol{\xi}_1,\boldsymbol{\xi}_2,\cdots,\boldsymbol{\xi}_{n-r}$是对应的齐次方程组的一个基础解系，从而可知$\boldsymbol{\xi}_1,\boldsymbol{\xi}_2,\cdots,\boldsymbol{\xi}_{n-r}$线性无关，于是$k_1=k_2=\cdots=k_{n-r}=0$，由定义知$\boldsymbol{\eta}^*,\boldsymbol{\xi}_1,\boldsymbol{\xi}_2,\cdots,\boldsymbol{\xi}_{n-r}$线性无关．

（2）设有关系式$\lambda_0\boldsymbol{\eta}^*+\lambda_1(\boldsymbol{\eta}^*+\boldsymbol{\xi}_1)+\lambda_2(\boldsymbol{\eta}^*+\boldsymbol{\xi}_2)+\cdots+\lambda_{n-r}(\boldsymbol{\eta}^*+\boldsymbol{\xi}_{n-r})=\boldsymbol{0}$，亦即$(\lambda_0+\lambda_1+\cdots+\lambda_{n-r})\boldsymbol{\eta}^*+\lambda_1\boldsymbol{\xi}_1+\lambda_2\boldsymbol{\xi}_2+\cdots+\lambda_{n-r}\boldsymbol{\xi}_{n-r}=\boldsymbol{0}$．

由（1）知，向量组$\boldsymbol{\eta}^*,\boldsymbol{\xi}_1,\boldsymbol{\xi}_2,\cdots,\boldsymbol{\xi}_{n-r}$线性无关，故$\lambda_1=\lambda_2=\cdots=\lambda_{n-r}=0$，并且$\lambda_0+\lambda_1+\cdots+\lambda_{n-r}=0\Rightarrow\lambda_0=0$，故$\boldsymbol{\eta}^*,\boldsymbol{\eta}^*+\boldsymbol{\xi}_1,\boldsymbol{\eta}^*+\boldsymbol{\xi}_2,\cdots,\boldsymbol{\eta}^*+\boldsymbol{\xi}_{n-r}$线性无关．

注意：因$\boldsymbol{A}(\boldsymbol{\eta}^*+\boldsymbol{\xi}_i)=\boldsymbol{A\eta}^*+\boldsymbol{A\xi}_i=\boldsymbol{\beta}$，故$\boldsymbol{\eta}^*+\boldsymbol{\xi}_i$是原方程组$\boldsymbol{Ax}=\boldsymbol{\beta}$的解．于是本题的意义在于：若有解的非齐次线性方程组的系数矩阵的秩为r，则它有$n-r+1$个线性无关的解．下面一例将进一步揭示非齐次线性方程组$\boldsymbol{Ax}=\boldsymbol{\beta}$恰好有$n-r+1$个线性无关的解，并且它的任一解都可由它们线性表示．

例 14　设非齐次线性方程组$\boldsymbol{Ax}=\boldsymbol{\beta}$的系数矩阵的秩为$r$，向量$\boldsymbol{\eta}_1,\boldsymbol{\eta}_2,\cdots,\boldsymbol{\eta}_{n-r+1}$是它的$n-r+1$个线性无关的解．证明：$\boldsymbol{Ax}=\boldsymbol{\beta}$的任一解可以表示为$\boldsymbol{\eta}=k_1\boldsymbol{\eta}_1+k_2\boldsymbol{\eta}_2+\cdots+k_{n-r+1}\boldsymbol{\eta}_{n-r+1}$（其中$k_1+k_2+\cdots+k_{n-r+1}=1$）．

证明：首先，因
$$\begin{aligned}\boldsymbol{A\eta}&=\boldsymbol{A}(k_1\boldsymbol{\eta}_1+k_2\boldsymbol{\eta}_2+\cdots+k_{n-r+1}\boldsymbol{\eta}_{n-r+1})=k_1(\boldsymbol{A\eta}_1)+k_2(\boldsymbol{A\eta}_2)+\cdots+k_{n-r+1}(\boldsymbol{A\eta}_{n-r+1})\\&=k_1\boldsymbol{\beta}+k_2\boldsymbol{\beta}+\cdots+k_{n-r+1}\boldsymbol{\beta}=(k_1+k_2+\cdots+k_{n-r+1})\boldsymbol{\beta}=\boldsymbol{\beta}\text{，}\end{aligned}$$

所以$\boldsymbol{\eta}$是$\boldsymbol{Ax}=\boldsymbol{\beta}$的解.

另一方面，记向量$\boldsymbol{\xi}_i=\boldsymbol{\eta}_i-\boldsymbol{\eta}_{n-r+1}$（$i=1,2,\cdots,n-r$），则$\boldsymbol{\xi}_i$是对应的齐次方程组$\boldsymbol{Ax}=\boldsymbol{0}$的解，且向量组$\boldsymbol{\xi}_1,\boldsymbol{\xi}_2,\cdots,\boldsymbol{\xi}_{n-r}$线性无关（其理由与例 13 的证明类似），于是，它就是齐次方程组$\boldsymbol{Ax}=\boldsymbol{0}$的一个基础解系．这样$\boldsymbol{Ax}=\boldsymbol{\beta}$的任一解，不妨记为$\boldsymbol{\eta}$，就可由此基础解系和原方程的特解$\boldsymbol{\eta}_{n-r+1}$线性表示，即存在数$\lambda_1,\lambda_2,\cdots,\lambda_{n-r}$，使

$$\begin{aligned}\boldsymbol{\eta}&=\lambda_1\boldsymbol{\xi}_1+\lambda_2\boldsymbol{\xi}_2+\cdots+\lambda_{n-r}\boldsymbol{\xi}_{n-r}+\boldsymbol{\eta}_{n-r+1}\\&=\lambda_1(\boldsymbol{\eta}_1-\boldsymbol{\eta}_{n-r+1})+\lambda_2(\boldsymbol{\eta}_2-\boldsymbol{\eta}_{n-r+1})+\cdots+\lambda_{n-r}(\boldsymbol{\eta}_{n-r}-\boldsymbol{\eta}_{n-r+1})+\boldsymbol{\eta}_{n-r+1}\\&=\lambda_1\boldsymbol{\eta}_1+\lambda_2\boldsymbol{\eta}_2+\cdots+\lambda_{n-r}\boldsymbol{\eta}_{n-r}+(1-\lambda_1-\lambda_2-\cdots-\lambda_{n-r})\boldsymbol{\eta}_{n-r+1}\end{aligned}$$

令$k_1=\lambda_1$，$k_2=\lambda_2$，…，$k_{n-r}=\lambda_{n-r}$，$k_{n-r+1}=1-\lambda_1-\lambda_2-\cdots-\lambda_{n-r}$，则$\boldsymbol{Ax}=\boldsymbol{\beta}$的任一解可以表示为$\boldsymbol{\eta}=k_1\boldsymbol{\eta}_1+k_2\boldsymbol{\eta}_2+\cdots+k_{n-r+1}\boldsymbol{\eta}_{n-r+1}$（其中$k_1+k_2+\cdots+k_{n-r+1}=1$）.

此例事实上给出了非齐次线性方程组的通解的另一表达式.

习题选解

2．已知向量组

$$\boldsymbol{A}:\boldsymbol{\alpha}_1=(0,1,2,3)^{\mathrm{T}},\ \boldsymbol{\alpha}_2=(3,0,1,2)^{\mathrm{T}},\ \boldsymbol{\alpha}_3=(2,3,0,1)^{\mathrm{T}}$$

$$\boldsymbol{B}:\boldsymbol{\beta}_1=(2,1,1,2)^{\mathrm{T}},\ \boldsymbol{\beta}_2=(0,-2,1,1)^{\mathrm{T}},\ \boldsymbol{\beta}_3=(4,4,1,3)^{\mathrm{T}}$$

证明$\boldsymbol{B}$组能由$\boldsymbol{A}$组线性表示，但$\boldsymbol{A}$组不能由$\boldsymbol{B}$组线性表示.

证明：由

$$(\boldsymbol{A},\boldsymbol{B})=\begin{pmatrix}0&3&2&2&0&4\\1&0&3&1&-2&4\\2&1&0&1&1&1\\3&2&1&2&1&3\end{pmatrix}\underset{\substack{r_3-2r_1\\r_4-3r_1}}{\overset{r_1\leftrightarrow r_2}{\sim}}\begin{pmatrix}1&0&3&1&-2&4\\0&3&2&2&0&4\\0&1&-6&-1&5&-7\\0&2&-8&-1&7&-9\end{pmatrix}$$

$$\underset{\substack{r_3-3r_2\\r_4-2r_2}}{\overset{r_2\leftrightarrow r_3}{\sim}}\begin{pmatrix}1&0&3&1&-2&4\\0&1&-6&-1&5&-7\\0&0&20&5&-15&25\\0&0&4&1&-3&5\end{pmatrix}\underset{r_4-5r_3}{\overset{r_3\leftrightarrow r_4}{\sim}}\begin{pmatrix}1&0&3&1&-2&4\\0&1&-6&-1&5&-7\\0&0&4&1&-3&5\\0&0&0&0&0&0\end{pmatrix}$$

知$R(\boldsymbol{A})=R(\boldsymbol{A},\boldsymbol{B})=3$，所以$\boldsymbol{B}$组能由$\boldsymbol{A}$组线性表示.

又因为

$$\boldsymbol{B}=\begin{pmatrix}2&0&4\\1&-2&4\\1&1&1\\2&1&3\end{pmatrix}\underset{\substack{r_3-r_1\\r_4-2r_1}}{\overset{\substack{r_1\div 2\\r_2-r_1}}{\sim}}\begin{pmatrix}1&0&2\\0&-2&2\\0&1&-1\\0&1&-1\end{pmatrix}\underset{\substack{r_3-r_2\\r_4-r_2}}{\overset{r_2\times\left(-\frac{1}{2}\right)}{\sim}}\begin{pmatrix}1&0&2\\0&1&-1\\0&0&0\\0&0&0\end{pmatrix}$$

知 $R(\boldsymbol{B})=2$．因为 $R(\boldsymbol{B})\neq R(\boldsymbol{B},\boldsymbol{A})=R(\boldsymbol{A},\boldsymbol{B})$，所以 $\boldsymbol{A}$ 组不能由 $\boldsymbol{B}$ 组线性表示．

5．问 a 取什么值时下列向量组线性相关：

$$\boldsymbol{\alpha}_1=(a,1,1)^{\mathrm{T}},\ \boldsymbol{\alpha}_2=(1,a,-1)^{\mathrm{T}},\ \boldsymbol{\alpha}_3=(1,-1,a)^{\mathrm{T}}.$$

解：记 $\boldsymbol{A}=(\boldsymbol{\alpha}_1,\boldsymbol{\alpha}_2,\boldsymbol{\alpha}_3)$．由于

$$|\boldsymbol{A}|=\begin{vmatrix}a&1&1\\1&a&-1\\1&-1&a\end{vmatrix}=(a-2)(a+1)^2$$

因此当 $a=-1$ 或 $a=2$ 时，$R(\boldsymbol{A})<3$，此时向量组线性相关．

6．求下列向量组的秩，并求一个最大无关组：

（1）$\boldsymbol{\alpha}_1=(1,2,1,3)^{\mathrm{T}}$，$\boldsymbol{\alpha}_2=(4,-1,-5,-6)^{\mathrm{T}}$，$\boldsymbol{\alpha}_3=(1,-3,-4,-7)^{\mathrm{T}}$．

（2）$\boldsymbol{\alpha}_1=(1,0,1,0,1)^{\mathrm{T}}$，$\boldsymbol{\alpha}_2=(0,1,0,1,0)^{\mathrm{T}}$，$\boldsymbol{\alpha}_3=(2,1,2,1,2)^{\mathrm{T}}$，$\boldsymbol{\alpha}_4=(2,1,0,1,2)^{\mathrm{T}}$．

解：（1）将 $(\boldsymbol{\alpha}_1,\boldsymbol{\alpha}_2,\boldsymbol{\alpha}_3)$ 化为行阶梯形矩阵即可：

$$(\boldsymbol{\alpha}_1,\boldsymbol{\alpha}_2,\boldsymbol{\alpha}_3)=\begin{pmatrix}1&4&1\\2&-1&-3\\1&-5&-4\\3&-6&-7\end{pmatrix}\underset{\substack{r_3-r_1\\r_4-3r_1}}{\overset{r_2-2r_1}{\sim}}\begin{pmatrix}1&4&1\\0&-9&-5\\0&-9&-5\\0&-18&-10\end{pmatrix}\underset{r_4-2r_2}{\overset{r_3-r_2}{\sim}}\begin{pmatrix}1&4&1\\0&-9&-5\\0&0&0\\0&0&0\end{pmatrix},$$

知 $R(\boldsymbol{\alpha}_1,\boldsymbol{\alpha}_2,\boldsymbol{\alpha}_3)=2$．因为向量 $\boldsymbol{\alpha}_1$ 与 $\boldsymbol{\alpha}_2$ 的分量不成比例，故 $\boldsymbol{\alpha}_1,\boldsymbol{\alpha}_2$ 线性无关，所以 $\boldsymbol{\alpha}_1,\boldsymbol{\alpha}_2$ 是一个最大无关组．

（2）将 $(\boldsymbol{\alpha}_1,\boldsymbol{\alpha}_2,\boldsymbol{\alpha}_3,\boldsymbol{\alpha}_4)$ 化为行阶梯形矩阵即可：

$$(\boldsymbol{\alpha}_1,\boldsymbol{\alpha}_2,\boldsymbol{\alpha}_3,\boldsymbol{\alpha}_4)\sim\begin{pmatrix}1&0&2&2\\0&1&1&1\\0&0&0&-2\\0&0&0&0\\0&0&0&0\end{pmatrix},$$

知 $R(\boldsymbol{\alpha}_1,\boldsymbol{\alpha}_2,\boldsymbol{\alpha}_3,\boldsymbol{\alpha}_4)=3$．又因为 $(\boldsymbol{\alpha}_1,\boldsymbol{\alpha}_2,\boldsymbol{\alpha}_4)\sim\begin{pmatrix}1&0&2\\0&1&1\\0&0&-2\\0&0&0\\0&0&0\end{pmatrix}$，故 $R(\boldsymbol{\alpha}_1,\boldsymbol{\alpha}_2,\boldsymbol{\alpha}_4)=3$，此时 $\boldsymbol{\alpha}_1,\boldsymbol{\alpha}_2,\boldsymbol{\alpha}_4$ 线性无关，所以 $\boldsymbol{\alpha}_1,\boldsymbol{\alpha}_2,\boldsymbol{\alpha}_4$ 是一个最大无关组．

7．利用初等行变换求下列矩阵的列向量组的秩及一个最大无关组，并把不属于最大无关组的列向量用最大无关组线性表示：

（1）$\begin{pmatrix} 1 & 0 & 2 & 1 \\ 1 & 2 & 0 & 1 \\ 2 & 1 & 3 & 0 \\ 2 & 5 & -1 & 4 \\ 1 & -1 & 3 & -1 \end{pmatrix}$；（2）$\begin{pmatrix} 1 & 1 & 2 & 2 & 1 \\ 0 & 2 & 1 & 5 & -1 \\ 2 & 0 & 3 & -1 & 3 \\ 1 & 1 & 0 & 4 & -1 \end{pmatrix}$.

解：注意此题与第 6 题的区别，应将矩阵化为行最简形矩阵.

（1）

$$\begin{pmatrix} 1 & 0 & 2 & 1 \\ 1 & 2 & 0 & 1 \\ 2 & 1 & 3 & 0 \\ 2 & 5 & -1 & 4 \\ 1 & -1 & 3 & -1 \end{pmatrix} \underset{\substack{r_4-2r_1 \\ r_5-r_1}}{\overset{\substack{r_2-r_1 \\ r_3-2r_1}}{\sim}} \begin{pmatrix} 1 & 0 & 2 & 1 \\ 0 & 2 & -2 & 0 \\ 0 & 1 & -1 & -2 \\ 0 & 5 & -5 & 2 \\ 0 & -1 & 1 & -2 \end{pmatrix} \underset{\substack{r_4-5r_2 \\ r_5+r_2}}{\overset{\substack{r_2\div 2 \\ r_3-r_2}}{\sim}} \begin{pmatrix} 1 & 0 & 2 & 1 \\ 0 & 1 & -1 & 0 \\ 0 & 0 & 0 & -2 \\ 0 & 0 & 0 & 2 \\ 0 & 0 & 0 & -2 \end{pmatrix} \sim \begin{pmatrix} 1 & 0 & 2 & 0 \\ 0 & 1 & -1 & 0 \\ 0 & 0 & 0 & 1 \\ 0 & 0 & 0 & 0 \\ 0 & 0 & 0 & 0 \end{pmatrix},$$

所以 $R(\boldsymbol{\alpha}_1,\boldsymbol{\alpha}_2,\boldsymbol{\alpha}_3,\boldsymbol{\alpha}_4)=3$. 取 $\boldsymbol{\alpha}_1,\boldsymbol{\alpha}_2,\boldsymbol{\alpha}_4$ 作为一个最大无关组，且 $\boldsymbol{\alpha}_3=2\boldsymbol{\alpha}_1-\boldsymbol{\alpha}_2$.

（2）

$$\begin{pmatrix} 1 & 1 & 2 & 2 & 1 \\ 0 & 2 & 1 & 5 & -1 \\ 2 & 0 & 3 & -1 & 3 \\ 1 & 1 & 0 & 4 & -1 \end{pmatrix} \underset{r_4-r_1}{\overset{r_3-2r_1}{\sim}} \begin{pmatrix} 1 & 1 & 2 & 2 & 1 \\ 0 & 2 & 1 & 5 & -1 \\ 0 & -2 & -1 & -5 & 1 \\ 0 & 0 & -2 & 2 & -2 \end{pmatrix}$$

$$\underset{r_4\leftrightarrow r_3}{\overset{r_3+r_2}{\sim}} \begin{pmatrix} 1 & 1 & 2 & 2 & 1 \\ 0 & 2 & 1 & 5 & -1 \\ 0 & 0 & -2 & 2 & -2 \\ 0 & 0 & 0 & 0 & 0 \end{pmatrix} \underset{r_3\div(-2)}{\overset{r_2\div 2}{\sim}} \begin{pmatrix} 1 & 1 & 2 & 2 & 1 \\ 0 & 1 & \frac{1}{2} & \frac{5}{2} & -\frac{1}{2} \\ 0 & 0 & 1 & -1 & 1 \\ 0 & 0 & 0 & 0 & 0 \end{pmatrix}$$

$$\underset{r_2-\frac{1}{2}r_3}{\overset{r_1-2r_3}{\sim}} \begin{pmatrix} 1 & 1 & 0 & 4 & -1 \\ 0 & 1 & 0 & 3 & -1 \\ 0 & 0 & 1 & -1 & 1 \\ 0 & 0 & 0 & 0 & 0 \end{pmatrix} \overset{r_1-r_2}{\sim} \begin{pmatrix} 1 & 0 & 0 & 1 & 0 \\ 0 & 1 & 0 & 3 & -1 \\ 0 & 0 & 1 & -1 & 1 \\ 0 & 0 & 0 & 0 & 0 \end{pmatrix}$$

所以 $R(\boldsymbol{\alpha}_1,\boldsymbol{\alpha}_2,\boldsymbol{\alpha}_3,\boldsymbol{\alpha}_4,\boldsymbol{\alpha}_5)=3$. 取 $\boldsymbol{\alpha}_1,\boldsymbol{\alpha}_2,\boldsymbol{\alpha}_3$ 作为一个最大无关组，且 $\boldsymbol{\alpha}_4=\boldsymbol{\alpha}_1+3\boldsymbol{\alpha}_2-\boldsymbol{\alpha}_3$，$\boldsymbol{\alpha}_5=-\boldsymbol{\alpha}_2+\boldsymbol{\alpha}_3$.

8．设 $\boldsymbol{\alpha}_1,\boldsymbol{\alpha}_2,\cdots,\boldsymbol{\alpha}_n$ 是一组 n 维向量，已知 n 维单位坐标向量 $\boldsymbol{e}_1,\boldsymbol{e}_2,\cdots,\boldsymbol{e}_n$ 能由它们线性表示，证明 $\boldsymbol{\alpha}_1,\boldsymbol{\alpha}_2,\cdots,\boldsymbol{\alpha}_n$ 线性无关.

证明：方法一　记 $\boldsymbol{A}=(\boldsymbol{\alpha}_1,\boldsymbol{\alpha}_2,\cdots\boldsymbol{\alpha}_n),\boldsymbol{E}=(\boldsymbol{e}_1,\boldsymbol{e}_2,\cdots\boldsymbol{e}_n)$. 由已知条件知，存在矩阵 $\boldsymbol{K}$，使 $\boldsymbol{E}=\boldsymbol{A}\boldsymbol{K}$.

两边取行列式，得

$$|\boldsymbol{E}|=|\boldsymbol{A}||\boldsymbol{K}|.$$

可见$|\boldsymbol{A}|\neq 0$，所以$R(\boldsymbol{A})=n$，从而$\boldsymbol{\alpha}_1,\boldsymbol{\alpha}_2,\cdots,\boldsymbol{\alpha}_n$线性无关.

方法二　因为$\boldsymbol{e}_1,\boldsymbol{e}_2,\cdots,\boldsymbol{e}_n$能由$\boldsymbol{\alpha}_1,\boldsymbol{\alpha}_2,\cdots,\boldsymbol{\alpha}_n$线性表示，所以

$$R(\boldsymbol{e}_1,\boldsymbol{e}_2,\cdots,\boldsymbol{e}_n)\leqslant R(\boldsymbol{\alpha}_1,\boldsymbol{\alpha}_2,\cdots\boldsymbol{\alpha}_n),$$

而$R(\boldsymbol{e}_1,\boldsymbol{e}_2,\cdots\boldsymbol{e}_n)=n$，$R(\boldsymbol{\alpha}_1,\boldsymbol{\alpha}_2,\cdots\boldsymbol{\alpha}_n)\leqslant n$，所以$R(\boldsymbol{\alpha}_1,\boldsymbol{\alpha}_2,\cdots\boldsymbol{\alpha}_n)=n$，从而$\boldsymbol{\alpha}_1,\boldsymbol{\alpha}_2,\cdots,\boldsymbol{\alpha}_n$线性无关.

9．设$\boldsymbol{\alpha}_1,\boldsymbol{\alpha}_2,\cdots,\boldsymbol{\alpha}_n$是一组$n$维向量，证明它们线性无关的充分必要条件是：任一$n$维向量都可由它们线性表示.

证明　必要性：设$\boldsymbol{\alpha}$为任一n维向量. 因为$\boldsymbol{\alpha}_1,\boldsymbol{\alpha}_2,\cdots,\boldsymbol{\alpha}_n$线性无关，而$\boldsymbol{\alpha}_1,\boldsymbol{\alpha}_2,\cdots,\boldsymbol{\alpha}_n,\boldsymbol{\alpha}$是$n+1$个$n$维向量，是线性相关的，所以$\boldsymbol{\alpha}$能由$\boldsymbol{\alpha}_1,\boldsymbol{\alpha}_2,\cdots,\boldsymbol{\alpha}_n$线性表示，且表示式是唯一的.

充分性：已知任一n维向量都可由$\boldsymbol{\alpha}_1,\boldsymbol{\alpha}_2,\cdots,\boldsymbol{\alpha}_n$线性表示，故单位坐标向量组$\boldsymbol{e}_1,\boldsymbol{e}_2,\cdots,\boldsymbol{e}_n$能由$\boldsymbol{\alpha}_1,\boldsymbol{\alpha}_2,\cdots,\boldsymbol{\alpha}_n$线性表示，于是有

$$n=R(\boldsymbol{e}_1,\boldsymbol{e}_2,\cdots,\boldsymbol{e}_n)\leqslant R(\boldsymbol{\alpha}_1,\boldsymbol{\alpha}_2,\cdots,\boldsymbol{\alpha}_n)\leqslant n,$$

即$R(\boldsymbol{\alpha}_1,\boldsymbol{\alpha}_2,\cdots,\boldsymbol{\alpha}_n)=n$，所以$\boldsymbol{\alpha}_1,\boldsymbol{\alpha}_2,\cdots,\boldsymbol{\alpha}_n$线性无关.

10．求下列齐次线性方程组的基础解系，并求出其通解：

（1）$\begin{cases}x_1-8x_2+10x_3+2x_4=0\\2x_1+4x_2+5x_3-x_4=0\\3x_1+8x_2+6x_3-2x_4=0\end{cases}$；

（2）$\begin{cases}x_1+x_2+2x_3-x_4=0\\2x_1+x_2+x_3-x_4=0\\2x_1+2x_2+x_3+2x_4=0\end{cases}$；

（3）$\begin{cases}x_1-2x_2+x_3+x_4-x_5=0\\2x_1+x_2-x_3-x_4+x_5=0\\x_1+7x_2-5x_3-5x_4+5x_5=0\\3x_1-x_2-2x_3+x_4-x_5=0\end{cases}$.

解：对系数矩阵进行初等行变换，直至化成行最简形矩阵.

（1）

$$\boldsymbol{A}=\begin{pmatrix}1&-8&10&2\\2&4&5&-1\\3&8&6&-2\end{pmatrix}\overset{r_2-2r_1}{\underset{r_3-3r_1}{\sim}}\begin{pmatrix}1&-8&10&2\\0&20&-15&-5\\0&32&-24&-8\end{pmatrix}\overset{r_2\div 20}{\underset{r_3-32r_2}{\sim}}\begin{pmatrix}1&-8&10&2\\0&1&-\frac{3}{4}&-\frac{1}{4}\\0&0&0&0\end{pmatrix}$$

$$\overset{r_1+8r_2}{\sim}\begin{pmatrix}1&0&4&0\\0&1&-\frac{3}{4}&-\frac{1}{4}\\0&0&0&0\end{pmatrix},$$

取x_3，x_4为自由未知量，得 $\begin{cases} x_1=-4x_3 \\ x_2=\dfrac{3}{4}x_3+\dfrac{1}{4}x_4 \end{cases}$.

令 $\begin{pmatrix} x_3 \\ x_4 \end{pmatrix}=\begin{pmatrix} 4 \\ 0 \end{pmatrix}$，$\begin{pmatrix} 0 \\ 4 \end{pmatrix}$.

于是得到基础解系 $\boldsymbol{\xi}_1=\begin{pmatrix} -16 \\ 3 \\ 4 \\ 0 \end{pmatrix}$，$\boldsymbol{\xi}_2=\begin{pmatrix} 0 \\ 1 \\ 0 \\ 4 \end{pmatrix}$，

此方程组的通解为$\boldsymbol{x}=k_1\begin{pmatrix} -16 \\ 3 \\ 4 \\ 0 \end{pmatrix}+k_2\begin{pmatrix} 0 \\ 1 \\ 0 \\ 4 \end{pmatrix}$ （$k_1,k_2\in\mathbf{R}$）.

（2）

$$\boldsymbol{A}=\begin{pmatrix} 1 & 1 & 2 & -1 \\ 2 & 1 & 1 & -1 \\ 2 & 2 & 1 & 2 \end{pmatrix}\overset{r_2-2r_1}{\underset{r_3-2r_1}{\sim}}\begin{pmatrix} 1 & 1 & 2 & -1 \\ 0 & -1 & -3 & 1 \\ 0 & 0 & -3 & 4 \end{pmatrix}\overset{r_1+r_2}{\underset{r_2\times(-1)}{\sim}}\begin{pmatrix} 1 & 0 & -1 & 0 \\ 0 & 1 & 3 & -1 \\ 0 & 0 & -3 & 4 \end{pmatrix}$$

$$\overset{r_2+r_3}{\underset{\substack{r_3\times\left(-\frac{1}{3}\right) \\ r_1+r_3}}{\sim}}\begin{pmatrix} 1 & 0 & 0 & -\dfrac{4}{3} \\ 0 & 1 & 0 & 3 \\ 0 & 0 & 1 & -\dfrac{4}{3} \end{pmatrix},$$

取x_4为自由未知量，得 $\begin{cases} x_1=\dfrac{4}{3}x_4 \\ x_2=-3x_4 \\ x_3=\dfrac{4}{3}x_4 \end{cases}$，

令$x_4=3$，于是得到基础解系

$$\boldsymbol{\xi}_1=\begin{pmatrix} 4 \\ -9 \\ 4 \\ 3 \end{pmatrix},$$

此方程组的通解为$\boldsymbol{x}=k\begin{pmatrix} 4 \\ -9 \\ 4 \\ 3 \end{pmatrix}$ （$k\in\mathbf{R}$）.

（3）

$$A=\begin{pmatrix}1&-2&1&1&-1\\2&1&-1&-1&1\\1&7&-5&-5&5\\3&-1&-2&1&-1\end{pmatrix}\underset{\substack{r_3-r_1\\r_4-3r_1}}{\overset{r_2-2r_1}{\sim}}\begin{pmatrix}1&-2&1&1&-1\\0&5&-3&-3&3\\0&9&-6&-6&6\\0&5&-5&-2&2\end{pmatrix}\underset{r_4-r_2}{\overset{r_3\div 3}{\sim}}\begin{pmatrix}1&-2&1&1&-1\\0&5&-3&-3&3\\0&3&-2&-2&2\\0&0&-2&1&-1\end{pmatrix}$$

$$\underset{\substack{r_3-3r_2\\r_4\div(-2)}}{\overset{r_2\div 5}{\sim}}\begin{pmatrix}1&-2&1&1&-1\\0&1&-\frac{3}{5}&-\frac{3}{5}&\frac{3}{5}\\0&0&-\frac{1}{5}&-\frac{1}{5}&\frac{1}{5}\\0&0&1&-\frac{1}{2}&\frac{1}{2}\end{pmatrix}\underset{r_4-r_3}{\overset{r_3\times(-5)}{\sim}}\begin{pmatrix}1&-2&1&1&-1\\0&1&-\frac{3}{5}&-\frac{3}{5}&\frac{3}{5}\\0&0&1&1&-1\\0&0&0&-\frac{3}{2}&\frac{3}{2}\end{pmatrix}$$

$$\underset{\substack{r_2+\frac{3}{5}r_4\\r_3-r_4}}{\overset{\substack{r_4\div\left(-\frac{3}{2}\right)\\r_1-r_4}}{\sim}}\begin{pmatrix}1&-2&1&0&0\\0&1&-\frac{3}{5}&0&0\\0&0&1&0&0\\0&0&0&1&-1\end{pmatrix}\underset{r_1+2r_2}{\overset{\substack{r_1-r_3\\r_2+\frac{3}{5}r_3}}{\sim}}\begin{pmatrix}1&0&0&0&0\\0&1&0&0&0\\0&0&1&0&0\\0&0&0&1&-1\end{pmatrix},$$

取 x_5 为自由未知量，得

$$\begin{cases}x_1=0\\x_2=0\\x_3=0\\x_4=x_5\end{cases},$$

令 $x_5=1$，于是得到基础解系

$$\boldsymbol{\xi}=\begin{pmatrix}0\\0\\0\\1\\1\end{pmatrix},$$

此方程组的通解为 $\boldsymbol{x}=k\begin{pmatrix}0\\0\\0\\1\\1\end{pmatrix}$ （$k\in\mathbf{R}$）.

11．求下列非齐次方程组的全部解，并用其对应的齐次线性方程组的基础解系表示：

（1）$\begin{cases} x_1-5x_2+2x_3-3x_4=11 \\ 5x_1+3x_2+6x_3-x_4=-1 \\ 2x_1+4x_2+2x_3+x_4=-6 \end{cases}$；（2）$\begin{cases} x_1+5x_2-x_3-x_4=-1 \\ x_1-2x_2+x_3+3x_4=3 \\ 3x_1+8x_2-x_3+x_4=1 \\ x_1-9x_2+3x_3+7x_4=7 \end{cases}$；

（3）$\begin{cases} x_1+x_2+x_3+x_4+x_5=7 \\ 3x_1+2x_2+x_3+x_4-3x_5=-2 \\ x_2+2x_3+2x_4+6x_5=23 \\ 5x_1+4x_2+3x_3+3x_4-x_5=12 \end{cases}$.

解：对增广矩阵进行初等行变换，直至化成行最简形矩阵.

（1）

$$\boldsymbol{B}=\begin{pmatrix} 1 & -5 & 2 & -3 & 11 \\ 5 & 3 & 6 & -1 & -1 \\ 2 & 4 & 2 & 1 & -6 \end{pmatrix} \underset{r_3-2r_1}{\overset{r_2-5r_1}{\sim}} \begin{pmatrix} 1 & -5 & 2 & -3 & 11 \\ 0 & 28 & -4 & 14 & -56 \\ 0 & 14 & -2 & 7 & -28 \end{pmatrix} \underset{\substack{r_3-14r_2 \\ r_1+5r_2}}{\overset{r_2\div 28}{\sim}} \begin{pmatrix} 1 & 0 & \frac{9}{7} & -\frac{1}{2} & 1 \\ 0 & 1 & -\frac{1}{7} & \frac{1}{2} & -2 \\ 0 & 0 & 0 & 0 & 0 \end{pmatrix},$$

取 x_3，x_4 为自由未知量，原方程组的同解方程组为

$$\begin{cases} x_1=-\frac{9}{7}x_3+\frac{1}{2}x_4+1 \\ x_2=\frac{1}{7}x_3-\frac{1}{2}x_4-2 \end{cases},$$

令 $x_3=x_4=0$，得 $x_1=1$，$x_2=-2$，即得非齐次线性方程组的一个特解

$$\boldsymbol{\eta}^*=\begin{pmatrix} 1 \\ -2 \\ 0 \\ 0 \end{pmatrix}.$$

对应的齐次线性方程组为

$$\begin{cases} x_1=-\frac{9}{7}x_3+\frac{1}{2}x_4 \\ x_2=\frac{1}{7}x_3-\frac{1}{2}x_4 \end{cases},$$

令 $\begin{pmatrix} x_3 \\ x_4 \end{pmatrix}=\begin{pmatrix} 7 \\ 0 \end{pmatrix}$，$\begin{pmatrix} 0 \\ 2 \end{pmatrix}$.

于是得到基础解系 $\boldsymbol{\xi}_1=\begin{pmatrix} -9 \\ 1 \\ 7 \\ 0 \end{pmatrix}$，$\boldsymbol{\xi}_2=\begin{pmatrix} 1 \\ -1 \\ 0 \\ 2 \end{pmatrix}$，

故原方程组的通解为

$$\boldsymbol{x}=\begin{pmatrix}1\\-2\\0\\0\end{pmatrix}+k_1\begin{pmatrix}-9\\1\\7\\0\end{pmatrix}+k_2\begin{pmatrix}1\\-1\\0\\2\end{pmatrix}\quad(k_1,k_2\in\mathbf{R}).$$

（2）

$$\boldsymbol{B}=\begin{pmatrix}1&5&-1&-1&-1\\1&-2&1&3&3\\3&8&-1&1&1\\1&-9&3&7&7\end{pmatrix}\underset{\substack{r_3-3r_1\\r_4-r_1}}{\overset{r_2-r_1}{\sim}}\begin{pmatrix}1&5&-1&-1&-1\\0&-7&2&4&4\\0&-7&2&4&4\\0&-14&4&8&8\end{pmatrix}\underset{r_4-2r_2}{\overset{r_3-r_2}{\sim}}\begin{pmatrix}1&5&-1&-1&-1\\0&-7&2&4&4\\0&0&0&0&0\\0&0&0&0&0\end{pmatrix}$$

$$\underset{r_1-5r_2}{\overset{r_2\div(-7)}{\sim}}\begin{pmatrix}1&0&\frac{3}{7}&\frac{13}{7}&\frac{13}{7}\\0&1&-\frac{2}{7}&-\frac{4}{7}&-\frac{4}{7}\\0&0&0&0&0\\0&0&0&0&0\end{pmatrix},$$

取 x_3，x_4 为自由未知量，原方程组的同解方程组为

$$\begin{cases}x_1=-\frac{3}{7}x_3-\frac{13}{7}x_4+\frac{13}{7}\\x_2=\frac{2}{7}x_3+\frac{4}{7}x_4-\frac{4}{7}\end{cases},$$

令 $x_3=x_4=0$，得 $x_1=\frac{13}{7}$，$x_2=-\frac{4}{7}$，即得非齐次线性方程组的一个特解

$$\boldsymbol{\eta}^*=\begin{pmatrix}\frac{13}{7}\\-\frac{4}{7}\\0\\0\end{pmatrix}.$$

对应的齐次线性方程组为

$$\begin{cases}x_1=-\frac{3}{7}x_3-\frac{13}{7}x_4\\x_2=\frac{2}{7}x_3+\frac{4}{7}x_4\end{cases},$$

令
$$\begin{pmatrix}x_3\\x_4\end{pmatrix}=\begin{pmatrix}7\\0\end{pmatrix},\ \begin{pmatrix}0\\7\end{pmatrix}.$$

于是得到基础解系

$$\boldsymbol{\xi}_1=\begin{pmatrix}-3\\2\\7\\0\end{pmatrix},\quad \boldsymbol{\xi}_2=\begin{pmatrix}-13\\4\\0\\7\end{pmatrix},$$

故原方程组的通解为

$$\boldsymbol{x}=\begin{pmatrix}\frac{13}{7}\\-\frac{4}{7}\\0\\0\end{pmatrix}+k_1\begin{pmatrix}-3\\2\\7\\0\end{pmatrix}+k_2\begin{pmatrix}-13\\4\\0\\7\end{pmatrix}\quad(k_1,k_2\in\mathbf{R}).$$

（3）

$$\boldsymbol{B}=\begin{pmatrix}1&1&1&1&1&7\\3&2&1&1&-3&-2\\0&1&2&2&6&23\\5&4&3&3&-1&12\end{pmatrix}\overset{\substack{r_2-3r_1\\r_4-5r_1}}{\sim}\begin{pmatrix}1&1&1&1&1&7\\0&-1&-2&-2&-6&-23\\0&1&2&2&6&23\\0&-1&-2&-2&-6&-23\end{pmatrix}$$

$$\overset{\substack{r_1+r_2\\r_3+r_2\\r_4-r_2\\r_2\times(-1)}}{\sim}\begin{pmatrix}1&0&-1&-1&-5&-16\\0&1&2&2&6&23\\0&0&0&0&0&0\\0&0&0&0&0&0\end{pmatrix},$$

取 x_3，x_4，x_5 为自由未知量，原方程组的同解方程组为

$$\begin{cases}x_1=x_3+x_4+5x_5-16\\x_2=-2x_3-2x_4-6x_5+23\end{cases},$$

令 $x_3=x_4=x_5=0$，得 $x_1=-16$，$x_2=23$，即得非齐次线性方程组的一个特解

$$\boldsymbol{\eta}^*=\begin{pmatrix}-16\\23\\0\\0\\0\end{pmatrix}.$$

对应的齐次线性方程组为

$$\begin{cases}x_1=x_3+x_4+5x_5\\x_2=-2x_3-2x_4-6x_5\end{cases}$$

令
$$\begin{pmatrix}x_3\\x_4\\x_5\end{pmatrix}=\begin{pmatrix}1\\0\\0\end{pmatrix},\begin{pmatrix}0\\1\\0\end{pmatrix},\begin{pmatrix}0\\0\\1\end{pmatrix},$$

于是得到基础解系

$$\boldsymbol{\xi}_1=\begin{pmatrix}1\\-2\\1\\0\\1\end{pmatrix},\ \boldsymbol{\xi}_2=\begin{pmatrix}1\\-2\\0\\1\\0\end{pmatrix},\ \boldsymbol{\xi}_3=\begin{pmatrix}5\\-6\\0\\0\\1\end{pmatrix},$$

故原方程组的通解为

$$\boldsymbol{x}=\begin{pmatrix}-16\\23\\0\\0\\0\end{pmatrix}+k_1\begin{pmatrix}1\\-2\\1\\0\\0\end{pmatrix}+k_2\begin{pmatrix}1\\-2\\0\\1\\0\end{pmatrix}+k_3\begin{pmatrix}5\\-6\\0\\0\\1\end{pmatrix}\quad(k_1,k_2,k_3\in\mathbf{R}).$$

12．设四元非齐次线性方程组的系数矩阵的秩为3，已知$\boldsymbol{\eta}_1$、$\boldsymbol{\eta}_2$、$\boldsymbol{\eta}_3$是它的3个解向量，且$\boldsymbol{\eta}_1=(2,3,4,5)^{\mathrm{T}}$，$\boldsymbol{\eta}_2+\boldsymbol{\eta}_3=(1,2,3,4)^{\mathrm{T}}$，求该方程组的通解．

解： 由于方程组中未知数的个数是4，系数矩阵的秩为3，所以对应的齐次线性方程组的基础解系含有一个解向量，且由于$\boldsymbol{\eta}_1$、$\boldsymbol{\eta}_2$、$\boldsymbol{\eta}_3$均为方程组的解，由非齐次线性方程组解的结构性质得

$$2\boldsymbol{\eta}_1-(\boldsymbol{\eta}_2+\boldsymbol{\eta}_3)=(\boldsymbol{\eta}_1-\boldsymbol{\eta}_2)+(\boldsymbol{\eta}_1-\boldsymbol{\eta}_3)=(3,4,5,6)^{\mathrm{T}}$$

为其对应的齐次方程组的基础解系向量，故此方程组的通解为

$$\boldsymbol{x}=k(3,4,5,6)^{\mathrm{T}}+(2,3,4,5)^{\mathrm{T}}\quad(k\in\mathbf{R}).$$

13．设有向量组$\boldsymbol{A}:\boldsymbol{\alpha}_1=(a,2,10)^{\mathrm{T}}$，$\boldsymbol{\alpha}_2=(-2,1,5)^{\mathrm{T}}$，$\boldsymbol{\alpha}_3=(-1,1,4)^{\mathrm{T}}$和$\boldsymbol{\beta}=(1,b,-1)^{\mathrm{T}}$，问$a$和$b$为何值时

（1）向量$\boldsymbol{\beta}$不能由向量组$\boldsymbol{A}$线性表示；

（2）向量$\boldsymbol{\beta}$能由向量组$\boldsymbol{A}$线性表示，且表示式唯一；

（3）向量$\boldsymbol{\beta}$能由向量组$\boldsymbol{A}$线性表示，且表示式不唯一，并求一般表示式．

解：

$$(\boldsymbol{\alpha}_3,\boldsymbol{\alpha}_2,\boldsymbol{\alpha}_1,\boldsymbol{\beta})=\begin{pmatrix}-1&-2&a&1\\1&1&2&b\\4&5&10&-1\end{pmatrix}\underset{r_3+4r_1}{\overset{r_2+r_1}{\sim}}\begin{pmatrix}-1&-2&a&1\\0&-1&2+a&b+1\\0&-3&10+4a&3\end{pmatrix}$$

$$\overset{r_3-3r_2}{\sim}\begin{pmatrix}-1&-2&a&1\\0&-1&2+a&b+1\\0&0&4+a&-3b\end{pmatrix}.$$

（1）当$a=-4$且$b\neq0$时，$R(\boldsymbol{A})\neq R(\boldsymbol{A},\boldsymbol{\beta})$，此时向量$\boldsymbol{\beta}$不能由向量组$\boldsymbol{A}$线性表示．

（2）当$a\neq -4$时，$R(\boldsymbol{A})=R(\boldsymbol{A},\boldsymbol{\beta})=3$，此时向量组$\boldsymbol{\alpha}_1,\boldsymbol{\alpha}_2,\boldsymbol{\alpha}_3$线性无关，而向量组$\boldsymbol{\alpha}_1,\boldsymbol{\alpha}_2,\boldsymbol{\alpha}_3,\boldsymbol{\beta}$线性相关，故向量$\boldsymbol{\beta}$能由向量组$\boldsymbol{A}$线性表示，且表示式唯一.

（3）当$a=-4$且$b=0$时，$R(\boldsymbol{A})=R(\boldsymbol{A},\boldsymbol{\beta})=2$，此时向量$\boldsymbol{\beta}$能由向量组$\boldsymbol{A}$线性表示，且表示式不唯一.

当$a=-4$，$b=0$时，

$$(\boldsymbol{\alpha}_3,\boldsymbol{\alpha}_2,\boldsymbol{\alpha}_1,\boldsymbol{\beta})=\begin{pmatrix}-1&-2&-4&1\\1&1&2&0\\4&5&10&-1\end{pmatrix}\overset{r_2+r_1}{\underset{r_3+4r_1}{\sim}}\begin{pmatrix}-1&-2&-4&1\\0&-1&-2&1\\0&-3&-6&3\end{pmatrix}\overset{r_3-3r_2}{\underset{r_1-2r_2}{\sim}}\begin{pmatrix}-1&0&0&-1\\0&-1&-2&1\\0&0&0&0\end{pmatrix}$$

$$\overset{r_1\times(-1)}{\underset{r_2\times(-1)}{\sim}}\begin{pmatrix}1&0&0&1\\0&1&2&-1\\0&0&0&0\end{pmatrix},$$

方程组$(\boldsymbol{\alpha}_3,\boldsymbol{\alpha}_2,\boldsymbol{\alpha}_1)\boldsymbol{x}=\boldsymbol{\beta}$的解为

$$\begin{pmatrix}x_1\\x_2\\x_3\end{pmatrix}=\begin{pmatrix}1\\-2c-1\\c\end{pmatrix}\quad(c\in\mathbf{R}).$$

因此$\boldsymbol{\beta}=\boldsymbol{\alpha}_3+(-2c-1)\boldsymbol{\alpha}_2+c\boldsymbol{\alpha}_1$，即$\boldsymbol{\beta}=c\boldsymbol{\alpha}_1+(-2c-1)\boldsymbol{\alpha}_2+\boldsymbol{\alpha}_3$ （$c\in\mathbf{R}$）.

14．a和b取何值时，非齐次线性方程组

$$\begin{cases}ax_1+x_2+x_3=4\\x_1+bx_2+x_3=3\\x_1+2bx_2+x_3=4\end{cases}$$

（1）有唯一解；（2）无解；（3）有无穷多个解.

解：

$$|\boldsymbol{A}|=\begin{vmatrix}a&1&1\\1&b&1\\1&2b&1\end{vmatrix}=b(1-a),$$

根据克拉默法则，得

（1）当$a\neq 1$且$b\neq 0$时，$|\boldsymbol{A}|\neq 0$，方程组有唯一解；

（2）当$b=0$时，

$$\boldsymbol{B}=\begin{pmatrix}a&1&1&4\\1&0&1&3\\1&0&1&4\end{pmatrix}\overset{r_3-r_2}{\sim}\begin{pmatrix}a&1&1&4\\1&0&1&3\\0&0&0&1\end{pmatrix},$$

此时$R(\boldsymbol{A})=2$，$R(\boldsymbol{B})=3$，$R(\boldsymbol{A})\neq R(\boldsymbol{B})$，方程组无解；

（3）$a=1$ 时，

$$\boldsymbol{B}=\begin{pmatrix}1&1&1&4\\1&b&1&3\\1&2b&1&4\end{pmatrix}\overset{r_3-r_2}{\underset{r_2-r_1}{\sim}}\begin{pmatrix}1&1&1&4\\0&b-1&0&-1\\0&b&0&1\end{pmatrix}\overset{r_3+r_2}{\sim}\begin{pmatrix}1&1&1&4\\0&b-1&0&1\\0&2b-1&0&0\end{pmatrix},$$

当 $2b-1=0$，即 $b=\dfrac{1}{2}$ 时，

$$\boldsymbol{B}\sim\begin{pmatrix}1&1&1&4\\0&-\dfrac{1}{2}&0&1\\0&0&0&0\end{pmatrix},$$

即当 $a=1$ 且 $b=\dfrac{1}{2}$ 时，$R(\boldsymbol{A})=R(\boldsymbol{B})=2<3$，于是方程组有无穷多解.

15．非齐次线性方程组

$$\begin{cases}-2x_1+x_2+x_3=-2\\ x_1-2x_2+x_3=\lambda\\ x_1+x_2-2x_3=\lambda^2\end{cases}$$

当 λ 取何值时有解，并求出它的解.

解：将增广矩阵用初等行变换化为行阶梯形矩阵：

$$\boldsymbol{B}=\begin{pmatrix}-2&1&1&-2\\1&-2&1&\lambda\\1&1&-2&\lambda^2\end{pmatrix}\overset{r_1\leftrightarrow r_2}{\sim}\begin{pmatrix}1&-2&1&\lambda\\-2&1&1&-2\\1&1&-2&\lambda^2\end{pmatrix}$$

$$\overset{r_2+2r_1}{\underset{r_3-r_1}{\sim}}\begin{pmatrix}1&-2&1&\lambda\\0&-3&3&-2+2\lambda\\0&3&-3&\lambda^2-\lambda\end{pmatrix}\overset{r_3+r_2}{\sim}\begin{pmatrix}1&-2&1&\lambda\\0&-3&3&-2+2\lambda\\0&0&0&\lambda^2+\lambda-2\end{pmatrix}$$

$$=\begin{pmatrix}1&-2&1&\lambda\\0&-3&3&2(\lambda-1)\\0&0&0&(\lambda-1)(\lambda+2)\end{pmatrix},$$

当 $(\lambda-1)(\lambda+2)=0$ 时，即 $\lambda=1$ 或 $\lambda=-2$ 时，$R(\boldsymbol{A})=R(\boldsymbol{B})=2<3$，于是方程组有无穷多解.

当 $\lambda=1$ 时，$\boldsymbol{B}\sim\begin{pmatrix}1&-2&1&1\\0&-3&3&0\\0&0&0&0\end{pmatrix}\sim\begin{pmatrix}1&0&-1&1\\0&1&-1&0\\0&0&0&0\end{pmatrix}$，得方程组通解为

$$\boldsymbol{x}=k_1\begin{pmatrix}1\\1\\1\end{pmatrix}+\begin{pmatrix}1\\0\\0\end{pmatrix}\quad（k_1\in\mathbf{R}）;$$

当$\lambda=-2$时，$\boldsymbol{B}\sim\begin{pmatrix}1&-2&1&-2\\0&-3&3&-6\\0&0&0&0\end{pmatrix}\sim\begin{pmatrix}1&0&-1&2\\0&1&-1&2\\0&0&0&0\end{pmatrix}$，得方程组通解为

$$\boldsymbol{x}=k_2\begin{pmatrix}1\\1\\1\end{pmatrix}+\begin{pmatrix}2\\2\\0\end{pmatrix}\quad（k_2\in\mathbf{R}）.$$

16．设$\begin{cases}(2-\lambda)x_1+2x_2-2x_3=1\\2x_1+(5-\lambda)x_2-4x_3=2\\-2x_1-4x_2+(5-\lambda)x_3=-\lambda-1\end{cases}$，问$\lambda$为何值时，此方程组有唯一解、无解或有无穷多解，并在有无穷多解时求解.

解：系数行列式

$$|\boldsymbol{A}|=\begin{vmatrix}2-\lambda&2&-2\\2&5-\lambda&-4\\-2&-4&5-\lambda\end{vmatrix}=-(\lambda-1)^2(\lambda-10).$$

当$\lambda\neq1$且$\lambda\neq10$时，方程组有唯一解.

当$\lambda=1$时，有

$$\boldsymbol{B}=\begin{pmatrix}1&2&-2&1\\2&4&-4&2\\-2&-4&4&-2\end{pmatrix}\overset{r_2-2r_1}{\underset{r_3+2r_1}{\sim}}\begin{pmatrix}1&2&-2&1\\0&0&0&0\\0&0&0&0\end{pmatrix},$$

$R(\boldsymbol{A})=R(\boldsymbol{B})=1$，方程组有无穷多解，此时

$$x_1+2x_2-2x_3=1.$$

通解为

$$\boldsymbol{x}=\begin{pmatrix}x_1\\x_2\\x_3\end{pmatrix}=k_1\begin{pmatrix}-2\\1\\0\end{pmatrix}+k_2\begin{pmatrix}2\\0\\1\end{pmatrix}+\begin{pmatrix}1\\0\\0\end{pmatrix}\quad（k_2，k_2\in\mathbf{R}）.$$

当$\lambda=10$时，有

$$\boldsymbol{B}=\begin{pmatrix}-8&2&-2&1\\2&-5&-4&2\\-2&-4&-5&-11\end{pmatrix}\overset{r_1\leftrightarrow r_2}{\underset{\substack{r_2+4r_1\\r_3+r_1}}{\sim}}\begin{pmatrix}2&-5&-4&2\\0&-18&-18&9\\0&-9&-9&-9\end{pmatrix}\overset{r_2\leftrightarrow r_3}{\underset{\substack{r_2\div(-9)\\r_3+18r_2}}{\sim}}\begin{pmatrix}2&-5&-4&2\\0&1&1&1\\0&0&0&27\end{pmatrix},$$

$R(\boldsymbol{A})=2$，$R(\boldsymbol{B})=3$，故方程组无解.

习题15和习题16的区别在于，习题15的系数行列式中不含有未知参数，且系数行列式等于零，因此克拉默法则不再适用，只能用初等行变换化的方法；而

习题 16 的系数行列式中含有未知参数，其系数行列式的值取决于未知参数的取值，因此习题 16 用克拉默法则比用初等行变换的方法要简单的多.

单元测试

一、选择题

1．设向量组 $\boldsymbol{\alpha}_1,\boldsymbol{\alpha}_2,\boldsymbol{\alpha}_3$ 线性无关，则下列向量组中线性无关的是（　　）.

A． $\boldsymbol{\alpha}_1+\boldsymbol{\alpha}_2,\boldsymbol{\alpha}_2+\boldsymbol{\alpha}_3,\boldsymbol{\alpha}_3-\boldsymbol{\alpha}_1$

B． $\boldsymbol{\alpha}_1+\boldsymbol{\alpha}_2,\boldsymbol{\alpha}_2+\boldsymbol{\alpha}_3,\boldsymbol{\alpha}_1+2\boldsymbol{\alpha}_2+\boldsymbol{\alpha}_3$

C． $\boldsymbol{\alpha}_1+2\boldsymbol{\alpha}_2,2\boldsymbol{\alpha}_2+3\boldsymbol{\alpha}_3,3\boldsymbol{\alpha}_3+\boldsymbol{\alpha}_1$

D． $\boldsymbol{\alpha}_1+\boldsymbol{\alpha}_2+\boldsymbol{\alpha}_3,2\boldsymbol{\alpha}_1-3\boldsymbol{\alpha}_2+22\boldsymbol{\alpha}_3,3\boldsymbol{\alpha}_1+5\boldsymbol{\alpha}_2-5\boldsymbol{\alpha}_3$

2．设 $\boldsymbol{\alpha}_1,\boldsymbol{\alpha}_2,\cdots,\boldsymbol{\alpha}_s$ 均为 n 维列向量，$\boldsymbol{A}$ 为 $m\times n$ 矩阵，下列选项正确的是（　　）.

A．若 $\boldsymbol{\alpha}_1,\boldsymbol{\alpha}_2,\cdots,\boldsymbol{\alpha}_s$ 线性相关，则 $\boldsymbol{A\alpha}_1,\boldsymbol{A\alpha}_2,\cdots,\boldsymbol{A\alpha}_s$ 线性相关

B．若 $\boldsymbol{\alpha}_1,\boldsymbol{\alpha}_2,\cdots,\boldsymbol{\alpha}_s$ 线性相关，则 $\boldsymbol{A\alpha}_1,\boldsymbol{A\alpha}_2,\cdots,\boldsymbol{A\alpha}_s$ 线性无关

C．若 $\boldsymbol{\alpha}_1,\boldsymbol{\alpha}_2,\cdots,\boldsymbol{\alpha}_s$ 线性无关，则 $\boldsymbol{A\alpha}_1,\boldsymbol{A\alpha}_2,\cdots,\boldsymbol{A\alpha}_s$ 线性相关

D．若 $\boldsymbol{\alpha}_1,\boldsymbol{\alpha}_2,\cdots,\boldsymbol{\alpha}_s$ 线性无关，则 $\boldsymbol{A\alpha}_1,\boldsymbol{A\alpha}_2,\cdots,\boldsymbol{A\alpha}_s$ 线性无关

3．设 $\boldsymbol{A}$ 是 $m\times n$ 矩阵，$\boldsymbol{Ax}=\boldsymbol{0}$ 是非齐次线性方程组 $\boldsymbol{Ax}=\boldsymbol{\beta}$ 所对应的齐次线性方程组，则下列结论中正确的是（　　）.

A．若 $\boldsymbol{Ax}=\boldsymbol{0}$ 仅有零解，则 $\boldsymbol{Ax}=\boldsymbol{\beta}$ 有唯一解

B．若 $\boldsymbol{Ax}=\boldsymbol{0}$ 有非零解，则 $\boldsymbol{Ax}=\boldsymbol{\beta}$ 有无穷多个解

C．若 $\boldsymbol{Ax}=\boldsymbol{\beta}$ 有无穷多个解，则 $\boldsymbol{Ax}=\boldsymbol{0}$ 仅有零解

D．若 $\boldsymbol{Ax}=\boldsymbol{\beta}$ 有无穷多个解，则 $\boldsymbol{Ax}=\boldsymbol{0}$ 有非零解

4. 非齐次线性方程组 $\boldsymbol{Ax}=\boldsymbol{\beta}$ 中未知量个数为 n，方程个数为 m，系数矩阵 $\boldsymbol{A}$ 的秩为 r，则（　　）.

A． $r=m$ 时，方程组 $\boldsymbol{Ax}=\boldsymbol{\beta}$ 有解

B． $r=n$ 时，方程组 $\boldsymbol{Ax}=\boldsymbol{\beta}$ 有唯一解

C． $m=n$ 时，方程组 $\boldsymbol{Ax}=\boldsymbol{\beta}$ 有唯一解

D． $r<n$ 时，方程组 $\boldsymbol{Ax}=\boldsymbol{\beta}$ 有无穷多解

二、填空题

1．向量组 $\boldsymbol{\alpha}_1=(1,1)^{\mathrm{T}},\boldsymbol{\alpha}_2=(2,-1)^{\mathrm{T}},\boldsymbol{\alpha}_3=(0,-3)^{\mathrm{T}}$ 是线性__________的.（填相关

或无关）

2．如果矩阵 $A=\begin{pmatrix}1 & -1 & 2\\ 2 & t & 1\\ 1 & -1 & 1\end{pmatrix}$，$B$ 是三阶非零矩阵，且 $AB=O$，则 $t=$__________.

3．设齐次线性方程组 $\begin{cases}\lambda x_1+x_2+x_3=0\\ x_1+\lambda x_2+x_3=0\\ x_1+x_2+x_3=0\end{cases}$ 只有零解，则 λ 应满足的条件是__________.

4．设 $\boldsymbol{\alpha}_1,\boldsymbol{\alpha}_2,\boldsymbol{\alpha}_3$ 是四元非齐次线性方程组 $\boldsymbol{Ax}=\boldsymbol{\beta}$ 的 3 个解向量，且 $R(\boldsymbol{A})=3$，$\boldsymbol{\alpha}_1=(1,2,3,4)^{\mathrm{T}}$，$\boldsymbol{\alpha}_2+\boldsymbol{\alpha}_3=(0,1,2,3)^{\mathrm{T}}$ 则线性方程组 $\boldsymbol{Ax}=\boldsymbol{\beta}$ 的通解为__________.

三、计算题

1．设四维向量组 $\boldsymbol{\alpha}_1=(1+a,1,1,1)^{\mathrm{T}}$，$\boldsymbol{\alpha}_2=(2,2+a,2,2)^{\mathrm{T}}$，$\boldsymbol{\alpha}_3=(3,3,3+a,3)^{\mathrm{T}}$，$\boldsymbol{\alpha}_4=(4,4,4,4+a)^{\mathrm{T}}$，问 a 为何值时 $\boldsymbol{\alpha}_1,\boldsymbol{\alpha}_2,\boldsymbol{\alpha}_3,\boldsymbol{\alpha}_4$ 线性相关？当 $\boldsymbol{\alpha}_1,\boldsymbol{\alpha}_2,\boldsymbol{\alpha}_3,\boldsymbol{\alpha}_4$ 线性相关时，求其一个最大线性无关组，并将其余向量用该最大线性无关组线性表出.

2．设向量组 $\boldsymbol{\alpha}_1,\boldsymbol{\alpha}_2,\boldsymbol{\alpha}_3$ 线性无关，问常数 s 和 t 满足什么条件时，向量组 $\boldsymbol{\alpha}_2-s\boldsymbol{\alpha}_1,2\boldsymbol{\alpha}_3+\boldsymbol{\alpha}_2,3\boldsymbol{\alpha}_1-t\boldsymbol{\alpha}_3$ 也线性无关.

3．求下列齐次线性方程组的一个基础解系：

$$\begin{cases}x_1+2x_2+x_3-x_4=0\\ 3x_1+6x_2-x_3-3x_4=0\\ 5x_1+10x_2+x_3-5x_4=0\end{cases}.$$

4．已知非齐次线性方程组

$$\begin{cases}x_1+x_2+x_3+x_4=-1\\ 4x_1+3x_2+5x_3-x_4=-1\\ ax_1+x_2+3x_3+bx_4=1\end{cases}$$

有三个线性无关的解.

（1）证明方程组的系数矩阵 $\boldsymbol{A}$ 的秩 $R(\boldsymbol{A})=2$；

（2）求 a 和 b 的值及方程组的通解.

5．非齐次线性方程组

$$\begin{cases}\lambda x_1+x_2+x_3=1\\ x_1+\lambda x_2+x_3=\lambda\\ x_1+x_2+\lambda x_3=\lambda^2\end{cases},$$

当λ取何值时有解，并求出它的全部解.

6．已知四元齐次线性方程组的通解为

$$x = k_1\begin{pmatrix}1\\0\\2\\3\end{pmatrix} + k_2\begin{pmatrix}0\\1\\-1\\1\end{pmatrix}，（k_1, k_2 \in \mathbf{R}）$$

求原齐次线性方程组.

单元测试解答

一、选择题

1．C.

A：$(\boldsymbol{\alpha}_1+\boldsymbol{\alpha}_2)-(\boldsymbol{\alpha}_2+\boldsymbol{\alpha}_3)+(\boldsymbol{\alpha}_3-\boldsymbol{\alpha}_1)=\mathbf{0}$；

B：$(\boldsymbol{\alpha}_1+\boldsymbol{\alpha}_2)+(\boldsymbol{\alpha}_2+\boldsymbol{\alpha}_3)-(\boldsymbol{\alpha}_1+2\boldsymbol{\alpha}_2+\boldsymbol{\alpha}_3)=\mathbf{0}$，

可见选项 A、B 中向量线性相关，选项 C、D 不能直接观察得出．对于选项 C，令

$$k_1(\boldsymbol{\alpha}_1+2\boldsymbol{\alpha}_2)+k_2(2\boldsymbol{\alpha}_2+3\boldsymbol{\alpha}_3)+k_3(3\boldsymbol{\alpha}_3+\boldsymbol{\alpha}_1)=\mathbf{0}，$$

即

$$(k_1+k_3)\boldsymbol{\alpha}_1+(2k_1+2k_2)\boldsymbol{\alpha}_2+(3k_2+3k_3)\boldsymbol{\alpha}_3=\mathbf{0}，$$

由于$\boldsymbol{\alpha}_1,\boldsymbol{\alpha}_2,\boldsymbol{\alpha}_3$线性无关，故

$$\begin{cases}k_1+k_3=0\\2k_1+2k_2=0\\3k_2+3k_3=0\end{cases}$$

因上述齐次线性方程组的系数行列式$\begin{vmatrix}1&0&1\\2&2&0\\0&3&3\end{vmatrix}=12\neq 0$，故方程组有唯一零解，即$k_1=k_2=k_3=0$，因此选项 C 中向量组线性无关，故应选 C.

2．A．记$\boldsymbol{B}=(\boldsymbol{\alpha}_1,\boldsymbol{\alpha}_2,\cdots,\boldsymbol{\alpha}_s)$，则$(\boldsymbol{A}\boldsymbol{\alpha}_1,\boldsymbol{A}\boldsymbol{\alpha}_2,\cdots,\boldsymbol{A}\boldsymbol{\alpha}_s)=\boldsymbol{AB}$．所以，若向量组$\boldsymbol{\alpha}_1,\boldsymbol{\alpha}_2,\cdots,\boldsymbol{\alpha}_s$线性相关，则$R(\boldsymbol{B})<s$，从而$R(\boldsymbol{AB})\leqslant R(\boldsymbol{B})<s$，向量组$\boldsymbol{A}\boldsymbol{\alpha}_1,\boldsymbol{A}\boldsymbol{\alpha}_2,\cdots,\boldsymbol{A}\boldsymbol{\alpha}_s$也线性相关，故应选 A.

3．D．由方程组解的判定定理知，对于$\boldsymbol{Ax}=\boldsymbol{\beta}$，若有$R(\boldsymbol{A})=R(\boldsymbol{A},\boldsymbol{\beta})=r$，则$\boldsymbol{Ax}=\boldsymbol{\beta}$一定有解；进一步，若$r=n$，则$\boldsymbol{Ax}=\boldsymbol{\beta}$有唯一解；若$r<n$，则$\boldsymbol{Ax}=\boldsymbol{\beta}$有无穷多解.

而 $\boldsymbol{Ax}=\boldsymbol{0}$ 是有一定解的，设 $R(\boldsymbol{A})=r$，

若 $r=n$，$\boldsymbol{Ax}=\boldsymbol{0}$ 仅有零解；若 $r<n$，$\boldsymbol{Ax}=\boldsymbol{0}$ 有非零解.

因此，若 $\boldsymbol{Ax}=\boldsymbol{\beta}$ 有无穷多解，则必有 $R(\boldsymbol{A})=R(\boldsymbol{A},\boldsymbol{\beta})=r<n$，从而 $R(\boldsymbol{A})=r<n$，$\boldsymbol{Ax}=\boldsymbol{0}$ 有非零解，所以选项 D 成立.

但反过来，若 $R(\boldsymbol{A})=r\leqslant n$，并不能推导出 $R(\boldsymbol{A})=R(\boldsymbol{A},\boldsymbol{\beta})$，所以 $\boldsymbol{Ax}=\boldsymbol{\beta}$ 可能无解，更谈不上有唯一解或无穷多解.

4．A．$\boldsymbol{Ax}=\boldsymbol{\beta}$ 有解的充要条件是 $R(\boldsymbol{A})=R(\boldsymbol{A},\boldsymbol{\beta})$．题设 $\boldsymbol{A}$ 为 $m\times n$ 矩阵，若 $R(\boldsymbol{A})=m$，相当于 $\boldsymbol{A}$ 的 m 个行向量线性无关，因此添加一个分量后得 $(\boldsymbol{A},\boldsymbol{\beta})$ 的 m 个行向量仍线性无关，即有 $R(\boldsymbol{A})=R(\boldsymbol{A},\boldsymbol{\beta})$，所以 $\boldsymbol{Ax}=\boldsymbol{\beta}$ 有解．故选项 A 成立．而选项 B、C、D 均不能保证 $R(\boldsymbol{A})=R(\boldsymbol{A},\boldsymbol{\beta})$，因此不能保证有解，更谈不上唯一解或无穷多解.

二、填空题

1．相关.

2．$t=-2$．因为 $\boldsymbol{AB}=\boldsymbol{O}$，所以 $\boldsymbol{B}$ 的列向量都是 $\boldsymbol{Ax}=\boldsymbol{0}$ 的解，又因为 $\boldsymbol{B}$ 是三阶非零矩阵，所以 $\boldsymbol{Ax}=\boldsymbol{0}$ 有非零解.

因此
$$|\boldsymbol{A}|=\begin{vmatrix}1&-1&2\\2&t&1\\1&-1&1\end{vmatrix}\xlongequal{c_2+c_1}\begin{vmatrix}1&0&2\\2&t+2&1\\1&0&1\end{vmatrix}\xlongequal{\text{按第二列展开}}(t+2)\begin{vmatrix}1&2\\1&1\end{vmatrix}=0$$

知 $t=-2$.

3．$\lambda\neq1$．当方程的个数与未知量的个数相同时，$\boldsymbol{Ax}=\boldsymbol{0}$ 只有零解的充分必要条件是 $|\boldsymbol{A}|\neq0$．而 $\begin{vmatrix}\lambda&1&1\\1&\lambda&1\\1&1&1\end{vmatrix}=(\lambda-1)^2$，所以应有 $\lambda\neq1$.

4．$\boldsymbol{x}=k\begin{pmatrix}2\\3\\4\\5\end{pmatrix}+\begin{pmatrix}1\\2\\3\\4\end{pmatrix}$（$k\in\mathbf{R}$）．由题设，$R(\boldsymbol{A})=3$，可见对应齐次线性方程组的基础解系所包含的解向量的个数为 $4-3=1$，即其任一非零解均可作为基础解系．又根据非齐次线性方程组解的性质知

$$2\boldsymbol{\alpha}_1-(\boldsymbol{\alpha}_2+\boldsymbol{\alpha}_3)=(\boldsymbol{\alpha}_1-\boldsymbol{\alpha}_2)+(\boldsymbol{\alpha}_1-\boldsymbol{\alpha}_3)=(2,3,4,5)^{\mathrm{T}}\neq\boldsymbol{0}$$

为对应齐次线性方程组的解，即可作为基础解系，从而线性方程组 $\boldsymbol{Ax}=\boldsymbol{\beta}$ 的通解为

$$\boldsymbol{x}=k\begin{pmatrix}2\\3\\4\\5\end{pmatrix}+\boldsymbol{\alpha}_1=k\begin{pmatrix}2\\3\\4\\5\end{pmatrix}+\begin{pmatrix}1\\2\\3\\4\end{pmatrix}.$$

三、计算题

1．$a=0$或$a=-10$时，$\boldsymbol{\alpha}_1,\boldsymbol{\alpha}_2,\boldsymbol{\alpha}_3,\boldsymbol{\alpha}_4$线性相关．其中，
当$a=0$时，$\boldsymbol{\alpha}_1$是一个最大线性无关组，且$\boldsymbol{\alpha}_2=2\boldsymbol{\alpha}_1$，$\boldsymbol{\alpha}_3=3\boldsymbol{\alpha}_1$，$\boldsymbol{\alpha}_4=4\boldsymbol{\alpha}_1$；
当$a=-10$时，$\boldsymbol{\alpha}_1,\boldsymbol{\alpha}_2,\boldsymbol{\alpha}_3$为最大线性无关组，且$\boldsymbol{\alpha}_4=-\boldsymbol{\alpha}_1-\boldsymbol{\alpha}_2-\boldsymbol{\alpha}_3$．

解： 记以$\boldsymbol{\alpha}_1,\boldsymbol{\alpha}_2,\boldsymbol{\alpha}_3,\boldsymbol{\alpha}_4$为列向量的矩阵为$\boldsymbol{A}$，则

$$|\boldsymbol{A}|=\begin{vmatrix}1+a&2&3&4\\1&2+a&3&4\\1&2&3+a&4\\1&2&3&4+a\end{vmatrix}=(10+a)a^3,$$

因此当$|\boldsymbol{A}|=0$，即$a=0$或$a=-10$时，$\boldsymbol{\alpha}_1,\boldsymbol{\alpha}_2,\boldsymbol{\alpha}_3,\boldsymbol{\alpha}_4$线性相关．

当$a=0$时，显然$\boldsymbol{\alpha}_1$是一个最大线性无关组，且$\boldsymbol{\alpha}_2=2\boldsymbol{\alpha}_1$，$\boldsymbol{\alpha}_3=3\boldsymbol{\alpha}_1$，$\boldsymbol{\alpha}_4=4\boldsymbol{\alpha}_1$；

当$a=-10$时，将矩阵$\boldsymbol{A}$用初等行变换化为行最简形矩阵

$$\boldsymbol{A}=\begin{pmatrix}-9&2&3&4\\1&-8&3&4\\1&2&-7&4\\1&2&3&-6\end{pmatrix}\overset{r}{\sim}\begin{pmatrix}1&0&0&-1\\0&1&0&-1\\0&0&1&-1\\0&0&0&0\end{pmatrix},$$

所以取$\boldsymbol{\alpha}_1,\boldsymbol{\alpha}_2,\boldsymbol{\alpha}_3$为最大线性无关组，且$\boldsymbol{\alpha}_4=-\boldsymbol{\alpha}_1-\boldsymbol{\alpha}_2-\boldsymbol{\alpha}_3$．

2．$st\neq-6$．

解： 由于$(\boldsymbol{\alpha}_2-s\boldsymbol{\alpha}_1,2\boldsymbol{\alpha}_3+\boldsymbol{\alpha}_2,3\boldsymbol{\alpha}_1-t\boldsymbol{\alpha}_3)=(\boldsymbol{\alpha}_1,\boldsymbol{\alpha}_2,\boldsymbol{\alpha}_3)\begin{pmatrix}-s&0&3\\1&1&0\\0&2&-t\end{pmatrix}$，且向量组$\boldsymbol{\alpha}_1,\boldsymbol{\alpha}_2,\boldsymbol{\alpha}_3$线性无关，故当$\begin{vmatrix}-s&0&3\\1&1&0\\0&2&-t\end{vmatrix}=st+6\neq0$，即$st\neq-6$时，$\boldsymbol{\alpha}_2-s\boldsymbol{\alpha}_1$，$2\boldsymbol{\alpha}_3+\boldsymbol{\alpha}_2$，$3\boldsymbol{\alpha}_1-t\boldsymbol{\alpha}_3$线性无关．

3．$\boldsymbol{\xi}_1=\begin{pmatrix}-2\\1\\0\\0\end{pmatrix}$，$\boldsymbol{\xi}_2=\begin{pmatrix}1\\0\\0\\1\end{pmatrix}$．

$$\text{解：}\ \boldsymbol{A}=\begin{pmatrix}1&2&1&-1\\3&6&-1&-3\\5&10&1&-5\end{pmatrix}\xrightarrow[r_3-5r_1]{r_2-3r_1}\begin{pmatrix}1&2&1&-1\\0&0&-4&0\\0&0&-4&0\end{pmatrix}\xrightarrow[r_1-r_2]{\substack{r_3-r_2\\r_2\div(-4)}}\begin{pmatrix}1&2&0&-1\\0&0&1&0\\0&0&0&0\end{pmatrix},$$

与原方程组同解的方程组为

$$\begin{cases}x_1+2x_2-x_4=0\\x_3=0\end{cases},$$

取 x_2，x_4 为自由未知量，得

$$\begin{cases}x_1=-2x_2+x_4\\x_3=0\end{cases},$$

令

$$\begin{pmatrix}x_2\\x_4\end{pmatrix}=\begin{pmatrix}1\\0\end{pmatrix},\ \begin{pmatrix}0\\1\end{pmatrix},$$

得基础解系为

$$\boldsymbol{\xi}_1=\begin{pmatrix}-2\\1\\0\\0\end{pmatrix},\ \boldsymbol{\xi}_2=\begin{pmatrix}1\\0\\0\\1\end{pmatrix}.$$

4.（2）$a=2$，$b=-3$．通解 $\boldsymbol{x}=k_1\begin{pmatrix}-2\\1\\1\\0\end{pmatrix}+k_2\begin{pmatrix}4\\-5\\0\\1\end{pmatrix}+\begin{pmatrix}2\\-3\\0\\0\end{pmatrix}$ （$k_1,k_2\in\mathbf{R}$）.

解：（1）设 $\boldsymbol{\alpha}_1,\boldsymbol{\alpha}_2,\boldsymbol{\alpha}_3$ 是方程组 $\boldsymbol{Ax}=\boldsymbol{\beta}$ 的 3 个线性无关的解，其中

$$\boldsymbol{A}=\begin{pmatrix}1&1&1&1\\4&3&5&-1\\a&1&3&b\end{pmatrix},\ \boldsymbol{\beta}=\begin{pmatrix}-1\\-1\\1\end{pmatrix},$$

则有 $\boldsymbol{A}(\boldsymbol{\alpha}_1-\boldsymbol{\alpha}_2)=\mathbf{0},\boldsymbol{A}(\boldsymbol{\alpha}_1-\boldsymbol{\alpha}_3)=\mathbf{0}$，即 $\boldsymbol{\alpha}_1-\boldsymbol{\alpha}_2,\boldsymbol{\alpha}_1-\boldsymbol{\alpha}_3$ 是对应齐次线性方程组 $\boldsymbol{Ax}=\mathbf{0}$ 的解，且线性无关（否则，易推出 $\boldsymbol{\alpha}_1,\boldsymbol{\alpha}_2,\boldsymbol{\alpha}_3$ 线性相关，矛盾）.

所以 $n-R(\boldsymbol{A})\geqslant 2$，即 $4-R(\boldsymbol{A})\geqslant 2\Rightarrow R(\boldsymbol{A})\leqslant 2$．又因为矩阵 $\boldsymbol{A}$ 中有一个二阶子式 $\begin{vmatrix}1&1\\4&3\end{vmatrix}=-1\neq 0$，所以 $R(\boldsymbol{A})\geqslant 2$．因此 $R(\boldsymbol{A})=2$．

（2）因为

$$A=\begin{pmatrix}1&1&1&1\\4&3&5&-1\\a&1&3&b\end{pmatrix}\overset{r_2-4r_1}{\underset{r_3-ar_1}{\sim}}\begin{pmatrix}1&1&1&1\\0&-1&1&-5\\0&1-a&3-a&b-a\end{pmatrix}$$

$$\overset{r_3+(1-a)r_2}{\sim}\begin{pmatrix}1&1&1&1\\0&-1&1&-5\\0&0&4-2a&b+4a-5\end{pmatrix}$$

又因为 $R(A)=2$，则

$$\begin{cases}4-2a=0\\b+4a-5=0\end{cases}\Rightarrow\begin{cases}a=2\\b=-3\end{cases}.$$

对原方程组的增广矩阵进行初等行变换：

$$B=\begin{pmatrix}1&1&1&1&-1\\4&3&5&-1&-1\\2&1&3&-3&1\end{pmatrix}\overset{r_2-4r_1}{\underset{r_3-2r_1}{\sim}}\begin{pmatrix}1&1&1&1&-1\\0&-1&1&-5&3\\0&-1&1&-5&3\end{pmatrix}\overset{\substack{r_3-r_2\\r_1+r_2}}{\underset{r_2\times(-1)}{\sim}}\begin{pmatrix}1&0&2&-4&2\\0&1&-1&5&-3\\0&0&0&0&0\end{pmatrix},$$

选 x_3 和 x_4 为自由变量，故原方程组的同解方程组为

$$\begin{cases}x_1=-2x_3+4x_4+2\\x_2=x_3-5x_4-3\end{cases}.$$

令 $x_3=x_4=0$，得 $x_1=2$， $x_2=-3$，即得非齐次线性方程组的一个特解

$$\boldsymbol{\eta}^*=\begin{pmatrix}2\\-3\\0\\0\end{pmatrix}.$$

在对应的齐次线性方程组 $\begin{cases}x_1=-2x_3+4x_4\\x_2=x_3-5x_4\end{cases}$ 中，

令

$$\begin{pmatrix}x_3\\x_4\end{pmatrix}=\begin{pmatrix}1\\0\end{pmatrix},\ \begin{pmatrix}0\\1\end{pmatrix},$$

则对应的齐次线性方程组的基础解系为

$$\boldsymbol{\xi}_1=\begin{pmatrix}-2\\1\\1\\0\end{pmatrix},\quad \boldsymbol{\xi}_2=\begin{pmatrix}4\\-5\\0\\1\end{pmatrix}.$$

故所求通解为

$$\boldsymbol{x}=k_1\begin{pmatrix}-2\\1\\1\\0\end{pmatrix}+k_2\begin{pmatrix}4\\-5\\0\\1\end{pmatrix}+\begin{pmatrix}2\\-3\\0\\0\end{pmatrix}\quad（k_1,k_2\in\mathbf{R}）.$$

5．当$\lambda \neq 1$且$\lambda \neq -2$时，有唯一解；当$\lambda = -2$时，无解；

当$\lambda = 1$时，有无穷多解，通解$\boldsymbol{x} = k_1\begin{pmatrix}-1\\1\\0\end{pmatrix} + k_2\begin{pmatrix}-1\\0\\1\end{pmatrix} + \begin{pmatrix}1\\0\\0\end{pmatrix}$，$k_1$和$k_2$为任意常数.

解：详细过程参考教材第三章第五节例 12.

6．$\begin{cases}-2x_1 + x_2 + x_3 = 0\\-3x_1 - x_2 + x_4 = 0\end{cases}$.

解：设所求方程组的系数矩阵为$\boldsymbol{A}$，则$R(\boldsymbol{A}) = 2$.

记$\boldsymbol{B} = \begin{pmatrix}1 & 0\\0 & 1\\2 & -1\\3 & 1\end{pmatrix}$，则$\boldsymbol{AB} = \boldsymbol{O} \Rightarrow \boldsymbol{B}^{\mathrm{T}}\boldsymbol{A}^{\mathrm{T}} = \boldsymbol{O} \Rightarrow \boldsymbol{A}^{\mathrm{T}}$的列向量是方程组$\boldsymbol{B}^{\mathrm{T}}\boldsymbol{x} = \boldsymbol{0}$的一个基础解系.

另一方面，直接计算可求得$\boldsymbol{B}^{\mathrm{T}}\boldsymbol{x} = \boldsymbol{0}$的一个基础解系为

$$\boldsymbol{\xi}_1 = \begin{pmatrix}-2\\1\\1\\0\end{pmatrix},\ \boldsymbol{\xi}_2 = \begin{pmatrix}-3\\-1\\0\\1\end{pmatrix},$$

于是$\boldsymbol{A} = \begin{pmatrix}-2 & 1 & 1 & 0\\-3 & -1 & 0 & 1\end{pmatrix}$，即原方程组为

$$\begin{cases}-2x_1 + x_2 + x_3 = 0\\-3x_1 - x_2 + x_4 = 0\end{cases}.$$

考研经典题剖析

1．（2009 年）设$\boldsymbol{A} = \begin{pmatrix}1 & -1 & -1\\-1 & 1 & 1\\0 & -4 & -2\end{pmatrix}$，$\boldsymbol{\xi}_1 = \begin{pmatrix}-1\\1\\-2\end{pmatrix}$.

（1）求满足$\boldsymbol{A\xi}_2 = \boldsymbol{\xi}_1$，$\boldsymbol{A}^2\boldsymbol{\xi}_3 = \boldsymbol{\xi}_1$的所有向量$\boldsymbol{\xi}_2$，$\boldsymbol{\xi}_3$；

（2）对（1）中的任一向量$\boldsymbol{\xi}_2$，$\boldsymbol{\xi}_3$，证明：$\boldsymbol{\xi}_1$，$\boldsymbol{\xi}_2$，$\boldsymbol{\xi}_3$线性无关.

解析：（1）解方程组$\boldsymbol{A\xi}_2 = \boldsymbol{\xi}_1$.

将方程组的增广矩阵用初等行变换化为行最简形矩阵

$$(\boldsymbol{A},\boldsymbol{\xi}_1)=\begin{pmatrix}1&-1&-1&-1\\-1&1&1&1\\0&-4&-2&-2\end{pmatrix}\underset{r_3\div(-2)}{\overset{r_2+r_1}{\sim}}\begin{pmatrix}1&-1&-1&-1\\0&0&0&0\\0&2&1&1\end{pmatrix}\underset{r_2\times\frac{1}{2}}{\overset{r_2\leftrightarrow r_3}{\sim}}\begin{pmatrix}1&-1&-1&-1\\0&1&\frac{1}{2}&\frac{1}{2}\\0&0&0&0\end{pmatrix}$$

$$\overset{r_1+r_2}{\sim}\begin{pmatrix}1&0&-\frac{1}{2}&-\frac{1}{2}\\0&1&\frac{1}{2}&\frac{1}{2}\\0&0&0&0\end{pmatrix}$$

因此 $R(\boldsymbol{A})=R(\boldsymbol{A},\boldsymbol{\xi}_1)=2<3$，故原方程组有无穷多解.

取 x_3 为自由未知量，原方程组的同解方程组为

$$\begin{cases}x_1=\frac{1}{2}x_3-\frac{1}{2}\\x_2=-\frac{1}{2}x_3+\frac{1}{2}\end{cases},$$

令 $x_3=1$，得非齐次线性方程组的一个特解

$$\boldsymbol{\eta}^*=\begin{pmatrix}0\\0\\1\end{pmatrix}.$$

在对应的齐次线性方程组

$$\begin{cases}x_1=\frac{1}{2}x_3\\x_2=-\frac{1}{2}x_3\end{cases}$$

中取 $x_3=2$，则对应的齐次线性方程组的基础解系为

$$\boldsymbol{\xi}=\begin{pmatrix}1\\-1\\2\end{pmatrix},$$

故原方程组的通解 $\boldsymbol{\xi}_2=k_1\begin{pmatrix}1\\-1\\2\end{pmatrix}+\begin{pmatrix}0\\0\\1\end{pmatrix}$，其中 k_1 为任意常数.

解方程组 $\boldsymbol{A}^2\boldsymbol{\xi}_3=\boldsymbol{\xi}_1$，其中 $\boldsymbol{A}^2=\begin{pmatrix}2&2&0\\-2&-2&0\\4&4&0\end{pmatrix}$.

由 $$(A^2,\xi_1)=\begin{pmatrix}2&2&0&-1\\-2&-2&0&1\\4&4&0&-2\end{pmatrix}\overset{\substack{r_2+r_1\\r_3-2r_1}}{\underset{r_1\div 2}{\sim}}\begin{pmatrix}1&1&0&-\frac{1}{2}\\0&0&0&0\\0&0&0&0\end{pmatrix}$$

可得 $R(A^2)=R(A^2,\xi_1)=1<3$，故原方程组有无穷多解.

取 x_2 和 x_3 为自由未知量，原方程组的同解方程组为

$$x_1=-x_2-\frac{1}{2},$$

易得该方程组的一个特解为

$$\eta^*=\begin{pmatrix}-\frac{1}{2}\\0\\0\end{pmatrix},$$

所对应的齐次方程组 $x_1=-x_2$ 的基础解系为

$$\eta_1=\begin{pmatrix}-1\\1\\0\end{pmatrix},\ \eta_2=\begin{pmatrix}0\\0\\1\end{pmatrix},$$

故 $\xi_3=k_2\begin{pmatrix}-1\\1\\0\end{pmatrix}+k_3\begin{pmatrix}0\\0\\1\end{pmatrix}+\begin{pmatrix}-\frac{1}{2}\\0\\0\end{pmatrix}$，其中 k_2 和 k_3 为任意常数.

（2）证明：由于

$$|\xi_1,\xi_2,\xi_3|=\begin{vmatrix}-1&k_1&-k_2-\frac{1}{2}\\1&-k_1&k_2\\-2&2k_1+1&k_3\end{vmatrix}\overset{r_2+r_1}{=}\begin{vmatrix}-1&k_1&-k_2-\frac{1}{2}\\0&0&-\frac{1}{2}\\-2&2k_1+1&k_3\end{vmatrix}$$

$$\xlongequal{\text{按第二行展开}}-\frac{1}{2}(-1)^{2+3}\begin{vmatrix}-1&k_1\\-2&2k_1+1\end{vmatrix}=-\frac{1}{2}\neq 0,$$

故 ξ_1，ξ_2，ξ_3 线性无关.

2．（2012 年）设 $\boldsymbol{A}=\begin{pmatrix}1 & a & 0 & 0\\0 & 1 & a & 0\\0 & 0 & 1 & a\\a & 0 & 0 & 1\end{pmatrix}$，$\boldsymbol{\beta}=\begin{pmatrix}1\\-1\\0\\0\end{pmatrix}$.

（1）计算行列式$|\boldsymbol{A}|$；

（2）当实数a为何值时，方程组$\boldsymbol{Ax}=\boldsymbol{\beta}$有无穷多解，并求其通解.

解析：（1）

$$|\boldsymbol{A}|=\begin{vmatrix}1 & a & 0 & 0\\0 & 1 & a & 0\\0 & 0 & 1 & a\\a & 0 & 0 & 1\end{vmatrix}\xlongequal{\text{按第一行展开}}(-1)^{1+1}\begin{vmatrix}1 & a & 0\\0 & 1 & a\\0 & 0 & 1\end{vmatrix}+a(-1)^{1+2}\begin{vmatrix}0 & a & 0\\0 & 1 & a\\a & 0 & 1\end{vmatrix}=1-a^4 .$$

（2）对方程组$\boldsymbol{Ax}=\boldsymbol{\beta}$的增广矩阵进行初等行变换：

$$\begin{pmatrix}1 & a & 0 & 0 & 1\\0 & 1 & a & 0 & -1\\0 & 0 & 1 & a & 0\\a & 0 & 0 & 1 & 0\end{pmatrix}\overset{r_4-ar_1}{\sim}\begin{pmatrix}1 & a & 0 & 0 & 1\\0 & 1 & a & 0 & -1\\0 & 0 & 1 & a & 0\\0 & -a^2 & 0 & 1 & -a\end{pmatrix}\overset{r_4+a^2r_2}{\sim}\begin{pmatrix}1 & a & 0 & 0 & 1\\0 & 1 & a & 0 & -1\\0 & 0 & 1 & a & 0\\0 & 0 & a^3 & 1 & -a-a^2\end{pmatrix}$$

$$\overset{r_4-a^3r_3}{\sim}\begin{pmatrix}1 & a & 0 & 0 & 1\\0 & 1 & a & 0 & -1\\0 & 0 & 1 & a & 0\\0 & 0 & 0 & 1-a^4 & -a-a^2\end{pmatrix}$$

要使方程组$\boldsymbol{Ax}=\boldsymbol{\beta}$有无穷多解，则有$1-a^4=0$且$-a-a^2=0$，可知$a=-1$，此时方程组$\boldsymbol{Ax}=\boldsymbol{\beta}$的增广矩阵

$$\begin{pmatrix}1 & -1 & 0 & 0 & 1\\0 & 1 & -1 & 0 & -1\\0 & 0 & 1 & -1 & 0\\-1 & 0 & 0 & 1 & 0\end{pmatrix}\sim\begin{pmatrix}1 & -1 & 0 & 0 & 1\\0 & 1 & -1 & 0 & -1\\0 & 0 & 1 & -1 & 0\\0 & 0 & 0 & 0 & 0\end{pmatrix}\sim\begin{pmatrix}1 & 0 & 0 & -1 & 0\\0 & 1 & 0 & -1 & -1\\0 & 0 & 1 & -1 & 0\\0 & 0 & 0 & 0 & 0\end{pmatrix},$$

取x_4为自由未知量，原方程组的同解方程组为

$$\begin{cases}x_1=x_4\\x_2=x_4-1,\\x_3=x_4\end{cases}$$

易得该方程组的一个特解为

$$\boldsymbol{\eta}^*=\begin{pmatrix}0\\-1\\0\\0\end{pmatrix},$$

所对应的齐次方程组$\begin{cases}x_1=x_4\\x_2=x_4\\x_3=x_4\end{cases}$的基础解系为$\boldsymbol{\xi}=\begin{pmatrix}1\\1\\1\\1\end{pmatrix}$，

故其通解为
$$\boldsymbol{x}=k\begin{pmatrix}1\\1\\1\\1\end{pmatrix}+\begin{pmatrix}0\\-1\\0\\0\end{pmatrix}\quad(k\in\mathbf{R}).$$

3.（2013 年）设$\boldsymbol{A}$、$\boldsymbol{B}$、$\boldsymbol{C}$均为n阶矩阵，若$\boldsymbol{AB}=\boldsymbol{C}$，且$\boldsymbol{B}$可逆，则（　　）.

A．矩阵$\boldsymbol{C}$的行向量组与矩阵$\boldsymbol{A}$的行向量组等价

B．矩阵$\boldsymbol{C}$的列向量组与矩阵$\boldsymbol{A}$的列向量组等价

C．矩阵$\boldsymbol{C}$的行向量组与矩阵$\boldsymbol{B}$的行向量组等价

D．矩阵$\boldsymbol{C}$的列向量组与矩阵$\boldsymbol{B}$的列向量组等价

答案：B

解析：将$\boldsymbol{A}$和$\boldsymbol{C}$按列分块，$\boldsymbol{A}=(\boldsymbol{\alpha}_1,\dots,\boldsymbol{\alpha}_n)$，$\boldsymbol{C}=(\boldsymbol{\gamma}_1,\dots,\boldsymbol{\gamma}_n)$，由于$\boldsymbol{AB}=\boldsymbol{C}$，故
$$(\boldsymbol{\alpha}_1,\dots,\boldsymbol{\alpha}_n)\begin{pmatrix}b_{11}&\dots&b_{1n}\\\vdots&\ddots&\vdots\\b_{n1}&\dots&b_{nn}\end{pmatrix}=(\boldsymbol{\gamma}_1,\dots,\boldsymbol{\gamma}_n)$$
即$\boldsymbol{\gamma}_1=b_{11}\boldsymbol{\alpha}_1+\dots+b_{n1}\boldsymbol{\alpha}_n,\dots,\boldsymbol{\gamma}_n=b_{1n}\boldsymbol{\alpha}_1+\dots+b_{nn}\boldsymbol{\alpha}_n$，即$\boldsymbol{C}$的列向量组可由$\boldsymbol{A}$的列向量组线性表示．由于$\boldsymbol{B}$可逆，故$\boldsymbol{A}=\boldsymbol{CB}^{-1}$，从而$\boldsymbol{A}$的列向量组也可由$\boldsymbol{C}$的列向量组线性表示，故由向量组等价定义知答案选 B.

4.（2013 年）设$\boldsymbol{A}=\begin{pmatrix}1&a\\1&0\end{pmatrix}$，$\boldsymbol{B}=\begin{pmatrix}0&1\\1&b\end{pmatrix}$，当$a$和$b$为何值时，存在矩阵$\boldsymbol{C}$使得$\boldsymbol{AC}-\boldsymbol{CA}=\boldsymbol{B}$，并求所有矩阵$\boldsymbol{C}$.

解析：设$\boldsymbol{C}=\begin{pmatrix}x_1&x_2\\x_3&x_4\end{pmatrix}$，由于$\boldsymbol{AC}-\boldsymbol{CA}=\boldsymbol{B}$，故
$$\begin{pmatrix}1&a\\1&0\end{pmatrix}\begin{pmatrix}x_1&x_2\\x_3&x_4\end{pmatrix}-\begin{pmatrix}x_1&x_2\\x_3&x_4\end{pmatrix}\begin{pmatrix}1&a\\1&0\end{pmatrix}=\begin{pmatrix}0&1\\1&b\end{pmatrix},$$
即
$$\begin{pmatrix}x_1+ax_3&x_2+ax_4\\x_1&x_2\end{pmatrix}-\begin{pmatrix}x_1+x_2&ax_1\\x_3+x_4&ax_3\end{pmatrix}=\begin{pmatrix}0&1\\1&b\end{pmatrix},$$
从而有
$$\begin{cases}-x_2+ax_3=0\\-ax_1+x_2+ax_4=1\\x_1-x_3-x_4=1\\x_2-ax_3=b\end{cases},\tag{1}$$

由于矩阵 $\boldsymbol{C}$ 存在，故方程组（1）有解．对方程组（1）的增广矩阵进行初等行变换：

$$\begin{pmatrix} 0 & -1 & a & 0 & 0 \\ -a & 1 & 0 & a & 1 \\ 1 & 0 & -1 & -1 & 1 \\ 0 & 1 & -a & 0 & b \end{pmatrix} \underset{\substack{r_3 \leftrightarrow r_1 \\ r_2 \leftrightarrow r_3 \\ r_2 \times (-1)}}{\overset{\substack{r_4 + r_1 \\ r_2 + ar_3}}{\sim}} \begin{pmatrix} 1 & 0 & -1 & -1 & 1 \\ 0 & 1 & -a & 0 & 0 \\ 0 & 1 & -a & 0 & a+1 \\ 0 & 0 & 0 & 0 & b \end{pmatrix} \overset{r_3 - r_2}{\sim} \begin{pmatrix} 1 & 0 & -1 & -1 & 1 \\ 0 & 1 & -a & 0 & 0 \\ 0 & 0 & 0 & 0 & a+1 \\ 0 & 0 & 0 & 0 & b \end{pmatrix}$$

因为方程组有解，故 $a+1=0$，$b=0$，即 $a=-1$，$b=0$，此时存在矩阵 $\boldsymbol{C}$ 使得 $\boldsymbol{AC}-\boldsymbol{CA}=\boldsymbol{B}$.

当 $a=-1$，$b=0$ 时，增广矩阵的行最简形为

$$\begin{pmatrix} 1 & 0 & -1 & -1 & 1 \\ 0 & 1 & 1 & 0 & 0 \\ 0 & 0 & 0 & 0 & 0 \\ 0 & 0 & 0 & 0 & 0 \end{pmatrix},$$

由此可求得非齐次线性方程组的特解

$$\boldsymbol{\eta}^* = (1,0,0,0)^{\mathrm{T}},$$

对应的齐次线性方程组的基础解系为

$$\boldsymbol{\xi}_1 = (1,-1,1,0)^{\mathrm{T}}, \boldsymbol{\xi}_2 = (1,0,0,1)^{\mathrm{T}},$$

故方程组的通解为 $\boldsymbol{x} = k_1\boldsymbol{\xi}_1 + k_2\boldsymbol{\xi}_2 + \boldsymbol{\eta}^* = (k_1+k_2+1, -k_1, k_1, k_2)^{\mathrm{T}}$，所以

$$\boldsymbol{C} = \begin{pmatrix} k_1+k_2+1 & -k_1 \\ k_1 & k_2 \end{pmatrix} \text{（} k_1, k_2 \text{ 为任意常数）.}$$

5．（2014 年）设 $\boldsymbol{\alpha}_1,\boldsymbol{\alpha}_2,\boldsymbol{\alpha}_3$ 均为三维向量，则对任意的常数 k 和 l，向量组 $\boldsymbol{\alpha}_1+k\boldsymbol{\alpha}_3$，$\boldsymbol{\alpha}_2+l\boldsymbol{\alpha}_3$ 线性无关是向量组 $\boldsymbol{\alpha}_1,\boldsymbol{\alpha}_2,\boldsymbol{\alpha}_3$ 线性无关的（　　）.

A．必要非充分条件　　B．充分非必要条件

C．充分必要条件　　D．既非充分也非必要条件

答案：A

解析：由 $(\boldsymbol{\alpha}_1+k\boldsymbol{\alpha}_3, \boldsymbol{\alpha}_2+l\boldsymbol{\alpha}_3) = (\boldsymbol{\alpha}_1,\boldsymbol{\alpha}_2,\boldsymbol{\alpha}_3)\begin{pmatrix} 1 & 0 \\ 0 & 1 \\ k & l \end{pmatrix}$ 知，当向量组 $\boldsymbol{\alpha}_1,\boldsymbol{\alpha}_2,\boldsymbol{\alpha}_3$ 线性无关时，因为 $\begin{vmatrix} 1 & 0 \\ 0 & 1 \end{vmatrix} \neq 0$，所以向量组 $\boldsymbol{\alpha}_1+k\boldsymbol{\alpha}_3$，$\boldsymbol{\alpha}_2+l\boldsymbol{\alpha}_3$ 线性无关．反之不成立，例如当 $\boldsymbol{\alpha}_3=\boldsymbol{0}$，$\boldsymbol{\alpha}_1$ 与 $\boldsymbol{\alpha}_2$ 线性无关时，$\boldsymbol{\alpha}_1,\boldsymbol{\alpha}_2,\boldsymbol{\alpha}_3$ 线性相关．故答案选 A.

6．（2017 年）设矩阵 $\boldsymbol{A} = \begin{pmatrix} 1 & 0 & 1 \\ 1 & 1 & 2 \\ 0 & 1 & 1 \end{pmatrix}$，$\boldsymbol{\alpha}_1,\boldsymbol{\alpha}_2,\boldsymbol{\alpha}_3$ 为线性无关的三维列向量组，

则向量组 $A\alpha_1, A\alpha_2, A\alpha_3$ 的秩为 ________.

答案：2

解析：因为 $(A\alpha_1, A\alpha_2, A\alpha_3) = A(\alpha_1, \alpha_2, \alpha_3)$，

$$A = \begin{pmatrix} 1 & 0 & 1 \\ 1 & 1 & 2 \\ 0 & 1 & 1 \end{pmatrix} \overset{r_2 - r_1}{\sim} \begin{pmatrix} 1 & 0 & 1 \\ 0 & 1 & 1 \\ 0 & 1 & 1 \end{pmatrix} \overset{r_3 - r_2}{\sim} \begin{pmatrix} 1 & 0 & 1 \\ 0 & 1 & 1 \\ 0 & 0 & 0 \end{pmatrix}$$

故 $R(A) = 2$，所以 $(A\alpha_1, A\alpha_2, A\alpha_3)$ 的秩为 2.

注意：第 5、6 题主要考查了矩阵秩的性质：设 A 为 n 阶非奇异矩阵，B 为 $n \times m$ 矩阵，则有 $R(AB) = R(B)$.

7.（2014 年）设 $A = \begin{pmatrix} 1 & -2 & 3 & -4 \\ 0 & 1 & -1 & 1 \\ 1 & 2 & 0 & -3 \end{pmatrix}$，$E$ 为三阶单位矩阵.

（1）求方程组 $Ax = 0$ 的一个基础解系；

（2）求满足 $AB = E$ 的所有矩阵.

解析：（1）对系数矩阵 A 进行初等行变换：

$$A = \begin{pmatrix} 1 & -2 & 3 & -4 \\ 0 & 1 & -1 & 1 \\ 1 & 2 & 0 & -3 \end{pmatrix} \underset{r_3 - 4r_2}{\overset{r_3 - r_1}{\sim}} \begin{pmatrix} 1 & -2 & 3 & -4 \\ 0 & 1 & -1 & 1 \\ 0 & 0 & 1 & -3 \end{pmatrix} \underset{r_1 + 2r_2}{\overset{\substack{r_2 + r_3 \\ r_1 - 3r_3}}{\sim}} \begin{pmatrix} 1 & 0 & 0 & 1 \\ 0 & 1 & 0 & -2 \\ 0 & 0 & 1 & -3 \end{pmatrix}$$

得到方程组 $Ax = 0$ 的同解方程组

$$\begin{cases} x_1 = -x_4 \\ x_2 = 2x_4 \\ x_3 = 3x_4 \end{cases},$$

故 $Ax = 0$ 的一个基础解系 $\xi_1 = \begin{pmatrix} -1 \\ 2 \\ 3 \\ 1 \end{pmatrix}$.

（2）显然矩阵 B 是一个 4×3 矩阵，设 $B = \begin{pmatrix} x_1 & y_1 & z_1 \\ x_2 & y_2 & z_2 \\ x_3 & y_3 & z_3 \\ x_4 & y_4 & z_4 \end{pmatrix}$，

由题设 $AB = E$ 可知，矩阵 B 的每一列为方程组 $Ax = e_i$ 的解，其中 e_i 为 E 的第 i 列.

对矩阵 $(A|E)$ 进行初等行变换：

$$(A|E)=\begin{pmatrix}1&-2&3&-4&1&0&0\\0&1&-1&1&0&1&0\\1&2&0&-3&0&0&1\end{pmatrix}\overset{r_3-r_1}{\sim}\begin{pmatrix}1&-2&3&-4&1&0&0\\0&1&-1&1&0&1&0\\0&4&-3&1&-1&0&1\end{pmatrix}$$

$$\overset{r_3-4r_2}{\sim}\begin{pmatrix}1&-2&3&-4&1&0&0\\0&1&-1&1&0&1&0\\0&0&1&-3&-1&-4&1\end{pmatrix}\overset{\substack{r_2+r_3\\r_1-3r_3\\r_1+2r_2}}{\sim}\begin{pmatrix}1&0&0&1&2&6&-1\\0&1&0&-2&-1&-3&1\\0&0&1&-3&-1&-4&1\end{pmatrix},$$

解方程组 $Ax=e_i$，可得矩阵 B 对应的三列分别为

$$\begin{pmatrix}x_1\\x_2\\x_3\\x_4\end{pmatrix}=\begin{pmatrix}2\\-1\\-1\\0\end{pmatrix}+c_1\begin{pmatrix}-1\\2\\3\\1\end{pmatrix},\quad \begin{pmatrix}y_1\\y_2\\y_3\\y_4\end{pmatrix}=\begin{pmatrix}6\\-3\\-4\\0\end{pmatrix}+c_2\begin{pmatrix}-1\\2\\3\\1\end{pmatrix},\quad \begin{pmatrix}z_1\\z_2\\z_3\\z_4\end{pmatrix}=\begin{pmatrix}-1\\1\\1\\0\end{pmatrix}+c_3\begin{pmatrix}-1\\2\\3\\1\end{pmatrix},$$

即满足 $AB=E$ 的所有矩阵为

$$B=\begin{pmatrix}2-c_1&6-c_2&-1-c_3\\-1+2c_1&-3+2c_2&1+2c_3\\-1+3c_1&-4+3c_2&1+3c_3\\c_1&c_2&c_3\end{pmatrix}$$

其中 c_1，c_2，c_3 为任意常数.

8.（2016 年）设矩阵 $A=\begin{pmatrix}1&-1&-1\\2&a&1\\-1&1&a\end{pmatrix}$，$B=\begin{pmatrix}2&2\\1&a\\-a-1&-2\end{pmatrix}$，当 a 为何值时，方程 $AX=B$ 无解、有唯一解、有无穷多解？在有解时，求解此方程.

解析：（1）当 $|A|\neq 0$ 时，可知方程 $AX=B$ 有唯一解；$|A|=(a-1)(a+2)$，即当 $a\neq 1$ 且 $a\neq -2$ 时方程有唯一解；

$$(A,B)=\begin{pmatrix}1&-1&-1&2&2\\2&a&1&1&a\\-1&1&a&-a-1&-2\end{pmatrix}\overset{\substack{r_2-2r_1\\r_3+r_1}}{\sim}\begin{pmatrix}1&-1&-1&2&2\\0&a+2&3&-3&a-4\\0&0&a-1&1-a&0\end{pmatrix},$$

令

$$\beta_1=\begin{pmatrix}2\\1\\-a-1\end{pmatrix},\quad \beta_2=\begin{pmatrix}2\\a\\-2\end{pmatrix}$$

所以方程组 $Ax=\beta_1$ 的解 $\alpha_1=(1,0,-1)^{\mathrm T}$，方程组 $Ax=\beta_2$ 的解 $\alpha_2=\left(\dfrac{3a}{a+2},\dfrac{a-4}{a+2},0\right)^{\mathrm T}$，所以 $X=(\alpha_1,\alpha_2)$.

（2）当 $a=1$ 时，

$$(\boldsymbol{A},\boldsymbol{B})=\begin{pmatrix}1&-1&-1&2&2\\2&1&1&1&1\\-1&1&1&-2&-2\end{pmatrix}\sim\begin{pmatrix}1&0&0&1&1\\0&1&1&-1&-1\\0&0&0&0&0\end{pmatrix},$$

方程 $\boldsymbol{AX}=\boldsymbol{B}$ 有无穷多解.

方程组 $\boldsymbol{Ax}=\boldsymbol{\beta}_1$ 的解 $\boldsymbol{x}_1=(1,-k_1-1,k_1)^{\mathrm{T}}$，$k_1$ 为常数，方程组 $\boldsymbol{Ax}=\boldsymbol{\beta}_2$ 的解 $\boldsymbol{x}_2=(1,-k_2-1,k_2)^{\mathrm{T}}$，$k_2$ 为常数，所以 $\boldsymbol{X}=(\boldsymbol{x}_1,\boldsymbol{x}_2)$.

（3）当 $a=-2$ 时，

$$(\boldsymbol{A},\boldsymbol{B})=\begin{pmatrix}1&-1&-1&2&2\\2&-2&1&1&-2\\-1&1&-2&1&-2\end{pmatrix}\sim\begin{pmatrix}1&-1&-1&2&2\\0&0&1&-1&-2\\0&0&0&0&1\end{pmatrix},$$

故方程 $\boldsymbol{AX}=\boldsymbol{B}$ 无解.

9.（2019 年）设 $\boldsymbol{A}=(\boldsymbol{\alpha}_1,\boldsymbol{\alpha}_2,\boldsymbol{\alpha}_3)$ 为三阶矩阵，若 $\boldsymbol{\alpha}_1,\boldsymbol{\alpha}_2$ 线性无关，且 $\boldsymbol{\alpha}_3=-\boldsymbol{\alpha}_1+2\boldsymbol{\alpha}_2$，则线性方程组 $\boldsymbol{Ax}=\boldsymbol{0}$ 的通解为__________.

答案： $k\begin{pmatrix}1\\-2\\1\end{pmatrix}$，$k\in\mathbf{R}$.

解析： 因为 $\boldsymbol{\alpha}_1,\boldsymbol{\alpha}_2$ 线性无关，$\boldsymbol{\alpha}_3=-\boldsymbol{\alpha}_1+2\boldsymbol{\alpha}_2$，所以 $R(\boldsymbol{A})=2$，线性方程组 $\boldsymbol{Ax}=\boldsymbol{0}$ 的基础解系中有一个线性无关的解向量．又因为 $\boldsymbol{\alpha}_3=-\boldsymbol{\alpha}_1+2\boldsymbol{\alpha}_2$，所以 $(\boldsymbol{\alpha}_1,\boldsymbol{\alpha}_2,\boldsymbol{\alpha}_3)\begin{pmatrix}1\\-2\\1\end{pmatrix}=\boldsymbol{0}$，所以通解为 $k\begin{pmatrix}1\\-2\\1\end{pmatrix}$，$k\in\mathbf{R}$.

10.（2020 年）已知直线 L_1: $\dfrac{x-a_2}{a_1}=\dfrac{y-b_2}{b_1}=\dfrac{z-c_2}{c_1}$ 与直线 L_2: $\dfrac{x-a_3}{a_2}=\dfrac{y-b_3}{b_2}=\dfrac{z-c_3}{c_2}$ 相交于一点，令 $\boldsymbol{\alpha}_i=\begin{pmatrix}a_i\\b_i\\c_i\end{pmatrix}$（$i=1,2,3$），则（　　）.

A. $\boldsymbol{\alpha}_1$ 可由 $\boldsymbol{\alpha}_2,\boldsymbol{\alpha}_3$ 线性表示　　B. $\boldsymbol{\alpha}_2$ 可由 $\boldsymbol{\alpha}_1,\boldsymbol{\alpha}_3$ 线性表示

C. $\boldsymbol{\alpha}_3$ 可由 $\boldsymbol{\alpha}_1,\boldsymbol{\alpha}_2$ 线性表示　　D. $\boldsymbol{\alpha}_1,\boldsymbol{\alpha}_2,\boldsymbol{\alpha}_3$ 线性无关

答案： C

解析： 令 L_1 的方程为 $\dfrac{x-a_2}{a_1}=\dfrac{y-b_2}{b_1}=\dfrac{z-c_2}{c_1}=t$，即有

$$\begin{pmatrix}x\\y\\z\end{pmatrix}=\begin{pmatrix}a_2\\b_2\\c_2\end{pmatrix}+t\begin{pmatrix}a_1\\b_1\\c_1\end{pmatrix}=\boldsymbol{\alpha}_2+t\boldsymbol{\alpha}_1$$

同理由 L_2 的方程得 $\begin{pmatrix} x \\ y \\ z \end{pmatrix} = \begin{pmatrix} a_3 \\ b_3 \\ c_3 \end{pmatrix} + t\begin{pmatrix} a_2 \\ b_2 \\ c_2 \end{pmatrix} = \boldsymbol{\alpha}_3 + t\boldsymbol{\alpha}_2$，由直线 L_1 与 L_2 相交得，存在 t 使 $\boldsymbol{\alpha}_2 + t\boldsymbol{\alpha}_1 = \boldsymbol{\alpha}_3 + t\boldsymbol{\alpha}_2$，即 $\boldsymbol{\alpha}_3 = t\boldsymbol{\alpha}_1 + (1-t)\boldsymbol{\alpha}_2$，$\boldsymbol{\alpha}_3$ 可由 $\boldsymbol{\alpha}_1,\boldsymbol{\alpha}_2$ 线性表示，故选 C.

11.（2022 年）设 $\boldsymbol{\alpha}_1 = \begin{pmatrix} \lambda \\ 1 \\ 1 \end{pmatrix}, \boldsymbol{\alpha}_2 = \begin{pmatrix} 1 \\ \lambda \\ 1 \end{pmatrix}, \boldsymbol{\alpha}_3 = \begin{pmatrix} 1 \\ 1 \\ \lambda \end{pmatrix}, \boldsymbol{\alpha}_4 = \begin{pmatrix} 1 \\ \lambda \\ \lambda^2 \end{pmatrix}$，若 $\boldsymbol{\alpha}_1,\boldsymbol{\alpha}_2,\boldsymbol{\alpha}_3$ 与 $\boldsymbol{\alpha}_1,\boldsymbol{\alpha}_2,\boldsymbol{\alpha}_4$ 等价，则 $\lambda \in$（　　）.

A. $\{\lambda | \lambda \in \mathbf{R}\}$　　B. $\{\lambda | \lambda \in \mathbf{R}, \lambda \neq -1\}$

C. $\{\lambda | \lambda \in \mathbf{R}, \lambda \neq -1, \lambda \neq -2\}$　　D. $\{\lambda | \lambda \in \mathbf{R}, \lambda \neq -2\}$

答案： C

解析： $|\boldsymbol{\alpha}_1,\boldsymbol{\alpha}_2,\boldsymbol{\alpha}_3| = \begin{vmatrix} \lambda & 1 & 1 \\ 1 & \lambda & 1 \\ 1 & 1 & \lambda \end{vmatrix} = (\lambda-1)^2(\lambda+2)$，

$$|\boldsymbol{\alpha}_1,\boldsymbol{\alpha}_2,\boldsymbol{\alpha}_4| = \begin{vmatrix} \lambda & 1 & 1 \\ 1 & \lambda & \lambda \\ 1 & 1 & \lambda^2 \end{vmatrix} = (\lambda-1)^2(\lambda+1)^2,$$

当 $\lambda = 1$ 时，$\boldsymbol{\alpha}_1 = \boldsymbol{\alpha}_2 = \boldsymbol{\alpha}_3 = \boldsymbol{\alpha}_4 = \begin{pmatrix} 1 \\ 1 \\ 1 \end{pmatrix}$，此时 $\boldsymbol{\alpha}_1,\boldsymbol{\alpha}_2,\boldsymbol{\alpha}_3$ 与 $\boldsymbol{\alpha}_1,\boldsymbol{\alpha}_2,\boldsymbol{\alpha}_4$ 等价.

当 $\lambda = -2$ 时，$2 = R(\boldsymbol{\alpha}_1,\boldsymbol{\alpha}_2,\boldsymbol{\alpha}_3) < R(\boldsymbol{\alpha}_1,\boldsymbol{\alpha}_2,\boldsymbol{\alpha}_4) = 3$，此时 $\boldsymbol{\alpha}_1,\boldsymbol{\alpha}_2,\boldsymbol{\alpha}_3$ 与 $\boldsymbol{\alpha}_1,\boldsymbol{\alpha}_2,\boldsymbol{\alpha}_4$ 不等价.

当 $\lambda = -1$ 时，$3 = R(\boldsymbol{\alpha}_1,\boldsymbol{\alpha}_2,\boldsymbol{\alpha}_3) > R(\boldsymbol{\alpha}_1,\boldsymbol{\alpha}_2,\boldsymbol{\alpha}_4) = 2$，此时 $\boldsymbol{\alpha}_1,\boldsymbol{\alpha}_2,\boldsymbol{\alpha}_3$ 与 $\boldsymbol{\alpha}_1,\boldsymbol{\alpha}_2,\boldsymbol{\alpha}_4$ 不等价.

因此当 $\lambda = -2$ 或 $\lambda = -1$ 时，$\boldsymbol{\alpha}_1,\boldsymbol{\alpha}_2,\boldsymbol{\alpha}_3$ 与 $\boldsymbol{\alpha}_1,\boldsymbol{\alpha}_2,\boldsymbol{\alpha}_4$ 不等价.

所以 λ 的取值范围为 $\{\lambda | \lambda \in \mathbf{R}, \lambda \neq -1, \lambda \neq -2\}$，即答案选 C.

第四章　相似矩阵

基本要求

1. 了解向量的内积、长度、正交、规范正交基、正交矩阵的概念，掌握施密特正交化方法.

2. 理解矩阵的特征值和特征向量的概念及其性质，会求矩阵的特征值和特征向量.

3. 了解相似变换、相似矩阵的概念及其性质，掌握矩阵可相似对角阵的充分必要条件及其方法.

4. 了解实对称矩阵的特征值和特征向量的性质，掌握用正交变换化实对称矩阵为对角矩阵的方法.

内容提要

一、向量的内积、长度、正交

1．设n维向量

$$\boldsymbol{\alpha}=\begin{pmatrix}x_1\\x_2\\\vdots\\x_n\end{pmatrix},\quad \boldsymbol{\beta}=\begin{pmatrix}y_1\\y_2\\\vdots\\y_n\end{pmatrix},$$

令

$$[\boldsymbol{\alpha},\boldsymbol{\beta}]=x_1y_1+x_2y_2+\cdots+x_ny_n,$$

则称$[\boldsymbol{\alpha},\boldsymbol{\beta}]$为向量$\boldsymbol{\alpha}$与$\boldsymbol{\beta}$的内积.

2. 非负实数$\|\boldsymbol{\alpha}\|=\sqrt{[\boldsymbol{\alpha},\boldsymbol{\alpha}]}=\sqrt{x_1^2+x_2^2+\cdots+x_n^2}$，称$\|\boldsymbol{\alpha}\|$为$n$维向量$\boldsymbol{\alpha}$的长度（或范数）. 特别地，当$\|\boldsymbol{\alpha}\|=1$时，称$\boldsymbol{\alpha}$为单位向量.

3．当$[\boldsymbol{\alpha},\boldsymbol{\beta}]=0$时，称向量$\boldsymbol{\alpha}$与$\boldsymbol{\beta}$正交. 显然，若$\boldsymbol{\alpha}=\mathbf{0}$，则$\boldsymbol{\alpha}$与任何向量都正交.

二、正交向量组

1．一组两两正交的非零向量称为正交向量组.

注意：正交向量组一定线性无关，但是线性无关的向量组未必是正交向量组.

2．设$\boldsymbol{V}$（$\boldsymbol{V}\subset\mathbf{R}^n$）是$n$维向量空间，若$n$维向量$\boldsymbol{\alpha}_1,\boldsymbol{\alpha}_2,\cdots,\boldsymbol{\alpha}_m$是向量空间$\boldsymbol{V}$的一个基，且是两两正交的向量组，则称$\boldsymbol{\alpha}_1,\boldsymbol{\alpha}_2,\cdots,\boldsymbol{\alpha}_m$是$\boldsymbol{V}$的一个正交基；

若$\boldsymbol{e}_1,\boldsymbol{e}_2,\cdots,\boldsymbol{e}_m$是向量空间$\boldsymbol{V}$的一个正交基，且都是单位向量，则称$\boldsymbol{e}_1,\boldsymbol{e}_2,\cdots,\boldsymbol{e}_m$是$\boldsymbol{V}$的一个规范正交基.

3．给定一个线性无关的向量组$\boldsymbol{\alpha}_1,\boldsymbol{\alpha}_2,\cdots,\boldsymbol{\alpha}_m$，寻求一个与之等价的正交向量组，称为把向量组$\boldsymbol{\alpha}_1,\boldsymbol{\alpha}_2,\cdots,\boldsymbol{\alpha}_m$正交化.

施密特（Schmidt）正交化的步骤：取

$$\boldsymbol{\beta}_1=\boldsymbol{\alpha}_1,$$

$$\boldsymbol{\beta}_2=\boldsymbol{\alpha}_2-\frac{[\boldsymbol{\beta}_1,\boldsymbol{\alpha}_2]}{[\boldsymbol{\beta}_1,\boldsymbol{\beta}_1]}\boldsymbol{\beta}_1,$$

$$\cdots$$

$$\boldsymbol{\beta}_m=\boldsymbol{\alpha}_m-\frac{[\boldsymbol{\beta}_1,\boldsymbol{\alpha}_m]}{[\boldsymbol{\beta}_1,\boldsymbol{\beta}_1]}\boldsymbol{\beta}_1-\frac{[\boldsymbol{\beta}_2,\boldsymbol{\alpha}_m]}{[\boldsymbol{\beta}_2,\boldsymbol{\beta}_2]}\boldsymbol{\beta}_2-\cdots-\frac{[\boldsymbol{\beta}_{m-1},\boldsymbol{\alpha}_m]}{[\boldsymbol{\beta}_{m-1},\boldsymbol{\beta}_{m-1}]}\boldsymbol{\beta}_{m-1},$$

则向量组$\boldsymbol{\beta}_1,\boldsymbol{\beta}_2,\cdots,\boldsymbol{\beta}_m$两两正交，且$\boldsymbol{\beta}_1,\boldsymbol{\beta}_2,\cdots,\boldsymbol{\beta}_m$与$\boldsymbol{\alpha}_1,\boldsymbol{\alpha}_2,\cdots,\boldsymbol{\alpha}_m$等价.

注意：我们可以进一步将上述$\boldsymbol{\beta}_1,\boldsymbol{\beta}_2,\cdots,\boldsymbol{\beta}_m$单位化，取

$$\boldsymbol{e}_1=\frac{\boldsymbol{\beta}_1}{\|\boldsymbol{\beta}_1\|},\quad \boldsymbol{e}_2=\frac{\boldsymbol{\beta}_2}{\|\boldsymbol{\beta}_2\|},\quad \cdots,\quad \boldsymbol{e}_m=\frac{\boldsymbol{\beta}_m}{\|\boldsymbol{\beta}_m\|},$$

则$\boldsymbol{e}_1,\boldsymbol{e}_2,\cdots,\boldsymbol{e}_m$为一个两两正交的单位向量组. 若$\boldsymbol{\alpha}_1,\boldsymbol{\alpha}_2,\cdots,\boldsymbol{\alpha}_m$是向量空间$\boldsymbol{V}$的一个基，则$\boldsymbol{e}_1,\boldsymbol{e}_2,\cdots,\boldsymbol{e}_m$为$\boldsymbol{V}$的一个规范正交基.

三、正交矩阵

1．若n阶矩阵$\boldsymbol{A}$满足$\boldsymbol{A}^{\mathrm{T}}\boldsymbol{A}=\boldsymbol{E}$，则称矩阵$\boldsymbol{A}$为正交矩阵.

2．n阶方阵$\boldsymbol{A}$是正交矩阵的充分必要条件是它的行（列）向量组为正交单位向量组.

3．正交矩阵的性质：

（1）$\boldsymbol{A}^{-1}=\boldsymbol{A}^{\mathrm{T}}$，即$\boldsymbol{A}^{\mathrm{T}}\boldsymbol{A}=\boldsymbol{A}\boldsymbol{A}^{\mathrm{T}}=\boldsymbol{E}$.

（2）若$\boldsymbol{A}$是正交矩阵，则$\boldsymbol{A}^{\mathrm{T}}$（或$\boldsymbol{A}^{-1}$）也是正交矩阵.

（3）两个正交矩阵的积仍是正交矩阵.

（4）正交矩阵的行列式等于 1 或 -1.

四、特征值与特征向量

1．设 $\boldsymbol{A}$ 是 n 阶方阵，若存在数 λ 和 n 维非零列向量 $\boldsymbol{x}$，使得

$$\boldsymbol{A}\boldsymbol{x}=\lambda\boldsymbol{x},$$

则称数 λ 为矩阵 $\boldsymbol{A}$ 的特征值，称非零列向量 $\boldsymbol{x}$ 为矩阵 $\boldsymbol{A}$ 的属于特征值 λ 的特征向量.

2．λ 的 n 次多项式

$$f(\lambda)=|\boldsymbol{A}-\lambda\boldsymbol{E}|=\begin{vmatrix} a_{11}-\lambda & a_{12} & \cdots & a_{1n} \\ a_{21} & a_{22}-\lambda & \cdots & a_{2n} \\ \vdots & \vdots & & \vdots \\ a_{n1} & a_{n2} & \cdots & a_{nn}-\lambda \end{vmatrix}$$

称为方阵 $\boldsymbol{A}$ 的特征多项式，$|\boldsymbol{A}-\lambda\boldsymbol{E}|=0$ 称为方阵 $\boldsymbol{A}$ 的特征方程．显然，$\boldsymbol{A}$ 的特征值就是特征方程的解．特征方程在复数范围内有解，其个数为方程的次数（重根按重数计算），因此 n 阶方阵 $\boldsymbol{A}$ 有 n 个特征值.

3．求方阵 $\boldsymbol{A}$ 的特征值及其对应的特征向量的步骤如下：

（1）计算方阵 $\boldsymbol{A}$ 的特征多项式 $|\boldsymbol{A}-\lambda\boldsymbol{E}|$；

（2）求出方阵 $\boldsymbol{A}$ 的特征方程 $|\boldsymbol{A}-\lambda\boldsymbol{E}|=0$ 的全部根，它们就是 $\boldsymbol{A}$ 的全部特征值．设 $\boldsymbol{A}$ 的 n 个特征值中互不相同的特征值为 $\lambda_1,\lambda_2,\cdots,\lambda_s$（$s\leqslant n$），且设 λ_i 为 t_i 重根（$i=1,2,\cdots,s$），则有 $t_1+t_2+\cdots+t_s=n$；

（3）把矩阵 $\boldsymbol{A}$ 的每一个特征值 λ_i 代入矩阵方程 $(\boldsymbol{A}-\lambda\boldsymbol{E})\boldsymbol{x}=\boldsymbol{0}$，求齐次线性方程组 $(\boldsymbol{A}-\lambda_i\boldsymbol{E})\boldsymbol{x}=\boldsymbol{0}$ 的一个基础解系（设 $R(\boldsymbol{A}-\lambda_i\boldsymbol{E})=r$）

$$\boldsymbol{\xi}_{i1},\boldsymbol{\xi}_{i2},\cdots,\boldsymbol{\xi}_{i,n-r}\,(i=1,2,\cdots,s),$$

即得对应于特征值 λ_i 的全部特征向量为

$$k_{i1}\boldsymbol{\xi}_{i1}+k_{i2}\boldsymbol{\xi}_{i2}+\cdots+k_{i,n-r}\boldsymbol{\xi}_{i,n-r},$$

其中 $k_{i1},k_{i2},\cdots,k_{i,n-r}$ 是不全为 0 的任意常数.

五、特征值和特征向量的性质

1．设 n 阶方阵 $\boldsymbol{A}=(a_{ij})_{n\times n}$，若 $\lambda_1,\lambda_2,\cdots,\lambda_n$ 为方阵 $\boldsymbol{A}$ 的 n 个特征值，则有

（1）$\lambda_1+\lambda_2+\cdots+\lambda_n=a_{11}+a_{22}+\cdots+a_{nn}$；

（2）$\lambda_1\lambda_2\cdots\lambda_n=|\boldsymbol{A}|$.

注意： 在计算完方阵 $\boldsymbol{A}$ 的 n 特征值后，可以先应用此性质检验一下所求特征值是否正确，然后再求相应的特征向量.

2．矩阵的一个特征向量只能属于一个特征值.

3．n 阶方阵 $\boldsymbol{A}$ 与 $\boldsymbol{A}^{\mathrm{T}}$ 有相同的特征值.

4．若 λ 是方阵 $\boldsymbol{A}$ 的特征值，则

（1）λ^k 是方阵 $\boldsymbol{A}^k$ 的特征值；

（2）$\varphi(\lambda)$ 是方阵 $\varphi(\boldsymbol{A})$ 的特征值，其中 $\varphi(\lambda)=a_0+a_1\lambda+\cdots+a_m\lambda^m$ 是 λ 的多项式，$\varphi(\boldsymbol{A})=a_0\boldsymbol{E}+a_1\boldsymbol{A}+\cdots+a_m\boldsymbol{A}^m$ 是矩阵 $\boldsymbol{A}$ 的多项式.

5．若 $\lambda_1,\lambda_2,\cdots,\lambda_m$ 是矩阵 $\boldsymbol{A}$ 的互不相同的特征值，$\boldsymbol{\xi}_1,\boldsymbol{\xi}_2,\cdots,\boldsymbol{\xi}_m$ 是矩阵 $\boldsymbol{A}$ 的分别属于特征值 $\lambda_1,\lambda_2,\cdots,\lambda_m$ 的特征向量，则向量组 $\boldsymbol{\xi}_1,\boldsymbol{\xi}_2,\cdots,\boldsymbol{\xi}_m$ 线性无关.

六、相似矩阵

1．设 $\boldsymbol{A}$ 与 $\boldsymbol{B}$ 都是 n 阶矩阵，若有可逆矩阵 $\boldsymbol{P}$，使得

$$\boldsymbol{P}^{-1}\boldsymbol{AP}=\boldsymbol{B},$$

则称 $\boldsymbol{B}$ 是 $\boldsymbol{A}$ 的相似矩阵，或称 $\boldsymbol{A}$ 与 $\boldsymbol{B}$ 相似．对 $\boldsymbol{A}$ 进行运算 $\boldsymbol{P}^{-1}\boldsymbol{AP}$ 称为对 $\boldsymbol{A}$ 进行相似变换，可逆矩阵 $\boldsymbol{P}$ 称为把 $\boldsymbol{A}$ 变成 $\boldsymbol{B}$ 的相似变换矩阵.

2．若 n 阶矩阵 $\boldsymbol{A}$ 与 $\boldsymbol{B}$ 相似，则 $\boldsymbol{A}$ 与 $\boldsymbol{B}$ 的特征多项式相同，从而 $\boldsymbol{A}$ 与 $\boldsymbol{B}$ 具有相同的特征值.

3．若矩阵 $\boldsymbol{A}$ 与对角矩阵相似（此时称 $\boldsymbol{A}$ 能对角化），即若有可逆矩阵 $\boldsymbol{P}$，使得 $\boldsymbol{P}^{-1}\boldsymbol{AP}=\boldsymbol{\Lambda}=diag(\lambda_1,\lambda_2,\cdots,\lambda_n)$，则

（1）$\lambda_1,\lambda_2,\cdots,\lambda_n$ 是 $\boldsymbol{A}$ 的 n 个特征值；

（2）$\boldsymbol{P}$ 的第 i 列 $\boldsymbol{p}_i$ 是 $\boldsymbol{A}$ 的对应于特征值 λ_i 的特征向量.

由此可以推知，n 阶矩阵 $\boldsymbol{A}$ 能对角化的充分必要条件是 $\boldsymbol{A}$ 有 n 个线性无关的特征向量.

七、实对称矩阵的对角化

1．实对称矩阵的性质

（1）实对称矩阵的特征值都是实数.

（2）实对称矩阵 $\boldsymbol{A}$ 属于不同特征值的特征向量相互正交.

（3）$\boldsymbol{A}$ 为 n 阶实对称阵，则必有正交矩阵 $\boldsymbol{P}$，使得 $\boldsymbol{P}^{-1}\boldsymbol{AP}=\boldsymbol{P}^{\mathrm{T}}\boldsymbol{AP}=\boldsymbol{\Lambda}$，其中 $\boldsymbol{\Lambda}$ 是以 $\boldsymbol{A}$ 的 n 个特征值为对角元的对角矩阵.

2．对称矩阵 $\boldsymbol{A}$ 对角化的步骤

（1）求出矩阵 $\boldsymbol{A}$ 的全部特征值为 $\lambda_1,\lambda_2,\cdots,\lambda_s$，它们的重数依次为

$$k_1,k_2,\cdots,k_s \quad (k_1+k_2+\cdots+k_s=n);$$

（2）对每个 k_i 重特征值 λ_i，求方程 $(\boldsymbol{A}-\lambda_i\boldsymbol{E})\boldsymbol{x}=\boldsymbol{0}$ 的基础解系，得 k_i 个线性无关的特征向量．再把它们正交化、单位化，得 k_i 个两两正交的单位特征向量．因 $k_1+k_2+\cdots+k_s=n$，故总共可以得到 n 个两两正交的单位特征向量；

（3）以这 n 个正交单位化的特征向量作为列向量构造正交矩阵 $\boldsymbol{P}$，满足 $\boldsymbol{P}^{-1}\boldsymbol{AP}=\boldsymbol{P}^{\mathrm{T}}\boldsymbol{AP}=\boldsymbol{\Lambda}$，但需要注意的是 $\boldsymbol{\Lambda}$ 中对角元的排列次序应与 $\boldsymbol{P}$ 中列向量的排列次序相对应．

典型方法与范例

例 1 设 $\boldsymbol{\alpha}=\begin{pmatrix}1\\0\\-2\end{pmatrix}$，$\boldsymbol{\beta}=\begin{pmatrix}-4\\2\\3\end{pmatrix}$，$\boldsymbol{\gamma}$ 与 $\boldsymbol{\alpha}$ 正交，且 $\boldsymbol{\beta}=\lambda\boldsymbol{\alpha}+\boldsymbol{\gamma}$，求 λ 和 $\boldsymbol{\gamma}$ 分别为多少？

解： 设 $\boldsymbol{\gamma}=\begin{pmatrix}x_1\\x_2\\x_3\end{pmatrix}$，因为 $\boldsymbol{\gamma}$ 与 $\boldsymbol{\alpha}$ 正交，所以 $[\boldsymbol{\gamma},\boldsymbol{\alpha}]=x_1+0x_2-2x_3=0$，即 $x_1=2x_3$，

又因为 $\boldsymbol{\beta}=\lambda\boldsymbol{\alpha}+\boldsymbol{\gamma}$，则 $\begin{cases}-4=\lambda+x_1\\2=x_2\\3=-2\lambda+x_3\end{cases}$，解方程组得

$$\lambda=-2,\quad \boldsymbol{\gamma}=(-2,2,-1)^{\mathrm{T}}.$$

例 2 已知 $\boldsymbol{\alpha}_1=\begin{pmatrix}1\\1\\1\end{pmatrix}$，求一组非零向量 $\boldsymbol{\alpha}_2,\boldsymbol{\alpha}_3$，使 $\boldsymbol{\alpha}_1,\boldsymbol{\alpha}_2,\boldsymbol{\alpha}_3$ 两两正交．

解： 设 $\boldsymbol{x}=\begin{pmatrix}x_1\\x_2\\x_3\end{pmatrix}$，$\boldsymbol{\alpha}_2,\boldsymbol{\alpha}_3$ 应满足方程 $\boldsymbol{\alpha}_1^{\mathrm{T}}\boldsymbol{x}=0$，即 $x_1+x_2+x_3=0$，

它的基础解系为

$$\boldsymbol{\xi}_1=\begin{pmatrix}1\\0\\-1\end{pmatrix},\quad \boldsymbol{\xi}_2=\begin{pmatrix}0\\1\\-1\end{pmatrix},$$

把基础解系正交化，即合所求．亦即取

$$\boldsymbol{\alpha}_2=\boldsymbol{\xi}_1,\boldsymbol{\alpha}_3=\boldsymbol{\xi}_2-\frac{[\boldsymbol{\xi}_1,\boldsymbol{\xi}_2]}{[\boldsymbol{\xi}_1,\boldsymbol{\xi}_1]}\boldsymbol{\xi}_1,$$

其中 $[\boldsymbol{\xi}_1,\boldsymbol{\xi}_2]=1$，$[\boldsymbol{\xi}_1,\boldsymbol{\xi}_1]=2$，于是得

$$\boldsymbol{\alpha}_2=\begin{pmatrix}1\\0\\-1\end{pmatrix},\quad \boldsymbol{\alpha}_3=\begin{pmatrix}0\\1\\-1\end{pmatrix}-\frac{1}{2}\begin{pmatrix}1\\0\\-1\end{pmatrix}=\frac{1}{2}\begin{pmatrix}-1\\2\\-1\end{pmatrix}.$$

本例的求解过程是把问题归结为求一个齐次线性方程组的正交基础解系．求齐次线性方程组的正交基础解系，是一个常见的问题，本例给出了这个问题的一种解法：先求出一个基础解系，再用施密特正交化过程把所求得的基础解系正交化，便得正交基础解系．

本例可推广为：

（1）设$\boldsymbol{\alpha}_1$是n维非零列向量，求非零向量$\boldsymbol{\alpha}_2,\cdots,\boldsymbol{\alpha}_n$，使得$\boldsymbol{\alpha}_1,\boldsymbol{\alpha}_2,\cdots,\boldsymbol{\alpha}_n$两两正交；

（2）设$\boldsymbol{\alpha}_1,\boldsymbol{\alpha}_2,\cdots,\boldsymbol{\alpha}_s$是$n$维正交向量组，求非零向量$\boldsymbol{\alpha}_{s+1},\cdots,\boldsymbol{\alpha}_n$，使得$\boldsymbol{\alpha}_1,\cdots,\boldsymbol{\alpha}_s,\boldsymbol{\alpha}_{s+1},\cdots,\boldsymbol{\alpha}_n$两两正交；

它们的几何意义是$\mathbf{R}^n$中任一正交向量组一定能够扩充成为$\mathbf{R}^n$的一个正交基，进而得到一个规范正交基．

例 3　如果$\boldsymbol{A}$是正交矩阵，则下列结论中正确的是（　　）．

A．$\boldsymbol{A}^{\mathrm{T}}$和$\boldsymbol{A}^{-1}$也是正交矩阵，但$\boldsymbol{A}^*$不一定

B．$\boldsymbol{A}^{-1}$和$\boldsymbol{A}^*$也是正交矩阵，但$\boldsymbol{A}^{\mathrm{T}}$不一定

C．$\boldsymbol{A}^{\mathrm{T}}$、$\boldsymbol{A}^{-1}$、$\boldsymbol{A}^*$都是正交矩阵

D．无法确定

解：因为$\boldsymbol{A}$是正交矩阵，所以有$\boldsymbol{A}\boldsymbol{A}^{\mathrm{T}}=\boldsymbol{E}$，即$\boldsymbol{A}^{-1}=\boldsymbol{A}^{\mathrm{T}}$，且$|\boldsymbol{A}|^2=1$，

又因为
$$\boldsymbol{A}^{-1}(\boldsymbol{A}^{-1})^{\mathrm{T}}=\boldsymbol{A}^{\mathrm{T}}(\boldsymbol{A}^{\mathrm{T}})^{\mathrm{T}}=\boldsymbol{A}^{\mathrm{T}}\boldsymbol{A}=\boldsymbol{A}^{-1}\boldsymbol{A}=\boldsymbol{E},$$
$$\boldsymbol{A}^*(\boldsymbol{A}^*)^{\mathrm{T}}=(|\boldsymbol{A}|\boldsymbol{A}^{-1})(|\boldsymbol{A}|\boldsymbol{A}^{-1})^{\mathrm{T}}=(|\boldsymbol{A}|\boldsymbol{A}^{-1})(|\boldsymbol{A}|\boldsymbol{A}^{\mathrm{T}})^{\mathrm{T}}=|\boldsymbol{A}|^2\boldsymbol{A}^{-1}\boldsymbol{A}=\boldsymbol{E},$$
即$\boldsymbol{A}^{\mathrm{T}}$、$\boldsymbol{A}^{-1}$、$\boldsymbol{A}^*$都是正交矩阵，故答案选 C．

例 4　设矩阵$\boldsymbol{A}=\begin{pmatrix}2&0&1\\3&1&x\\4&0&5\end{pmatrix}$可相似对角阵，求$x$．

解：由
$$|\boldsymbol{A}-\lambda\boldsymbol{E}|=\begin{vmatrix}2-\lambda&0&1\\3&1-\lambda&x\\4&0&5-\lambda\end{vmatrix}=(1-\lambda)\begin{vmatrix}2-\lambda&1\\4&5-\lambda\end{vmatrix}=-(\lambda-1)^2(\lambda-6),$$
得$\boldsymbol{A}$的特征值为$\lambda_1=6$，$\lambda_2=\lambda_3=1$．

因为$\boldsymbol{A}$是相似对角阵，所以对于$\lambda_2=\lambda_3=1$，齐次线性方程组$(\boldsymbol{A}-\boldsymbol{E})\boldsymbol{x}=\boldsymbol{0}$的基础解系有两个线性无关的解，因此$R(\boldsymbol{A}-\boldsymbol{E})=1$．由
$$\boldsymbol{A}-\boldsymbol{E}=\begin{pmatrix}1&0&1\\3&0&x\\4&0&4\end{pmatrix}\underset{r_2-4r_1}{\overset{r_2-3r_1}{\sim}}\begin{pmatrix}1&0&1\\0&0&x-3\\0&0&0\end{pmatrix}$$
知当$x=3$时$R(\boldsymbol{A}-\boldsymbol{E})=1$，即$x=3$为所求．

本例是教材第四章第三节定理 5 的应用．定理 5 表明：n 阶矩阵 $\boldsymbol{A}$ 可对角化的充要条件是 $\boldsymbol{A}$ 有 n 个线性无关的特征向量．由此容易推导出 $\boldsymbol{A}$ 可对角化的另一个充要条件：对 $\boldsymbol{A}$ 的每个不同的特征值 λ_i，λ_i 的重数等于其对应线性无关的特征向量的个数，而对应于 λ_i 的线性无关的特征向量即为齐次方程组 $(\boldsymbol{A}-\lambda_i\boldsymbol{E})\boldsymbol{x}=\boldsymbol{0}$ 的基础解系，因此 λ_i 的重数也等于 $n-R(\boldsymbol{A}-\lambda_i\boldsymbol{E})$．于是本例决定 x 取值的条件"$\boldsymbol{A}$ 可对角化"就转化为"特征值 $\lambda=1$ 的重数 2 应等于 $3-R(\boldsymbol{A}-\boldsymbol{E})$，易得 $R(\boldsymbol{A}-\boldsymbol{E})=3-2=1$"，从而求得 x．

例 5 试求一个正交的相似变换矩阵，将对称矩阵 $\begin{pmatrix} 2 & -2 & 0 \\ -2 & 1 & -2 \\ 0 & -2 & 0 \end{pmatrix}$ 化为对角阵．

解：
$$|\boldsymbol{A}-\lambda\boldsymbol{E}|=\begin{vmatrix} 2-\lambda & -2 & 0 \\ -2 & 1-\lambda & -2 \\ 0 & -2 & -\lambda \end{vmatrix} \xlongequal{\text{对角线法则展开}} (2-\lambda)(1-\lambda)(-\lambda)-4(2-\lambda)+4\lambda$$
$$=(2-\lambda)(1-\lambda)(-\lambda)-8(1-\lambda)$$
$$=(1-\lambda)(\lambda^2-2\lambda-8)=(1-\lambda)(\lambda-4)(\lambda+2)$$

故得特征值为 $\lambda_1=-2$，$\lambda_2=1$，$\lambda_3=4$．

当 $\lambda_1=-2$ 时，解方程 $(\boldsymbol{A}+2\boldsymbol{E})\boldsymbol{x}=\boldsymbol{0}$．由

$$\boldsymbol{A}+2\boldsymbol{E}=\begin{pmatrix} 4 & -2 & 0 \\ -2 & 3 & -2 \\ 0 & -2 & 2 \end{pmatrix} \overset{r}{\sim} \begin{pmatrix} 2 & 0 & -1 \\ 0 & 1 & -1 \\ 0 & 0 & 0 \end{pmatrix} \text{得基础解系 } \boldsymbol{\xi}_1=\begin{pmatrix} 1 \\ 2 \\ 2 \end{pmatrix},$$

单位特征向量可取：$\boldsymbol{p}_1=\begin{pmatrix} \frac{1}{3} \\ \frac{2}{3} \\ \frac{2}{3} \end{pmatrix}$．

当 $\lambda_2=1$ 时，解方程 $(\boldsymbol{A}-\boldsymbol{E})\boldsymbol{x}=\boldsymbol{0}$．由

$$\boldsymbol{A}-\boldsymbol{E}=\begin{pmatrix} 1 & -2 & 0 \\ -2 & 0 & -2 \\ 0 & -2 & -1 \end{pmatrix} \overset{r}{\sim} \begin{pmatrix} 1 & 0 & 1 \\ 0 & 2 & 1 \\ 0 & 0 & 0 \end{pmatrix}\text{，得基础解系 } \boldsymbol{\xi}_2=\begin{pmatrix} 2 \\ 1 \\ -2 \end{pmatrix},$$

单位特征向量可取：$\boldsymbol{p}_2=\begin{pmatrix} \frac{2}{3} \\ \frac{1}{3} \\ -\frac{2}{3} \end{pmatrix}$．

当 $\lambda_3 = 4$ 时，解方程 $(\boldsymbol{A}-4\boldsymbol{E})\boldsymbol{x}=\boldsymbol{0}$．由

$$\boldsymbol{A}-4\boldsymbol{E}=\begin{pmatrix}-2&-2&0\\-2&-3&-2\\0&-2&-4\end{pmatrix}\overset{r}{\sim}\begin{pmatrix}1&0&-2\\0&1&2\\0&0&0\end{pmatrix}\text{得基础解系 }\boldsymbol{\xi}_3=\begin{pmatrix}2\\-2\\1\end{pmatrix},$$

单位特征向量可取：$\boldsymbol{p}_3=\begin{pmatrix}\frac{2}{3}\\-\frac{2}{3}\\\frac{1}{3}\end{pmatrix}$．

令
$$\boldsymbol{P}=(\boldsymbol{p}_1,\boldsymbol{p}_2,\boldsymbol{p}_3)=\frac{1}{3}\begin{pmatrix}1&2&2\\2&1&-2\\2&-2&1\end{pmatrix},$$

使得
$$\boldsymbol{P}^{-1}\boldsymbol{A}\boldsymbol{P}=\begin{pmatrix}-2&0&0\\0&1&0\\0&0&4\end{pmatrix}.$$

注意此题中的对称矩阵 $\boldsymbol{A}$ 的三个特征值各不相同，所以对应于这三个特征值的特征向量必定是两两正交的，读者可以利用此性质来检验特征向量求解的正确性．

例 6　设矩阵 $\boldsymbol{A}=\begin{pmatrix}2&0&0\\0&0&1\\0&1&x\end{pmatrix}$ 与 $\boldsymbol{B}=\begin{pmatrix}2&0&0\\0&y&0\\0&0&-1\end{pmatrix}$ 相似，求：

（1）x 和 y；（2）一个可逆矩阵 $\boldsymbol{P}$，使得 $\boldsymbol{P}^{-1}\boldsymbol{A}\boldsymbol{P}=\boldsymbol{B}$ 为对角矩阵．

解：（1）因为矩阵 $\boldsymbol{A}$ 与 $\boldsymbol{B}$ 相似，所以由教材第四章第三节定理 4，$\boldsymbol{A}$ 与 $\boldsymbol{B}$ 具有相同的特征值，即矩阵 $\boldsymbol{A}$ 的三个特征值为 2、y、-1．

又由特征值的性质得 $\begin{cases}2+x=2+y-1\\|\boldsymbol{A}|=\begin{vmatrix}2&0&0\\0&0&1\\0&1&x\end{vmatrix}=-2=-2y\end{cases}$，解得 $x=0$，$y=1$．

（2）$\boldsymbol{A}$ 的三个特征值为 2、1、-1．

对应 $\lambda_1=2$，解方程 $(\boldsymbol{A}-2\boldsymbol{E})\boldsymbol{x}=\boldsymbol{0}$，由

$$\boldsymbol{A}-2\boldsymbol{E}=\begin{pmatrix}0&0&0\\0&-2&1\\0&1&-2\end{pmatrix}\overset{r}{\sim}\begin{pmatrix}0&1&0\\0&0&1\\0&0&0\end{pmatrix}\text{得基础解系}\boldsymbol{\xi}_1=\begin{pmatrix}1\\0\\0\end{pmatrix}.$$

对应$\lambda_2=1$，解方程$(\boldsymbol{A}-\boldsymbol{E})\boldsymbol{x}=\boldsymbol{0}$．由

$$\boldsymbol{A}-\boldsymbol{E}=\begin{pmatrix}1&0&0\\0&-1&1\\0&1&-1\end{pmatrix}\overset{r}{\sim}\begin{pmatrix}1&0&0\\0&1&-1\\0&0&0\end{pmatrix}\text{得基础解系}\boldsymbol{\xi}_2=\begin{pmatrix}0\\1\\1\end{pmatrix}.$$

对应$\lambda_3=-1$，解方程$(\boldsymbol{A}+\boldsymbol{E})\boldsymbol{x}=\boldsymbol{0}$．由

$$\boldsymbol{A}+\boldsymbol{E}=\begin{pmatrix}3&0&0\\0&1&1\\0&1&1\end{pmatrix}\overset{r}{\sim}\begin{pmatrix}1&0&0\\0&1&1\\0&0&0\end{pmatrix}\text{，得基础解系}\boldsymbol{\xi}_3=\begin{pmatrix}0\\1\\-1\end{pmatrix}.$$

故令$\boldsymbol{P}=\begin{pmatrix}1&0&0\\0&1&1\\0&1&-1\end{pmatrix}$，使得$\boldsymbol{P}^{-1}\boldsymbol{AP}=\boldsymbol{B}$为对角矩阵．

注意此例求的是一个可逆矩阵而不是一个正交矩阵，因此不需要把$\boldsymbol{\xi}_1$，$\boldsymbol{\xi}_2$，$\boldsymbol{\xi}_3$单位化．

例 7 设方阵$\boldsymbol{A}=\begin{pmatrix}3&4&-2\\4&3&2\\-2&2&6\end{pmatrix}$，求一个正交阵$\boldsymbol{P}$，使得$\boldsymbol{P}^{-1}\boldsymbol{AP}=\boldsymbol{\Lambda}$为对角矩阵．

解： 由

$$|\boldsymbol{A}-\lambda\boldsymbol{E}|=\begin{vmatrix}3-\lambda&4&-2\\4&3-\lambda&2\\-2&2&6-\lambda\end{vmatrix}\xlongequal{r_2+r_1}\begin{vmatrix}3-\lambda&4&-2\\7-\lambda&7-\lambda&0\\-2&2&6-\lambda\end{vmatrix}\xlongequal{r_2\div(7-\lambda)}(7-\lambda)\begin{vmatrix}3-\lambda&4&-2\\1&1&0\\-2&2&6-\lambda\end{vmatrix}$$

$$\xlongequal{c_2-c_1}(7-\lambda)\begin{vmatrix}3-\lambda&\lambda+1&-2\\1&0&0\\-2&4&6-\lambda\end{vmatrix}\xlongequal{\text{按第二行展开}}(7-\lambda)(-1)^{2+1}\begin{vmatrix}\lambda+1&-2\\4&6-\lambda\end{vmatrix}$$

$$=-(\lambda-7)^2(\lambda+2)$$

得$\boldsymbol{A}$的特征值为 $\lambda_1=-2$，$\lambda_2=\lambda_3=7$．

对应$\lambda_1=-2$，解方程$(\boldsymbol{A}+2\boldsymbol{E})\boldsymbol{x}=\boldsymbol{0}$，由

$$\boldsymbol{A}+2\boldsymbol{E}=\begin{pmatrix}5&4&-2\\4&5&2\\-2&2&8\end{pmatrix}\overset{r}{\sim}\begin{pmatrix}1&0&-2\\0&1&2\\0&0&0\end{pmatrix}$$

得基础解系$\boldsymbol{\xi}_1=\begin{pmatrix}2\\-2\\1\end{pmatrix}$，将$\boldsymbol{\xi}_1$单位化，得$\boldsymbol{p}_1=\dfrac{1}{3}\begin{pmatrix}2\\-2\\1\end{pmatrix}$．

对应$\lambda_2=\lambda_3=7$，解方程$(\boldsymbol{A}-7\boldsymbol{E})\boldsymbol{x}=\boldsymbol{0}$．由

$$\boldsymbol{A}-7\boldsymbol{E}=\begin{pmatrix}-4 & 4 & -2\\ 4 & -4 & 2\\ -2 & 2 & -1\end{pmatrix}\overset{r}{\sim}\begin{pmatrix}1 & -1 & \frac{1}{2}\\ 0 & 0 & 0\\ 0 & 0 & 0\end{pmatrix}$$

得基础解系
$$\boldsymbol{\xi}_2=\begin{pmatrix}1\\1\\0\end{pmatrix},\quad \boldsymbol{\xi}_3=\begin{pmatrix}-1\\0\\2\end{pmatrix}.$$

将 $\boldsymbol{\xi}_2,\boldsymbol{\xi}_3$ 正交化：取 $\boldsymbol{\eta}_2=\boldsymbol{\xi}_2$，

$$\boldsymbol{\eta}_3=\boldsymbol{\xi}_3-\frac{[\boldsymbol{\eta}_2,\boldsymbol{\xi}_3]}{[\boldsymbol{\eta}_2,\boldsymbol{\eta}_2]}\boldsymbol{\eta}_2=\begin{pmatrix}-1\\0\\2\end{pmatrix}+\frac{1}{2}\begin{pmatrix}1\\1\\0\end{pmatrix}=\frac{1}{2}\begin{pmatrix}-1\\1\\4\end{pmatrix},$$

再将 $\boldsymbol{\eta}_2,\boldsymbol{\eta}_3$ 单位化，得 $\boldsymbol{p}_2=\dfrac{1}{\sqrt{2}}\begin{pmatrix}1\\1\\0\end{pmatrix}$， $\boldsymbol{p}_3=\dfrac{1}{3\sqrt{2}}\begin{pmatrix}-1\\1\\4\end{pmatrix}$.

将 $\boldsymbol{p}_1,\boldsymbol{p}_2,\boldsymbol{p}_3$ 构成正交矩阵

$$\boldsymbol{P}=(\boldsymbol{p}_1,\boldsymbol{p}_2,\boldsymbol{p}_3)=\begin{pmatrix}\frac{2}{3} & \frac{1}{\sqrt{2}} & \frac{-1}{3\sqrt{2}}\\ -\frac{2}{3} & \frac{1}{\sqrt{2}} & \frac{1}{3\sqrt{2}}\\ \frac{1}{3} & 0 & \frac{4}{3\sqrt{2}}\end{pmatrix},$$

故
$$\boldsymbol{P}^{-1}\boldsymbol{A}\boldsymbol{P}=\boldsymbol{\Lambda}=\begin{pmatrix}-2 & 0 & 0\\ 0 & 7 & 0\\ 0 & 0 & 7\end{pmatrix}.$$

例 8　设方阵 $\boldsymbol{A}=\begin{pmatrix}1 & -2 & -4\\ -2 & x & -2\\ -4 & -2 & 1\end{pmatrix}$ 与 $\boldsymbol{\Lambda}=\begin{pmatrix}5 & & \\ & y & \\ & & -4\end{pmatrix}$ 相似，求 x、y，并求一个正交阵 $\boldsymbol{P}$，使得 $\boldsymbol{P}^{-1}\boldsymbol{A}\boldsymbol{P}=\boldsymbol{\Lambda}$ 为对角矩阵.

解：已知相似矩阵有相同的特征值，显然 $\lambda_1=5$，$\lambda_2=y$，$\lambda_3=-4$ 是 $\boldsymbol{\Lambda}$ 的特征值，故它们也是 $\boldsymbol{A}$ 的特征值. 因为 $\lambda_3=-4$ 是 $\boldsymbol{A}$ 的特征值，所以

$$|\boldsymbol{A}+4\boldsymbol{E}|=\begin{vmatrix}5 & -2 & -4\\ -2 & x+4 & -2\\ -4 & -2 & 5\end{vmatrix}\overset{c_1-c_3}{=\!=}\begin{vmatrix}9 & -2 & -4\\ 0 & x+4 & -2\\ -9 & -2 & 5\end{vmatrix}\overset{r_3+r_1}{=\!=}\begin{vmatrix}9 & -2 & -4\\ 0 & x+4 & -2\\ 0 & -4 & 1\end{vmatrix}$$
$$=9\begin{vmatrix}x+4 & -2\\ -4 & 1\end{vmatrix}=9(x-4)=0,$$

解之得 $x=4$.

已知相似矩阵的行列式相同，因为

$$|A|=\begin{vmatrix}1 & -2 & -4\\ -2 & 4 & -2\\ -4 & -2 & 1\end{vmatrix}=-100\text{，}\quad |\Lambda|=\begin{vmatrix}5 & & \\ & y & \\ & & -4\end{vmatrix}=-20y,$$

所以 $-20y=-100$，$y=5$. 由此可得对称矩阵 A 的三个特征值为

$$\lambda_1=\lambda_2=5\text{，}\quad \lambda_3=-4.$$

对应 $\lambda_1=\lambda_2=5$，解方程 $(A-5E)x=\mathbf{0}$，得到两个线性无关的特征向量 $\begin{pmatrix}1\\-2\\0\end{pmatrix}$，$\begin{pmatrix}0\\2\\-1\end{pmatrix}$.

将它们正交化、单位化得

$$p_1=\frac{1}{\sqrt{5}}\begin{pmatrix}1\\-2\\0\end{pmatrix}\text{，}\quad p_2=\frac{1}{3\sqrt{5}}\begin{pmatrix}4\\2\\-5\end{pmatrix}.$$

对应 $\lambda_3=-4$，解方程 $(A+4E)x=\mathbf{0}$，得特征向量 $\begin{pmatrix}2\\1\\2\end{pmatrix}$，单位化得 $p_3=\frac{1}{3}\begin{pmatrix}2\\1\\2\end{pmatrix}$.

于是有正交矩阵 $P=(p_1,p_2,p_3)$，使 $P^{-1}AP=\Lambda$ 为对角矩阵.

习题选解

4. 设 x 为 n 维列向量，$x^{\mathrm{T}}x=1$，令 $H=E-2xx^{\mathrm{T}}$，证明 H 是对称的正交阵.

证明：先证 H 是对称矩阵：

$$H^{\mathrm{T}}=(E-2xx^{\mathrm{T}})^{\mathrm{T}}=E-2(xx^{\mathrm{T}})^{\mathrm{T}}=E-2xx^{\mathrm{T}}=H$$

所以 H 是对称矩阵.

再证 H 是正交矩阵：

$$\begin{aligned}H^{\mathrm{T}}H&=(E-2xx^{\mathrm{T}})(E-2xx^{\mathrm{T}})\\&=E-2xx^{\mathrm{T}}-2xx^{\mathrm{T}}+(2xx^{\mathrm{T}})(2xx^{\mathrm{T}})\\&=E-4xx^{\mathrm{T}}+4x(x^{\mathrm{T}}x)x^{\mathrm{T}}\\&=E-4xx^{\mathrm{T}}+4xx^{\mathrm{T}}\\&=E,\end{aligned}$$

所以 $\boldsymbol{H}$ 是正交矩阵．

5．求下列矩阵的特征值和特征向量：

（1）$\boldsymbol{A}=\begin{pmatrix}3&1\\5&-1\end{pmatrix}$；　（2）$\boldsymbol{A}=\begin{pmatrix}1&2&3\\2&1&3\\3&3&6\end{pmatrix}$；　（3）$\boldsymbol{A}=\begin{pmatrix}1&1&1&1\\1&1&-1&-1\\1&-1&1&-1\\1&-1&-1&1\end{pmatrix}$．

解：（1）求解特征方程

$$|\boldsymbol{A}-\lambda\boldsymbol{E}|=\begin{vmatrix}3-\lambda&1\\5&-1-\lambda\end{vmatrix}=\lambda^2-2\lambda-8=(\lambda+2)(\lambda-4)=0$$

所以 $\boldsymbol{A}$ 的特征值为 $\lambda_1=-2$，$\lambda_2=4$．

对应 $\lambda_1=-2$，解方程 $(\boldsymbol{A}+2\boldsymbol{E})\boldsymbol{x}=\boldsymbol{0}$，由

$$\boldsymbol{A}+2\boldsymbol{E}=\begin{pmatrix}5&1\\5&1\end{pmatrix}\overset{r}{\sim}\begin{pmatrix}5&1\\0&0\end{pmatrix},$$

得基础解系 $\boldsymbol{\xi}_1=\begin{pmatrix}1\\-5\end{pmatrix}$，即为对应 $\lambda_1=-2$ 的一个特征向量，全部特征向量为 $k_1\begin{pmatrix}1\\-5\end{pmatrix}$（$k_1\neq0$）；

对应 $\lambda_2=4$，解方程 $(\boldsymbol{A}-4\boldsymbol{E})\boldsymbol{x}=\boldsymbol{0}$，由

$$\boldsymbol{A}-4\boldsymbol{E}=\begin{pmatrix}-1&1\\5&-5\end{pmatrix}\overset{r}{\sim}\begin{pmatrix}1&-1\\0&0\end{pmatrix},$$

得基础解系 $\boldsymbol{\xi}_2=\begin{pmatrix}1\\1\end{pmatrix}$，即为对应 $\lambda_2=4$ 的一个特征向量，全部特征向量为 $k_2\begin{pmatrix}1\\1\end{pmatrix}$（$k_2\neq0$）．

（2）求解特征方程

$$|\boldsymbol{A}-\lambda\boldsymbol{E}|=\begin{vmatrix}1-\lambda&2&3\\2&1-\lambda&3\\3&3&6-\lambda\end{vmatrix}\overset{r_1-r_2}{=\!=}\begin{vmatrix}-1-\lambda&1+\lambda&0\\2&1-\lambda&3\\3&3&6-\lambda\end{vmatrix}\overset{c_2+c_1}{=\!=}\begin{vmatrix}-1-\lambda&0&0\\2&3-\lambda&3\\3&6&6-\lambda\end{vmatrix}$$

$$=(-\lambda-1)\begin{vmatrix}3-\lambda&3\\6&6-\lambda\end{vmatrix}=-(\lambda+1)\lambda(\lambda-9)=0,$$

所以 $\boldsymbol{A}$ 的特征值为 $\lambda_1=-1$，$\lambda_2=0$，$\lambda_3=9$．

对应 $\lambda_1=-1$，解方程 $(\boldsymbol{A}+\boldsymbol{E})\boldsymbol{x}=\boldsymbol{0}$，由

$$A+E=\begin{pmatrix}2&2&3\\2&2&3\\3&3&7\end{pmatrix}\overset{r}{\sim}\begin{pmatrix}1&1&0\\0&0&1\\0&0&0\end{pmatrix}$$

得基础解系 $\boldsymbol{\xi}_1=\begin{pmatrix}1\\-1\\0\end{pmatrix}$，即为对应 $\lambda_1=-1$ 的一个特征向量，全部特征向量为

$k_1\begin{pmatrix}1\\-1\\0\end{pmatrix}$，（$k_1\neq 0$）；

对应 $\lambda_2=0$，解方程 $\boldsymbol{Ax}=\boldsymbol{0}$．由

$$A=\begin{pmatrix}1&2&3\\2&1&3\\3&3&6\end{pmatrix}\overset{r}{\sim}\begin{pmatrix}1&0&1\\0&1&1\\0&0&0\end{pmatrix},$$

得基础解系 $\boldsymbol{\xi}_2=\begin{pmatrix}1\\1\\-1\end{pmatrix}$，即为对应 $\lambda_2=0$ 的一个特征向量，全部特征向量为

$k_2\begin{pmatrix}1\\1\\-1\end{pmatrix}$，（$k_2\neq 0$）；

对应 $\lambda_3=9$，解方程 $(\boldsymbol{A}-9\boldsymbol{E})\boldsymbol{x}=\boldsymbol{0}$．由

$$A-9E=\begin{pmatrix}-8&2&3\\2&-8&3\\3&3&-3\end{pmatrix}\overset{r}{\sim}\begin{pmatrix}1&0&-\frac{1}{2}\\0&1&-\frac{1}{2}\\0&0&0\end{pmatrix}$$

得基础解系 $\boldsymbol{\xi}_3=\begin{pmatrix}\frac{1}{2}\\\frac{1}{2}\\1\end{pmatrix}$，即为对应 $\lambda_3=9$ 的一个特征向量，全部特征向量为

$k_3\begin{pmatrix}\frac{1}{2}\\\frac{1}{2}\\1\end{pmatrix}$（$k_3\neq 0$）．

（3）求解特征方程

$$|\boldsymbol{A}-\lambda\boldsymbol{E}|=\begin{vmatrix}1-\lambda & 1 & 1 & 1\\ 1 & 1-\lambda & -1 & -1\\ 1 & -1 & 1-\lambda & -1\\ 1 & -1 & -1 & 1-\lambda\end{vmatrix}\xlongequal{r_1+r_2}\begin{vmatrix}2-\lambda & 2-\lambda & 0 & 0\\ 1 & 1-\lambda & -1 & -1\\ 1 & -1 & 1-\lambda & -1\\ 1 & -1 & -1 & 1-\lambda\end{vmatrix}$$

$$\xlongequal{r_1\div(2-\lambda)}(2-\lambda)\begin{vmatrix}1 & 1 & 0 & 0\\ 1 & 1-\lambda & -1 & -1\\ 1 & -1 & 1-\lambda & -1\\ 1 & -1 & -1 & 1-\lambda\end{vmatrix}\xlongequal{c_2-c_1}(2-\lambda)\begin{vmatrix}1 & 0 & 0 & 0\\ 1 & -\lambda & -1 & -1\\ 1 & -2 & 1-\lambda & -1\\ 1 & -2 & -1 & 1-\lambda\end{vmatrix}$$

$$\xlongequal{按第一行展开}(2-\lambda)(-1)^{1+1}\begin{vmatrix}-\lambda & -1 & -1\\ -2 & 1-\lambda & -1\\ -2 & -1 & 1-\lambda\end{vmatrix}\xlongequal[c_1+c_3]{c_1+c_2}(2-\lambda)\begin{vmatrix}-\lambda-2 & -1 & -1\\ -\lambda-2 & 1-\lambda & -1\\ -\lambda-2 & -1 & 1-\lambda\end{vmatrix}$$

$$\xlongequal{c_1\div(-\lambda-2)}(\lambda-2)(\lambda+2)\begin{vmatrix}1 & -1 & -1\\ 1 & 1-\lambda & -1\\ 1 & -1 & 1-\lambda\end{vmatrix}\xlongequal[r_3-r_1]{r_2-r_1}(\lambda-2)(\lambda+2)\begin{vmatrix}1 & -1 & -1\\ 0 & 2-\lambda & 0\\ 0 & 0 & 2-\lambda\end{vmatrix}$$

$$=(\lambda-2)^3(\lambda+2)$$

得 $\boldsymbol{A}$ 的特征值为 $\lambda_1=-2$，$\lambda_2=\lambda_3=\lambda_4=2$.

对应 $\lambda_1=-2$ ，解方程 $(\boldsymbol{A}+2\boldsymbol{E})\boldsymbol{x}=\boldsymbol{0}$ ，由

$$\boldsymbol{A}+2\boldsymbol{E}=\begin{pmatrix}3 & 1 & 1 & 1\\ 1 & 3 & -1 & -1\\ 1 & -1 & 3 & -1\\ 1 & -1 & -1 & 3\end{pmatrix}\overset{r}{\sim}\begin{pmatrix}1 & 0 & 0 & 1\\ 0 & 1 & 0 & -1\\ 0 & 0 & 1 & -1\\ 0 & 0 & 0 & 0\end{pmatrix}$$

得基础解系 $\boldsymbol{\xi}_1=\begin{pmatrix}-1\\1\\1\\1\end{pmatrix}$ ，即为对应 $\lambda_1=-2$ 的一个特征向量，全部特征向量为

$k_1\begin{pmatrix}-1\\1\\1\\1\end{pmatrix}$（$k_1\neq 0$）;

对应 $\lambda_2=\lambda_3=\lambda_4=2$ ，解方程 $(\boldsymbol{A}-2\boldsymbol{E})\boldsymbol{x}=\boldsymbol{0}$ ，由

$$\boldsymbol{A}-2\boldsymbol{E}=\begin{pmatrix}-1 & 1 & 1 & 1\\ 1 & -1 & -1 & -1\\ 1 & -1 & -1 & -1\\ 1 & -1 & -1 & -1\end{pmatrix}\overset{r}{\sim}\begin{pmatrix}1 & -1 & -1 & -1\\ 0 & 0 & 0 & 0\\ 0 & 0 & 0 & 0\\ 0 & 0 & 0 & 0\end{pmatrix}$$

得基础解系
$$\boldsymbol{\xi}_2=\begin{pmatrix}1\\1\\0\\0\end{pmatrix},\quad \boldsymbol{\xi}_3=\begin{pmatrix}1\\0\\1\\0\end{pmatrix},\quad \boldsymbol{\xi}_4=\begin{pmatrix}1\\0\\0\\1\end{pmatrix},$$

则 $k_2\begin{pmatrix}1\\1\\0\\0\end{pmatrix}+k_3\begin{pmatrix}1\\0\\1\\0\end{pmatrix}+k_4\begin{pmatrix}1\\0\\0\\1\end{pmatrix}$（$k_2,k_3,k_4$ 不同时为0）是对应于特征值2的全部特征向量.

6．已知0是矩阵 $\boldsymbol{A}=\begin{pmatrix}1&0&1\\0&2&0\\1&0&a\end{pmatrix}$ 的特征值，求 $\boldsymbol{A}$ 的所有特征值.

解：因为0是矩阵 $\boldsymbol{A}$ 的特征值，所以由特征方程有

$$|\boldsymbol{A}-0\boldsymbol{E}|=\begin{vmatrix}1&0&1\\0&2&0\\1&0&a\end{vmatrix}=2(a-1)=0,$$

即 $a=1$.

又由

$$|\boldsymbol{A}-\lambda\boldsymbol{E}|=\begin{vmatrix}1-\lambda&0&1\\0&2-\lambda&0\\1&0&1-\lambda\end{vmatrix}\xlongequal{\text{对角线法则展开}}(1-\lambda)^2(2-\lambda)-(2-\lambda)$$
$$=-\lambda(\lambda-2)^2$$

得 $\boldsymbol{A}$ 的特征值为 $\lambda_1=0$，$\lambda_2=\lambda_3=2$.

7．已知三阶方阵 $\boldsymbol{A}$ 的特征值为1、2、-3，求 $|\boldsymbol{A}^*+3\boldsymbol{A}+2\boldsymbol{E}|$.

解：因为 $|\boldsymbol{A}|=1\times2\times(-3)=-6\neq0$，所以 $\boldsymbol{A}$ 可逆，故

$$\boldsymbol{A}^*=|\boldsymbol{A}|\boldsymbol{A}^{-1}=-6\boldsymbol{A}^{-1},$$
$$\boldsymbol{A}^*+3\boldsymbol{A}+2\boldsymbol{E}=-6\boldsymbol{A}^{-1}+3\boldsymbol{A}+2\boldsymbol{E}.$$

把上式记为 $\varphi(\boldsymbol{A})$，有 $\varphi(\lambda)=-\dfrac{6}{\lambda}+3\lambda+2$，故 $\varphi(\boldsymbol{A})$ 的特征值为

$$\varphi(1)=-1,\quad \varphi(2)=5,\quad \varphi(-3)=-5,$$

于是

$$|\boldsymbol{A}^*+3\boldsymbol{A}+2\boldsymbol{E}|=(-1)\times5\times(-5)=25.$$

8．设 $\boldsymbol{A}$ 和 $\boldsymbol{B}$ 都是 n 阶方阵，且 $|\boldsymbol{A}|\neq0$，证明 $\boldsymbol{AB}$ 与 $\boldsymbol{BA}$ 相似.

证明：因为 $|\boldsymbol{A}|\neq0$，所以 $\boldsymbol{A}$ 可逆，故取 $\boldsymbol{P}=\boldsymbol{A}$，则

$$\boldsymbol{P}^{-1}\boldsymbol{ABP}=\boldsymbol{A}^{-1}\boldsymbol{ABA}=\boldsymbol{BA}$$

即 $\boldsymbol{AB}$ 与 $\boldsymbol{BA}$ 相似.

10. 判断矩阵 $\boldsymbol{A}=\begin{pmatrix}1&-2&2\\-2&-2&4\\2&4&-2\end{pmatrix}$ 能否对角化.

解： 由

$$|\boldsymbol{A}-\lambda\boldsymbol{E}|=\begin{vmatrix}1-\lambda&-2&2\\-2&-2-\lambda&4\\2&4&-2-\lambda\end{vmatrix}\xlongequal{c_2+c_3}\begin{vmatrix}1-\lambda&0&2\\-2&2-\lambda&4\\2&2-\lambda&-2-\lambda\end{vmatrix}$$

$$\xlongequal{r_3-r_2}\begin{vmatrix}1-\lambda&0&2\\-2&2-\lambda&4\\4&0&-6-\lambda\end{vmatrix}\xlongequal{\text{按第二列展开}}(2-\lambda)\begin{vmatrix}1-\lambda&2\\4&-6-\lambda\end{vmatrix}=-(\lambda-2)^2(\lambda+7),$$

得 $\boldsymbol{A}$ 的特征值为 $\lambda_1=\lambda_2=2$，$\lambda_3=-7$.

当 $\lambda_1=\lambda_2=2$ 时，

$$\boldsymbol{A}-2\boldsymbol{E}=\begin{pmatrix}-1&-2&2\\-2&-4&4\\2&4&-4\end{pmatrix}\sim\begin{pmatrix}1&2&-2\\0&0&0\\0&0&0\end{pmatrix},$$

因为 $R(\boldsymbol{A}-2\boldsymbol{E})=1$，故齐次线性方程组 $(\boldsymbol{A}-2\boldsymbol{E})\boldsymbol{x}=\boldsymbol{0}$ 的基础解系有两个线性无关的解，因此 $\boldsymbol{A}$ 有 3 个线性无关的特征向量，故 $\boldsymbol{A}$ 能对角化.

11. 设 $\boldsymbol{A}=\begin{pmatrix}1&4&2\\0&-3&4\\0&4&3\end{pmatrix}$，求 $\boldsymbol{A}^{100}$.

解： 由

$$|\boldsymbol{A}-\lambda\boldsymbol{E}|=\begin{vmatrix}1-\lambda&4&2\\0&-3-\lambda&4\\0&4&3-\lambda\end{vmatrix}\xlongequal{\text{按第一列展开}}(1-\lambda)\begin{vmatrix}-3-\lambda&4\\4&3-\lambda\end{vmatrix}=(1-\lambda)(\lambda+5)(\lambda-5)$$

得 $\boldsymbol{A}$ 的特征值为 $\lambda_1=1$，$\lambda_2=5$，$\lambda_3=-5$.

对应 $\lambda_1=1$，解方程 $(\boldsymbol{A}-\boldsymbol{E})\boldsymbol{x}=\boldsymbol{0}$，得特征向量 $\boldsymbol{p}_1=(1,0,0)^{\mathrm{T}}$.

对应 $\lambda_2=5$，解方程 $(\boldsymbol{A}-5\boldsymbol{E})\boldsymbol{x}=\boldsymbol{0}$，得特征向量 $\boldsymbol{p}_2=(2,1,2)^{\mathrm{T}}$.

对应 $\lambda_3=-5$，解方程 $(\boldsymbol{A}+5\boldsymbol{E})\boldsymbol{x}=\boldsymbol{0}$，得特征向量 $\boldsymbol{p}_3=(1,-2,1)^{\mathrm{T}}$.

令 $\boldsymbol{P}=(\boldsymbol{p}_1,\boldsymbol{p}_2,\boldsymbol{p}_3)$，则

$$\boldsymbol{P}^{-1}\boldsymbol{A}\boldsymbol{P}=\boldsymbol{\Lambda}=\begin{pmatrix}1&&\\&5&\\&&-5\end{pmatrix}$$

从而 $\boldsymbol{A}=\boldsymbol{P}\boldsymbol{\Lambda}\boldsymbol{P}^{-1}$，$\boldsymbol{A}^{100}=\boldsymbol{P}\boldsymbol{\Lambda}^{100}\boldsymbol{P}^{-1}$.

因为

$$\boldsymbol{\Lambda}^{100}=\begin{pmatrix}1&0&0\\0&5^{100}&0\\0&0&5^{100}\end{pmatrix},$$

$$\boldsymbol{P}^{-1}=\begin{pmatrix}1&2&1\\0&1&-2\\0&2&1\end{pmatrix}^{-1}=\frac{1}{5}\begin{pmatrix}5&0&-5\\0&1&2\\0&-2&1\end{pmatrix},$$

所以

$$\begin{aligned}\boldsymbol{A}^{100}&=\frac{1}{5}\begin{pmatrix}1&2&1\\0&1&-2\\0&2&1\end{pmatrix}\begin{pmatrix}1&0&0\\0&5^{100}&0\\0&0&5^{100}\end{pmatrix}\begin{pmatrix}5&0&-5\\0&1&2\\0&-2&1\end{pmatrix}\\&=\begin{pmatrix}1&0&5^{100}-1\\0&5^{100}&0\\0&0&5^{100}\end{pmatrix}.\end{aligned}$$

12．试求一个正交的相似变换矩阵，将下列对称矩阵化为对角阵：

（1）$\begin{pmatrix}2&-2&0\\-2&1&-2\\0&-2&0\end{pmatrix}$；（2）$\begin{pmatrix}2&2&-2\\2&5&-4\\-2&-4&5\end{pmatrix}$.

解：（1）解答过程见本章典型方法与范例第 5 题.

（2）将所给矩阵记为 $\boldsymbol{A}$．由

$$|\boldsymbol{A}-\lambda\boldsymbol{E}|=\begin{vmatrix}2-\lambda&2&-2\\2&5-\lambda&-4\\-2&-4&5-\lambda\end{vmatrix}\xlongequal{r_3+r_2}\begin{vmatrix}2-\lambda&2&-2\\2&5-\lambda&-4\\0&1-\lambda&1-\lambda\end{vmatrix}\xlongequal{r_3\div(1-\lambda)}(1-\lambda)\begin{vmatrix}2-\lambda&2&-2\\2&5-\lambda&-4\\0&1&1\end{vmatrix}$$

$$\xlongequal{c_3-c_2}(1-\lambda)\begin{vmatrix}2-\lambda&2&-4\\2&5-\lambda&\lambda-9\\0&1&0\end{vmatrix}=(1-\lambda)(-1)^{3+2}\begin{vmatrix}2-\lambda&-4\\2&\lambda-9\end{vmatrix}=-(\lambda-1)^2(\lambda-10),$$

得矩阵 $\boldsymbol{A}$ 的特征值为 $\lambda_1=\lambda_2=1$，$\lambda_3=10$.

对应 $\lambda_1=\lambda_2=1$，解方程 $(\boldsymbol{A}-\boldsymbol{E})\boldsymbol{x}=\boldsymbol{0}$，即

$$\begin{pmatrix}1&2&-2\\2&4&-4\\-2&-4&4\end{pmatrix}\begin{pmatrix}x_1\\x_2\\x_3\end{pmatrix}=\begin{pmatrix}0\\0\\0\end{pmatrix},$$

得线性无关特征向量 $(-2,1,0)^{\mathrm{T}}$ 和 $(2,0,1)^{\mathrm{T}}$，将它们正交化、单位化得

$$p_1=\frac{1}{\sqrt{5}}(-2,\ 1,0)^{\mathrm{T}}，\quad p_2=\frac{1}{3\sqrt{5}}(2,\ 4,\ 5)^{\mathrm{T}}.$$

对应$\lambda_3=10$，解方程$(\boldsymbol{A}-10\boldsymbol{E})\boldsymbol{x}=\boldsymbol{0}$，即

$$\begin{pmatrix}-8&2&-2\\2&-5&-4\\-2&-4&-5\end{pmatrix}\begin{pmatrix}x_1\\x_2\\x_3\end{pmatrix}=\begin{pmatrix}0\\0\\0\end{pmatrix},$$

得特征向量$(-1,-2,2)^{\mathrm{T}}$，单位化得$p_3=\frac{1}{3}(-1,\ -2,\ 2)^{\mathrm{T}}$.

于是有正交阵$\boldsymbol{P}=\begin{pmatrix}-\frac{2}{\sqrt{5}}&\frac{2}{3\sqrt{5}}&-\frac{1}{3}\\\frac{1}{\sqrt{5}}&\frac{4}{3\sqrt{5}}&-\frac{2}{3}\\0&\frac{5}{3\sqrt{5}}&\frac{2}{3}\end{pmatrix}$，使得$\boldsymbol{P}^{-1}\boldsymbol{AP}=\boldsymbol{\Lambda}=\begin{pmatrix}1&&\\&1&\\&&10\end{pmatrix}$.

14.（1）设$\boldsymbol{A}=\begin{pmatrix}3&-2\\-2&3\end{pmatrix}$，求$\varphi(\boldsymbol{A})=\boldsymbol{A}^{10}-5\boldsymbol{A}^9$；

（2）设$\begin{pmatrix}2&1&2\\1&2&2\\2&2&1\end{pmatrix}$，求$\varphi(\boldsymbol{A})=\boldsymbol{A}^{10}-6\boldsymbol{A}^9+5\boldsymbol{A}^8$.

解：（1）由$|\boldsymbol{A}-\lambda\boldsymbol{E}|=\begin{vmatrix}3-\lambda&-2\\-2&3-\lambda\end{vmatrix}=(\lambda-1)(\lambda-5)$，得$\boldsymbol{A}$的特征值为$\lambda_1=1,\ \lambda_2=5$.

对应$\lambda_1=1$，解方程$(\boldsymbol{A}-\boldsymbol{E})\boldsymbol{x}=\boldsymbol{0}$，得单位特征向量$\frac{1}{\sqrt{2}}(1,1)^{\mathrm{T}}$.

对应$\lambda_2=5$，解方程$(\boldsymbol{A}-5\boldsymbol{E})\boldsymbol{x}=\boldsymbol{0}$，得单位特征向量$\frac{1}{\sqrt{2}}(-1,1)^{\mathrm{T}}$.

于是有正交矩阵$\boldsymbol{P}=\frac{1}{\sqrt{2}}\begin{pmatrix}1&-1\\1&1\end{pmatrix}$，使得$\boldsymbol{P}^{-1}\boldsymbol{AP}=\boldsymbol{\Lambda}=\begin{pmatrix}1&0\\0&5\end{pmatrix}$，从而$\boldsymbol{A}=\boldsymbol{P\Lambda P}^{-1}$，$\boldsymbol{A}^k=\boldsymbol{P\Lambda}^k\boldsymbol{P}^{-1}$. 因此

$$\begin{aligned}\varphi(\boldsymbol{A})&=\boldsymbol{P}\varphi(\boldsymbol{\Lambda})\boldsymbol{P}^{-1}=\boldsymbol{P}(\boldsymbol{\Lambda}^{10}-5\boldsymbol{\Lambda}^9)\boldsymbol{P}^{-1}\\&=\boldsymbol{P}\left[\begin{pmatrix}1&0\\0&5^{10}\end{pmatrix}-5\begin{pmatrix}1&0\\0&5^9\end{pmatrix}\right]\boldsymbol{P}^{-1}=\boldsymbol{P}\begin{pmatrix}-4&0\\0&0\end{pmatrix}\boldsymbol{P}^{-1}\\&=\frac{1}{\sqrt{2}}\begin{pmatrix}1&-1\\1&1\end{pmatrix}\begin{pmatrix}-4&0\\0&0\end{pmatrix}\frac{1}{\sqrt{2}}\begin{pmatrix}1&1\\-1&1\end{pmatrix}=-2\begin{pmatrix}1&1\\1&1\end{pmatrix}.\end{aligned}$$

（2）由

$$|\boldsymbol{A}-\lambda\boldsymbol{E}|=\begin{vmatrix}2-\lambda & 1 & 2\\ 1 & 2-\lambda & 2\\ 2 & 2 & 1-\lambda\end{vmatrix}\xlongequal[c_1+c_3]{c_1+c_2}\begin{vmatrix}5-\lambda & 1 & 2\\ 5-\lambda & 2-\lambda & 2\\ 5-\lambda & 2 & 1-\lambda\end{vmatrix}$$

$$\xlongequal{c_1\div(5-\lambda)}(5-\lambda)\begin{vmatrix}1 & 1 & 2\\ 1 & 2-\lambda & 2\\ 1 & 2 & 1-\lambda\end{vmatrix}\xlongequal[r_3-r_1]{r_2-r_1}(5-\lambda)\begin{vmatrix}1 & 1 & 2\\ 0 & 1-\lambda & 0\\ 0 & 1 & -1-\lambda\end{vmatrix}$$

$$\xlongequal{\text{按第一列展开}}(5-\lambda)\begin{vmatrix}1-\lambda & 0\\ 1 & -1-\lambda\end{vmatrix}=(5-\lambda)(\lambda-1)(\lambda+1),$$

得 $\boldsymbol{A}$ 的特征值为 $\lambda_1=-1$，$\lambda_2=1$，$\lambda_3=5$.

对应 $\lambda_1=-1$，解方程 $(\boldsymbol{A}+\boldsymbol{E})\boldsymbol{x}=\boldsymbol{0}$，得单位特征向量 $\frac{1}{\sqrt{6}}(-1,-1,2)^{\mathrm{T}}$，

对应 $\lambda_2=1$，解方程 $(\boldsymbol{A}-\boldsymbol{E})\boldsymbol{x}=\boldsymbol{0}$，得单位特征向量 $\frac{1}{\sqrt{6}}(-\sqrt{3},\sqrt{3},0)^{\mathrm{T}}$，

对应 $\lambda_3=5$，解方程 $(\boldsymbol{A}-5\boldsymbol{E})\boldsymbol{x}=\boldsymbol{0}$，得单位特征向量 $\frac{1}{\sqrt{6}}(\sqrt{2},\sqrt{2},\sqrt{2})^{\mathrm{T}}$.

于是有正交矩阵 $\boldsymbol{P}=\frac{1}{\sqrt{6}}\begin{pmatrix}-1 & -\sqrt{3} & \sqrt{2}\\ -1 & \sqrt{3} & \sqrt{2}\\ 2 & 0 & \sqrt{2}\end{pmatrix}$，使得 $\boldsymbol{P}^{-1}\boldsymbol{A}\boldsymbol{P}=\boldsymbol{\Lambda}=\begin{pmatrix}-1 & 0 & 0\\ 0 & 1 & 0\\ 0 & 0 & 5\end{pmatrix}$，从而 $\boldsymbol{A}=\boldsymbol{P}\boldsymbol{\Lambda}\boldsymbol{P}^{-1}$，$\boldsymbol{A}^k=\boldsymbol{P}\boldsymbol{\Lambda}^k\boldsymbol{P}^{-1}=\boldsymbol{P}\boldsymbol{\Lambda}^k\boldsymbol{P}^{\mathrm{T}}$. 因此

$$\begin{aligned}\varphi(\boldsymbol{A})&=\boldsymbol{P}\varphi(\boldsymbol{\Lambda})\boldsymbol{P}^{\mathrm{T}}=\boldsymbol{P}(\boldsymbol{\Lambda}^{10}-6\boldsymbol{\Lambda}^9+5\boldsymbol{\Lambda}^8)\boldsymbol{P}^{\mathrm{T}}\\ &=\boldsymbol{P}\left[\begin{pmatrix}1 & 0 & 0\\ 0 & 1 & 0\\ 0 & 0 & 5^{10}\end{pmatrix}-6\begin{pmatrix}-1 & 0 & 0\\ 0 & 1 & 0\\ 0 & 0 & 5^9\end{pmatrix}+5\begin{pmatrix}1 & 0 & 0\\ 0 & 1 & 0\\ 0 & 0 & 5^8\end{pmatrix}\right]\boldsymbol{P}^{\mathrm{T}}\\ &=\boldsymbol{P}\begin{pmatrix}12 & 0 & 0\\ 0 & 0 & 0\\ 0 & 0 & 0\end{pmatrix}\boldsymbol{P}^{\mathrm{T}}\\ &=\frac{1}{\sqrt{6}}\begin{pmatrix}-1 & -\sqrt{3} & \sqrt{2}\\ -1 & \sqrt{3} & \sqrt{2}\\ 2 & 0 & \sqrt{2}\end{pmatrix}\begin{pmatrix}12 & 0 & 0\\ 0 & 0 & 0\\ 0 & 0 & 0\end{pmatrix}\frac{1}{\sqrt{6}}\begin{pmatrix}-1 & -1 & 2\\ -\sqrt{3} & \sqrt{3} & 0\\ \sqrt{2} & \sqrt{2} & \sqrt{2}\end{pmatrix}=2\begin{pmatrix}1 & 1 & -2\\ 1 & 1 & -2\\ -2 & -2 & 4\end{pmatrix}.\end{aligned}$$

15．考察栖息在同一地区的兔子和狐狸的生态模型，两种动物数量的相互依存关系可用如下模型描述：

$$\begin{cases}x_n = 1.1x_{n-1} - 0.15y_{n-1} \\ y_n = 0.1x_{n-1} + 0.85y_{n-1}\end{cases}, \quad n = 1, 2, \cdots$$

其中 x_n 和 y_n 分别表示第 n 年时兔子和狐狸的数量，x_0 和 y_0 分别表示基年（$n=0$）时，兔子和狐狸的数量，记 $\boldsymbol{\alpha}_n = \begin{pmatrix} x_n \\ y_n \end{pmatrix}$，$n = 0,1,2,\cdots$，

（1）写出该模型的矩阵形式；

（2）如果 $\boldsymbol{\alpha}_0 = \begin{pmatrix} x_0 \\ y_0 \end{pmatrix} = \begin{pmatrix} 10 \\ 8 \end{pmatrix}$，求 $\boldsymbol{\alpha}_n$；

（3）当 $n \to \infty$ 时，可以得到什么结论？

解：（1）记 $\boldsymbol{A} = \begin{pmatrix} 1.1 & -0.15 \\ 0.1 & 0.85 \end{pmatrix}$，则 $\boldsymbol{\alpha}_n = \boldsymbol{A}\boldsymbol{\alpha}_{n-1}$，$n = 1,2,\cdots$；

（2）由（1）可进一步得到递推关系式 $\boldsymbol{\alpha}_n = \boldsymbol{A}^n\boldsymbol{\alpha}_0$，矩阵 $\boldsymbol{A} = \begin{pmatrix} 1.1 & -0.15 \\ 0.1 & 0.85 \end{pmatrix}$ 的特征值为 $\lambda_1 = 1$，$\lambda_2 = 0.95$，对应的特征向量为 $\boldsymbol{\xi}_1 = \begin{pmatrix} 3 \\ 2 \end{pmatrix}$，$\boldsymbol{\xi}_2 = \begin{pmatrix} 1 \\ 1 \end{pmatrix}$，令 $\boldsymbol{P} = \begin{pmatrix} 3 & 1 \\ 2 & 1 \end{pmatrix}$，有 $\boldsymbol{P}^{-1}\boldsymbol{A}\boldsymbol{P} = \begin{pmatrix} \lambda_1 & 0 \\ 0 & \lambda_2 \end{pmatrix}$，即 $\boldsymbol{A} = \boldsymbol{P}\begin{pmatrix} \lambda_1 & 0 \\ 0 & \lambda_2 \end{pmatrix}\boldsymbol{P}^{-1}$，

由此可得

$$\boldsymbol{A}^n = \boldsymbol{P}\boldsymbol{\Lambda}^n\boldsymbol{P}^{-1} = \begin{pmatrix} 3 & 1 \\ 2 & 1 \end{pmatrix}\begin{pmatrix} 1 & 0 \\ 0 & 0.95 \end{pmatrix}^n\begin{pmatrix} 3 & 1 \\ 2 & 1 \end{pmatrix}^{-1} = \begin{pmatrix} 3 & 1 \\ 2 & 1 \end{pmatrix}\begin{pmatrix} 1^n & 0 \\ 0 & 0.95^n \end{pmatrix}\begin{pmatrix} 1 & -1 \\ -2 & 3 \end{pmatrix}^1$$

$$= \begin{pmatrix} 3 - 2\times 0.95^n & -3 + 3\times 0.95^n \\ 2 - 2\times 0.95^n & -2 + 3\times 0.95^n \end{pmatrix},$$

所以 $\boldsymbol{\alpha}_n = \boldsymbol{A}^n\boldsymbol{\alpha}_0 = \begin{pmatrix} 3 - 2\times 0.95^n & -3 + 3\times 0.95^n \\ 2 - 2\times 0.95^n & -2 + 3\times 0.95^n \end{pmatrix}\begin{pmatrix} 10 \\ 8 \end{pmatrix} = \begin{pmatrix} 6 \\ 4 \end{pmatrix} + 0.95^n\begin{pmatrix} 4 \\ 4 \end{pmatrix}$；

（3）当 $n \to \infty$ 时，$\lim\limits_{n\to\infty}\boldsymbol{\alpha}_n = \begin{pmatrix} 6 \\ 4 \end{pmatrix}$.

16．设 $\boldsymbol{A}$ 为三阶方阵，$\boldsymbol{\alpha}_1$ 和 $\boldsymbol{\alpha}_2$ 为 $\boldsymbol{A}$ 的分别属于特征值 -1 和 1 的特征向量，向量 $\boldsymbol{\alpha}_3$ 满足 $\boldsymbol{A}\boldsymbol{\alpha}_3 = \boldsymbol{\alpha}_2 + \boldsymbol{\alpha}_3$.

（1）证明：$\boldsymbol{\alpha}_1, \boldsymbol{\alpha}_2, \boldsymbol{\alpha}_3$ 线性无关；

（2）令 $\boldsymbol{P} = (\boldsymbol{\alpha}_1, \boldsymbol{\alpha}_2, \boldsymbol{\alpha}_3)$，求 $\boldsymbol{P}^{-1}\boldsymbol{A}\boldsymbol{P}$.

解：（1）由题设可知，$\boldsymbol{\alpha}_1$ 和 $\boldsymbol{\alpha}_2$ 为 $\boldsymbol{A}$ 的分别属于特征值 -1 和 1 的特征向量，因此有 $\boldsymbol{A}\boldsymbol{\alpha}_1 = -\boldsymbol{\alpha}_1$，$\boldsymbol{A}\boldsymbol{\alpha}_2 = \boldsymbol{\alpha}_2$.

假设存在一组数 k_1，k_2，k_3 使得

$$k_1\boldsymbol{\alpha}_1+k_2\boldsymbol{\alpha}_2+k_3\boldsymbol{\alpha}_3=\boldsymbol{0} \tag{①}$$

①式两端左乘矩阵 $\boldsymbol{A}$ 有，

$$k_1\boldsymbol{A}\boldsymbol{\alpha}_1+k_2\boldsymbol{A}\boldsymbol{\alpha}_2+k_3\boldsymbol{A}\boldsymbol{\alpha}_3=-k_1\boldsymbol{\alpha}_1+k_2\boldsymbol{\alpha}_2+k_3(\boldsymbol{\alpha}_2+\boldsymbol{\alpha}_3)=-k_1\boldsymbol{\alpha}_1+(k_2+k_3)\boldsymbol{\alpha}_2+k_3\boldsymbol{\alpha}_3=\boldsymbol{0} \tag{②}$$

用①式减去②式得 $2k_1\boldsymbol{\alpha}_1-k_3\boldsymbol{\alpha}_2=\boldsymbol{0}$，因为 $\boldsymbol{\alpha}_1$ 和 $\boldsymbol{\alpha}_2$ 是分别属于不同特征值的特征向量，所以线性无关，从而 $k_1=k_3=0$，代入①式可得 $k_2\boldsymbol{\alpha}_2=\boldsymbol{0}$，又因为 $\boldsymbol{\alpha}_2\neq\boldsymbol{0}$，有 $k_2=0$，故 $\boldsymbol{\alpha}_1,\boldsymbol{\alpha}_2,\boldsymbol{\alpha}_3$ 线性无关.

（2） $\boldsymbol{A}(\boldsymbol{\alpha}_1,\boldsymbol{\alpha}_2,\boldsymbol{\alpha}_3)=(\boldsymbol{A}\boldsymbol{\alpha}_1,\boldsymbol{A}\boldsymbol{\alpha}_2,\boldsymbol{A}\boldsymbol{\alpha}_3)=(-\boldsymbol{\alpha}_1,\boldsymbol{\alpha}_2,\boldsymbol{\alpha}_2+\boldsymbol{\alpha}_3)=(\boldsymbol{\alpha}_1,\boldsymbol{\alpha}_2,\boldsymbol{\alpha}_3)\begin{pmatrix}-1&0&0\\0&1&1\\0&0&1\end{pmatrix}$，

则 $\boldsymbol{P}^{-1}\boldsymbol{A}\boldsymbol{P}=\begin{pmatrix}-1&0&0\\0&1&1\\0&0&1\end{pmatrix}$.

单元测试

一、选择题

1．设 λ_1、λ_2、λ_3 为矩阵 $\boldsymbol{A}=\begin{pmatrix}1&-1&1\\1&3&-1\\1&1&1\end{pmatrix}$ 的三个特征值，则 $\lambda_1\lambda_2\lambda_3=$（　　）.

A．-4　　B．0　　C．2　　D．4

2．若 n 阶非奇异矩阵 $\boldsymbol{A}$ 的各行元素之和均为常数 a，则矩阵 $\left(\frac{1}{2}\boldsymbol{A}^2\right)^{-1}$ 有一特征值为（　　）.

A．$2a^2$　　B．$-2a^2$　　C．$2a^{-2}$　　D．$-2a^{-2}$

3．若 λ 为四阶矩阵 $\boldsymbol{A}$ 的特征多项式的三重根，则 $\boldsymbol{A}$ 对应于 λ 的特征向量最多有（　　）个线性无关.

A．3　　B．1　　C．2　　D．4

4．设 $\boldsymbol{\alpha}$ 是矩阵 $\boldsymbol{A}$ 对应于特征值 λ 的特征向量，则矩阵 $\boldsymbol{P}^{-1}\boldsymbol{A}\boldsymbol{P}$ 对应于 λ 的特征向量为（　　）.

A．$\boldsymbol{P}^{-1}\boldsymbol{\alpha}$　　B．$\boldsymbol{P}\boldsymbol{\alpha}$　　C．$\boldsymbol{P}^{\mathrm{T}}\boldsymbol{\alpha}$　　D．$\boldsymbol{\alpha}$

二、填空题

1．设$\boldsymbol{\alpha}=(1,2,a,4)^{\mathrm{T}}$，$\boldsymbol{\beta}=(-4,b,-2,1)^{\mathrm{T}}$，若$\boldsymbol{\alpha}$和$\boldsymbol{\beta}$正交，则$a$和$b$应满足的关系为______.

2．已知$\boldsymbol{A}=\begin{pmatrix}2&0&0\\0&1&1\\0&0&x\end{pmatrix}$的伴随矩阵$\boldsymbol{A}^*$有一特征值为$-2$，则$x=$______或______.

3．若二阶矩阵$\boldsymbol{A}$的特征值为-1和1，则$\boldsymbol{A}^{2004}=$______.

4．若四阶矩阵$\boldsymbol{A}$与$\boldsymbol{B}$相似，且$\boldsymbol{A}$的特征值为1、2、3、4，则$\left|\boldsymbol{B}^*+2\boldsymbol{E}\right|=$______.

三、计算题

1．当k为何值时，矩阵$\boldsymbol{A}=\begin{pmatrix}0&0&1\\1&1&k\\1&0&0\end{pmatrix}$可对角化.

2．设

$$\boldsymbol{A}=\begin{pmatrix}4&2&2\\2&4&2\\2&2&4\end{pmatrix},$$

求正交矩阵$\boldsymbol{P}$，使得$\boldsymbol{P}^{-1}\boldsymbol{AP}=\boldsymbol{\Lambda}$为对角矩阵.

3．设三阶实对称矩阵$\boldsymbol{A}$的各行元素之和均为3，向量$\boldsymbol{\alpha}_1=\begin{pmatrix}-1\\2\\-1\end{pmatrix}$，$\boldsymbol{\alpha}_2=\begin{pmatrix}0\\-1\\1\end{pmatrix}$是线性方程组$\boldsymbol{Ax}=\boldsymbol{0}$的两个解，求矩阵$\boldsymbol{A}$的特征值与特征向量.

4．设三阶方阵$\boldsymbol{A}$的特征值为1、0、-1，对应的特征向量依次为

$$\boldsymbol{p}_1=\begin{pmatrix}1\\2\\2\end{pmatrix},\quad \boldsymbol{p}_2=\begin{pmatrix}2\\-2\\1\end{pmatrix},\quad \boldsymbol{p}_3=\begin{pmatrix}-2\\-1\\2\end{pmatrix},$$

求$\boldsymbol{A}$和$\boldsymbol{A}^{50}$.

5．设矩阵$\boldsymbol{A}=\begin{pmatrix}a&-1&c\\5&b&3\\1-c&0&-a\end{pmatrix}$，其行列式$|\boldsymbol{A}|=-1$，又$\boldsymbol{A}$的伴随矩阵$\boldsymbol{A}^*$有一个特征值$\lambda$，属于$\lambda$的一个特征向量为$\boldsymbol{\alpha}=(-1,-1,1)^{\mathrm{T}}$，求$a$、$b$、$c$和$\lambda$的值.

6．设$\boldsymbol{A}$为三阶矩阵，$\boldsymbol{\alpha}_1,\boldsymbol{\alpha}_2,\boldsymbol{\alpha}_3$是线性无关的三维列向量，且满足

$$A\alpha_1=\alpha_1+\alpha_2+\alpha_3,\quad A\alpha_2=2\alpha_2+\alpha_3,\quad A\alpha_3=2\alpha_2+3\alpha_3,$$

（1）求矩阵 $\boldsymbol{B}$，使得 $\boldsymbol{A}(\alpha_1,\alpha_2,\alpha_3)=(\alpha_1,\alpha_2,\alpha_3)\boldsymbol{B}$；

（2）求矩阵 $\boldsymbol{A}$ 的特征值；

（3）求可逆阵 $\boldsymbol{P}$，使得 $\boldsymbol{P}^{-1}\boldsymbol{AP}=\boldsymbol{\Lambda}$ 为对角矩阵.

单元测试解答

一、选择题

1．D．由教材第四章第二节性质 1 可得，$\lambda_1\lambda_2\lambda_3=|\boldsymbol{A}|=\begin{vmatrix}1&-1&1\\1&3&-1\\1&1&1\end{vmatrix}=4$.

2．C．由题意 $\boldsymbol{A}\begin{pmatrix}1\\1\\\vdots\\1\end{pmatrix}=\begin{pmatrix}a\\a\\\vdots\\a\end{pmatrix}=a\begin{pmatrix}1\\1\\\vdots\\1\end{pmatrix}$，故 a 为矩阵 $\boldsymbol{A}$ 的一个特征值，$\begin{pmatrix}1\\1\\\vdots\\1\end{pmatrix}$ 是对应的特征向量.

因为矩阵 $\boldsymbol{A}$ 非奇异，故 $a\neq 0$，又 $\left(\frac{1}{2}\boldsymbol{A}^2\right)^{-1}=2(\boldsymbol{A}^{-1})^2$，且 a^{-1} 是 $\boldsymbol{A}^{-1}$ 的一个特征值，所以矩阵 $\left(\frac{1}{2}\boldsymbol{A}^2\right)^{-1}$ 有一特征值为 $2a^{-2}$.

3．A.

4．A．因为 α 是矩阵 $\boldsymbol{A}$ 对应于特征值 λ 的特征向量，故有 $\boldsymbol{A}\alpha=\lambda\alpha$，等式两端同时左乘 $\boldsymbol{P}^{-1}$，有 $\boldsymbol{P}^{-1}\boldsymbol{A}\alpha=\boldsymbol{P}^{-1}\lambda\alpha=\lambda\boldsymbol{P}^{-1}\alpha$，由此可得

$$\boldsymbol{P}^{-1}\boldsymbol{A}\alpha=\boldsymbol{P}^{-1}\boldsymbol{AE}\alpha=\boldsymbol{P}^{-1}\boldsymbol{A}(\boldsymbol{PP}^{-1})\alpha=\boldsymbol{P}^{-1}\boldsymbol{AP}(\boldsymbol{P}^{-1}\alpha)=\lambda(\boldsymbol{P}^{-1}\alpha),$$

即矩阵 $\boldsymbol{P}^{-1}\boldsymbol{AP}$ 对应于 λ 的特征向量为 $\boldsymbol{P}^{-1}\alpha$.

二、填空题

1． $a=b$.

2． $x=-1$ 或-2.

由 $\boldsymbol{A}=\begin{pmatrix}2&0&0\\0&1&1\\0&0&x\end{pmatrix}$ 可得 $|\boldsymbol{A}|=2x$，假设 $\boldsymbol{A}^*$ 对应于特征值 -2 的特征向量为 α，则有 $\boldsymbol{A}^*\alpha=-2\alpha$，等式两端同时左乘矩阵 $\boldsymbol{A}$，可得 $\boldsymbol{AA}^*\alpha=|\boldsymbol{A}|\alpha=-2\boldsymbol{A}\alpha$，即

$$A\alpha=-\frac{|A|}{2}\alpha=-x\alpha,$$

故矩阵 A 的一个特征值为 $-x$．又由 $|A+xE|=\begin{vmatrix}2+x&0&0\\0&1+x&1\\0&0&2x\end{vmatrix}=0$ 求得 $x=-1，-2，0$．经验证，当 $x=-1$ 或 $x=-2$ 时，-2 是 A^* 的一个特征值；当 $x=0$ 时，$A^*=\begin{pmatrix}0&0&0\\0&0&-2\\0&0&2\end{pmatrix}$，易知 A^* 的特征值为0，0，2，与已知 A^* 的一个特征值为 -2 矛盾，故 $x=-1$ 或 $x=-2$．

3．E．由题意知，矩阵 A 可以对角化，即存在可逆阵 P 使得 $P^{-1}AP=\Lambda=\begin{pmatrix}-1&\\&1\end{pmatrix}$ 为对角阵，故 $A=P\Lambda P^{-1}$，$A^{2004}=P\Lambda^{2004}P^{-1}=PEP^{-1}=E$．

4．29120．由题设四阶矩阵 A 与 B 相似及教材第四章第三节定理4知，B 的特征值也为1，2，3，4．又因为 $|B|=1\times2\times3\times4=24\neq0$，所以 B 可逆，且 $B^*=|B|B^{-1}=24B^{-1}$．

因此，令 $B^*+2E=24B^{-1}+2E=\varphi(B)$．

由特征值的性质，得 $\varphi(\lambda)=\dfrac{24}{\lambda}+2$ 为 $\varphi(B)$ 的特征值，故 $\varphi(B)$ 的特征值为

$$\varphi(1)=\frac{24}{1}+2=26,\ \varphi(2)=\frac{24}{2}+2=14,\ \varphi(3)=\frac{24}{3}+2=10,\ \varphi(4)=\frac{24}{4}+2=8.$$

于是，$\left|B^*+2E\right|=29120$．

三、计算题

1．$k=-1$．

解： 由 $|A-\lambda E|=\begin{vmatrix}-\lambda&0&1\\1&1-\lambda&k\\1&0&-\lambda\end{vmatrix}\xlongequal{按第二列展开}(1-\lambda)\begin{vmatrix}-\lambda&1\\1&-\lambda\end{vmatrix}=-(\lambda+1)(\lambda-1)^2=0$，得矩阵 A 的特征值为 $\lambda_1=-1$，$\lambda_2=\lambda_3=1$．

因为矩阵 A 可对角化，所以 $\lambda_2=\lambda_3=1$ 必须对应两个线性无关的特征向量，因此齐次方程组 $(A-E)x=0$ 的基础解系中要有两个解向量，从而 $R(A-E)=1$．

$$A-E=\begin{pmatrix}-1&0&1\\1&0&k\\1&0&-1\end{pmatrix}\sim\begin{pmatrix}1&0&-1\\0&0&k+1\\0&0&0\end{pmatrix},$$

因此$k=-1$时，$R(\boldsymbol{A}-\boldsymbol{E})=1$，此时矩阵$\boldsymbol{A}$可对角化.

2. $\boldsymbol{P}=\begin{pmatrix}-\frac{1}{\sqrt{2}} & -\frac{1}{\sqrt{6}} & \frac{1}{\sqrt{3}}\\ \frac{1}{\sqrt{2}} & -\frac{1}{\sqrt{6}} & \frac{1}{\sqrt{3}}\\ 0 & \frac{2}{\sqrt{6}} & \frac{1}{\sqrt{3}}\end{pmatrix}$.

解：由

$$|\boldsymbol{A}-\lambda\boldsymbol{E}|=\begin{vmatrix}4-\lambda & 2 & 2\\ 2 & 4-\lambda & 2\\ 2 & 2 & 4-\lambda\end{vmatrix}\xlongequal{r_3-r_2}\begin{vmatrix}4-\lambda & 2 & 2\\ 2 & 4-\lambda & 2\\ 0 & -2+\lambda & 2-\lambda\end{vmatrix}$$

$$\xlongequal{r_3\div(-2+\lambda)}-(2-\lambda)\begin{vmatrix}4-\lambda & 2 & 2\\ 2 & 4-\lambda & 2\\ 0 & 1 & -1\end{vmatrix}\xlongequal{c_3+c_2}-(2-\lambda)\begin{vmatrix}4-\lambda & 2 & 4\\ 2 & 4-\lambda & 6-\lambda\\ 0 & 1 & 0\end{vmatrix}$$

$$\xlongequal{\text{按第三行展开}}-(2-\lambda)(-1)^{3+2}\begin{vmatrix}4-\lambda & 4\\ 2 & 6-\lambda\end{vmatrix}=(2-\lambda)(\lambda^2-10\lambda+16)$$

$$=-(\lambda-2)^2(\lambda-8)$$

所以$\boldsymbol{A}$的特征值为 $\lambda_1=\lambda_2=2$，$\lambda_3=8$.

对应$\lambda_1=\lambda_2=2$，解方程$(\boldsymbol{A}-2\boldsymbol{E})\boldsymbol{x}=\boldsymbol{0}$，由

$$\boldsymbol{A}-2\boldsymbol{E}=\begin{pmatrix}2&2&2\\2&2&2\\2&2&2\end{pmatrix}\overset{r}{\sim}\begin{pmatrix}1&1&1\\0&0&0\\0&0&0\end{pmatrix}$$

得基础解系 $\boldsymbol{\xi}_1=\begin{pmatrix}-1\\1\\0\end{pmatrix}$，$\boldsymbol{\xi}_2=\begin{pmatrix}-1\\0\\1\end{pmatrix}$.

将$\boldsymbol{\xi}_1,\boldsymbol{\xi}_2$正交化：取$\boldsymbol{\eta}_1=\boldsymbol{\xi}_1$，

$$\boldsymbol{\eta}_2=\boldsymbol{\xi}_2-\frac{[\boldsymbol{\eta}_1,\boldsymbol{\xi}_2]}{[\boldsymbol{\eta}_1,\boldsymbol{\eta}_1]}\boldsymbol{\eta}_1=\begin{pmatrix}-1\\0\\1\end{pmatrix}-\frac{1}{2}\begin{pmatrix}-1\\1\\0\end{pmatrix}=\frac{1}{2}\begin{pmatrix}-1\\-1\\2\end{pmatrix},$$

再将$\boldsymbol{\eta}_1,\boldsymbol{\eta}_2$单位化，得 $\boldsymbol{p}_1=\frac{1}{\sqrt{2}}\begin{pmatrix}-1\\1\\0\end{pmatrix}$，$\boldsymbol{p}_2=\frac{1}{\sqrt{6}}\begin{pmatrix}-1\\-1\\2\end{pmatrix}$.

对应$\lambda_3=8$，解方程$(\boldsymbol{A}-8\boldsymbol{E})\boldsymbol{x}=\boldsymbol{0}$. 由

$$A-8E=\begin{pmatrix}-4 & 2 & 2\\ 2 & -4 & 2\\ 2 & 2 & -4\end{pmatrix}\overset{r}{\sim}\begin{pmatrix}1 & 0 & -1\\ 0 & 1 & -1\\ 0 & 0 & 0\end{pmatrix}$$

得基础解系
$$\xi_3=\begin{pmatrix}1\\1\\1\end{pmatrix}.$$

将 ξ_3 单位化，得
$$p_3=\frac{1}{\sqrt{3}}\begin{pmatrix}1\\1\\1\end{pmatrix}.$$

将 p_1,p_2,p_3 构成正交矩阵

$$P=(p_1,p_2,p_3)=\begin{pmatrix}-\frac{1}{\sqrt{2}} & -\frac{1}{\sqrt{6}} & \frac{1}{\sqrt{3}}\\ \frac{1}{\sqrt{2}} & -\frac{1}{\sqrt{6}} & \frac{1}{\sqrt{3}}\\ 0 & \frac{2}{\sqrt{6}} & \frac{1}{\sqrt{3}}\end{pmatrix},$$

有
$$P^{-1}AP=\Lambda=\begin{pmatrix}2 & 0 & 0\\ 0 & 2 & 0\\ 0 & 0 & 8\end{pmatrix}.$$

注意：此题在求矩阵 A 的特征值时也可以采用归一法，即

$$|A-\lambda E|=\begin{vmatrix}4-\lambda & 2 & 2\\ 2 & 4-\lambda & 2\\ 2 & 2 & 4-\lambda\end{vmatrix}\xlongequal[c_1+c_3]{c_1+c_2}\begin{vmatrix}8-\lambda & 2 & 2\\ 8-\lambda & 4-\lambda & 2\\ 8-\lambda & -2+\lambda & 2-\lambda\end{vmatrix}$$

$$\xlongequal{c_1\div(8-\lambda)}(8-\lambda)\begin{vmatrix}1 & 2 & 2\\ 1 & 4-\lambda & 2\\ 1 & 2 & 4-\lambda\end{vmatrix}\xlongequal[r_3-r_1]{r_2-r_1}(8-\lambda)\begin{vmatrix}1 & 2 & 2\\ 0 & 2-\lambda & 0\\ 0 & 0 & 2-\lambda\end{vmatrix}$$

$$=-(\lambda-2)^2(\lambda-8),$$

所以 A 的特征值为 $\lambda_1=\lambda_2=2$，$\lambda_3=8$.

3．矩阵 A 的特征值为3，0，0．属于3的特征向量为$c\begin{pmatrix}1\\1\\1\end{pmatrix}$，（$c\neq 0$），属于0的特征向量为$c_1\alpha_1+c_2\alpha_2$（$c_1$ 和 c_2 不全为0）．

解：由题意知 $\boldsymbol{A}\begin{pmatrix}1\\1\\1\end{pmatrix}=\begin{pmatrix}3\\3\\3\end{pmatrix}=3\begin{pmatrix}1\\1\\1\end{pmatrix}$，故3为矩阵 $\boldsymbol{A}$ 的一个特征值，$\boldsymbol{\alpha}=\begin{pmatrix}1\\1\\1\end{pmatrix}$ 是对应的特征向量.

又因为 $\boldsymbol{\alpha}_1=\begin{pmatrix}-1\\2\\-1\end{pmatrix}$，$\boldsymbol{\alpha}_2=\begin{pmatrix}0\\-1\\1\end{pmatrix}$ 是 $\boldsymbol{Ax}=\boldsymbol{0}$ 的两个解，所以 $\boldsymbol{A\alpha}_1=\boldsymbol{0}=0\boldsymbol{\alpha}_1$，$\boldsymbol{A\alpha}_2=\boldsymbol{0}=0\boldsymbol{\alpha}_2$．又因为 $\boldsymbol{\alpha}_1,\boldsymbol{\alpha}_2$ 线性无关，故 $\boldsymbol{\alpha}_1=\begin{pmatrix}-1\\2\\-1\end{pmatrix}$，$\boldsymbol{\alpha}_2=\begin{pmatrix}0\\-1\\1\end{pmatrix}$ 是矩阵 $\boldsymbol{A}$ 的对应于特征值0的的两个线性无关的特征向量．即矩阵 $\boldsymbol{A}$ 的特征值为3，0，0．属于3的特征向量为 $c\boldsymbol{\alpha}$，（$c\neq 0$），属于0的特征向量为 $c_1\boldsymbol{\alpha}_1+c_2\boldsymbol{\alpha}_2$（$c_1$ 和 c_2 不全为0）.

4．$\boldsymbol{A}=\frac{1}{3}\begin{pmatrix}-1&0&2\\0&1&2\\2&2&0\end{pmatrix}$，$\boldsymbol{A}^{50}=\frac{1}{9}\begin{pmatrix}5&4&-2\\4&5&2\\-2&2&8\end{pmatrix}$.

解：取 $\boldsymbol{P}=\begin{pmatrix}1&2&-2\\2&-2&-1\\2&1&2\end{pmatrix}$，则有 $\boldsymbol{P}^{-1}=\frac{1}{9}\begin{pmatrix}1&2&2\\2&-2&1\\-2&-1&2\end{pmatrix}$，$\boldsymbol{P}^{-1}\boldsymbol{AP}=\begin{pmatrix}1&0&0\\0&0&0\\0&0&-1\end{pmatrix}$，故

$$\boldsymbol{A}=\boldsymbol{P}\begin{pmatrix}1&0&0\\0&0&0\\0&0&-1\end{pmatrix}\boldsymbol{P}^{-1}=\frac{1}{9}\begin{pmatrix}1&2&-2\\2&-2&-1\\2&1&2\end{pmatrix}\begin{pmatrix}1&0&0\\0&0&0\\0&0&-1\end{pmatrix}\begin{pmatrix}1&2&2\\2&-2&1\\-2&-1&2\end{pmatrix}=\frac{1}{3}\begin{pmatrix}-1&0&2\\0&1&2\\2&2&0\end{pmatrix}.$$

$$\boldsymbol{A}^{50}=\boldsymbol{P}\begin{pmatrix}1&0&0\\0&0&0\\0&0&-1\end{pmatrix}^{50}\boldsymbol{P}^{-1}=\boldsymbol{P}\begin{pmatrix}1&0&0\\0&0&0\\0&0&1\end{pmatrix}\boldsymbol{P}^{-1}=\frac{1}{9}\begin{pmatrix}5&4&-2\\4&5&2\\-2&2&8\end{pmatrix}.$$

5．$a=2$，$b=-3$，$c=2$，$\lambda=1$.

解：根据题设有 $\boldsymbol{A}^*\boldsymbol{\alpha}=\lambda\boldsymbol{\alpha}$，又因为 $\boldsymbol{AA}^*=|\boldsymbol{A}|\boldsymbol{E}=-\boldsymbol{E}$，于是 $\boldsymbol{AA}^*\boldsymbol{\alpha}=\boldsymbol{A}\lambda\boldsymbol{\alpha}=\lambda\boldsymbol{A\alpha}$，即

$$-\boldsymbol{\alpha}=\lambda\boldsymbol{A\alpha}\text{，亦即}\lambda\begin{pmatrix}a&-1&c\\5&b&3\\1-c&0&-a\end{pmatrix}\begin{pmatrix}-1\\-1\\1\end{pmatrix}=-\begin{pmatrix}-1\\-1\\1\end{pmatrix}=\begin{pmatrix}1\\1\\-1\end{pmatrix},$$

由此可得 $\begin{cases}\lambda(-a+1+c)=1\\\lambda(-5-b+3)=1\\\lambda(-1+c-a)=-1\end{cases}$，解此方程组得 $a=c$，$b=-3$，$\lambda=1$，

又由$|A|=-1$和$a=c$，有$|A|=\begin{vmatrix} a & -1 & c \\ 5 & b & 3 \\ 1-c & 0 & -a \end{vmatrix}=a-3=-1$，故$a=c=2$.

因此$a=2$，$b=-3$，$c=2$，$\lambda=1$.

6.（1）$B=\begin{pmatrix} 1 & 0 & 0 \\ 1 & 2 & 2 \\ 1 & 1 & 3 \end{pmatrix}$；（2）$\lambda_1=\lambda_2=1$，$\lambda_3=4$；

（3）$P=(\boldsymbol{\alpha}_1,\boldsymbol{\alpha}_2,\boldsymbol{\alpha}_3)\begin{pmatrix} 1 & -2 & 0 \\ 1 & 0 & 1 \\ 0 & 1 & 1 \end{pmatrix}=(\boldsymbol{\alpha}_1+\boldsymbol{\alpha}_2,-2\boldsymbol{\alpha}_1+\boldsymbol{\alpha}_3,\boldsymbol{\alpha}_2+\boldsymbol{\alpha}_3)$.

解：（1）由题意知，$A(\boldsymbol{\alpha}_1,\boldsymbol{\alpha}_2,\boldsymbol{\alpha}_3)=(\boldsymbol{\alpha}_1,\boldsymbol{\alpha}_2,\boldsymbol{\alpha}_3)\begin{pmatrix} 1 & 0 & 0 \\ 1 & 2 & 2 \\ 1 & 1 & 3 \end{pmatrix}$，所以$B=\begin{pmatrix} 1 & 0 & 0 \\ 1 & 2 & 2 \\ 1 & 1 & 3 \end{pmatrix}$；

（2）因为$\boldsymbol{\alpha}_1,\boldsymbol{\alpha}_2,\boldsymbol{\alpha}_3$是线性无关的三维列向量，可知矩阵$C=(\boldsymbol{\alpha}_1,\boldsymbol{\alpha}_2,\boldsymbol{\alpha}_3)$可逆，由（1）知，$C^{-1}AC=B$，即矩阵$A$与$B$相似，由此可得矩阵$A$与$B$有相同的特征值，由

$$|B-\lambda E|=\begin{vmatrix} 1-\lambda & 0 & 0 \\ 1 & 2-\lambda & 2 \\ 1 & 1 & 3-\lambda \end{vmatrix}=-(\lambda-1)^2(\lambda-4)=0,$$

得矩阵B的特征值，即矩阵A的特征值分别为$\lambda_1=\lambda_2=1$，$\lambda_3=4$；

（3）对应$\lambda_1=\lambda_2=1$，解齐次线性方程组$(B-E)x=\mathbf{0}$，得基础解系为$\boldsymbol{\xi}_1=\begin{pmatrix} -1 \\ 1 \\ 0 \end{pmatrix}$，$\boldsymbol{\xi}_2=\begin{pmatrix} -2 \\ 0 \\ 1 \end{pmatrix}$，对应$\lambda_3=4$，解齐次线性方程组$(B-4E)x=\mathbf{0}$，得基础解系为$\boldsymbol{\xi}_3=\begin{pmatrix} 0 \\ 1 \\ 1 \end{pmatrix}$，令矩阵$Q=(\boldsymbol{\xi}_1,\boldsymbol{\xi}_2,\boldsymbol{\xi}_3)=\begin{pmatrix} -1 & -2 & 0 \\ 1 & 0 & 1 \\ 0 & 1 & 1 \end{pmatrix}$，则$Q^{-1}BQ=\begin{pmatrix} 1 & 0 & 0 \\ 0 & 1 & 0 \\ 0 & 0 & 4 \end{pmatrix}$，

因
$$Q^{-1}BQ=Q^{-1}C^{-1}ACQ=(CQ)^{-1}ACQ,$$

记矩阵
$$P=CQ=(\boldsymbol{\alpha}_1,\boldsymbol{\alpha}_2,\boldsymbol{\alpha}_3)\begin{pmatrix} -1 & -2 & 0 \\ 1 & 0 & 1 \\ 0 & 1 & 1 \end{pmatrix}=(-\boldsymbol{\alpha}_1+\boldsymbol{\alpha}_2,-2\boldsymbol{\alpha}_1+\boldsymbol{\alpha}_3,\boldsymbol{\alpha}_2+\boldsymbol{\alpha}_3),$$

则P为所求可逆矩阵.

考研经典题剖析

1.（2021 年）已知$\boldsymbol{\alpha}_1=\begin{pmatrix}1\\0\\1\end{pmatrix}$，$\boldsymbol{\alpha}_2=\begin{pmatrix}1\\2\\1\end{pmatrix}$，$\boldsymbol{\alpha}_3=\begin{pmatrix}3\\1\\2\end{pmatrix}$，记$\boldsymbol{\beta}_1=\boldsymbol{\alpha}_1$，$\boldsymbol{\beta}_2=\boldsymbol{\alpha}_2-k\boldsymbol{\beta}_1$，$\boldsymbol{\beta}_3=\boldsymbol{\alpha}_3-l_1\boldsymbol{\beta}_1-l_2\boldsymbol{\beta}_2$，若$\boldsymbol{\beta}_1$，$\boldsymbol{\beta}_2$，$\boldsymbol{\beta}_3$两两正交，则$l_1$和$l_2$依次为（　　）.

A. $\frac{5}{2},\frac{1}{2}$　　B. $-\frac{5}{2},\frac{1}{2}$　　C. $\frac{5}{2},-\frac{1}{2}$　　D. $-\frac{5}{2},-\frac{1}{2}$

答案：A

解析：利用施密特正交化方法知

$$\boldsymbol{\beta}_1=\boldsymbol{\alpha}_1=\begin{pmatrix}1\\0\\1\end{pmatrix},$$

$$\boldsymbol{\beta}_2=\boldsymbol{\alpha}_2-\frac{[\boldsymbol{\beta}_1,\boldsymbol{\alpha}_2]}{[\boldsymbol{\beta}_1,\boldsymbol{\beta}_1]}\boldsymbol{\beta}_1=\begin{pmatrix}0\\2\\0\end{pmatrix},$$

$$\boldsymbol{\beta}_3=\boldsymbol{\alpha}_3-\frac{[\boldsymbol{\beta}_1,\boldsymbol{\alpha}_3]}{[\boldsymbol{\beta}_1,\boldsymbol{\beta}_1]}\boldsymbol{\beta}_1-\frac{[\boldsymbol{\beta}_2,\boldsymbol{\alpha}_3]}{[\boldsymbol{\beta}_2,\boldsymbol{\beta}_2]}\boldsymbol{\beta}_2,$$

故
$$l_1=\frac{[\boldsymbol{\beta}_1,\boldsymbol{\alpha}_3]}{[\boldsymbol{\beta}_1,\boldsymbol{\beta}_1]}=\frac{5}{2},\quad l_2=\frac{[\boldsymbol{\beta}_2,\boldsymbol{\alpha}_3]}{[\boldsymbol{\beta}_2,\boldsymbol{\beta}_2]}=\frac{1}{2},$$

所以答案选 A.

2.（2016 年）设$\boldsymbol{A}$、$\boldsymbol{B}$是可逆矩阵，且$\boldsymbol{A}$与$\boldsymbol{B}$相似，则下列结论中错误的是（　　）.

A. $\boldsymbol{A}^{\mathrm{T}}$与$\boldsymbol{B}^{\mathrm{T}}$相似　　B. $\boldsymbol{A}^{-1}$与$\boldsymbol{B}^{-1}$相似

C. $\boldsymbol{A}+\boldsymbol{A}^{\mathrm{T}}$与$\boldsymbol{B}+\boldsymbol{B}^{\mathrm{T}}$相似　　D. $\boldsymbol{A}+\boldsymbol{A}^{-1}$与$\boldsymbol{B}+\boldsymbol{B}^{-1}$相似

答案：C

解析：因为$\boldsymbol{A}$与$\boldsymbol{B}$相似，所以存在可逆矩阵$\boldsymbol{P}$，使得$\boldsymbol{P}^{-1}\boldsymbol{A}\boldsymbol{P}=\boldsymbol{B}$，两端取转置与逆可得：$\boldsymbol{P}^{\mathrm{T}}\boldsymbol{A}^{\mathrm{T}}(\boldsymbol{P}^{\mathrm{T}})^{-1}=\boldsymbol{B}^{\mathrm{T}}$，$\boldsymbol{P}^{-1}\boldsymbol{A}^{-1}\boldsymbol{P}=\boldsymbol{B}^{-1}$，$\boldsymbol{P}^{-1}(\boldsymbol{A}+\boldsymbol{A}^{-1})\boldsymbol{P}=\boldsymbol{B}+\boldsymbol{B}^{-1}$，可知选项 A、B、D 均正确，故答案选 C.

3.（2017 年）设矩阵$\boldsymbol{A}=\begin{pmatrix}2&0&0\\0&2&1\\0&0&1\end{pmatrix}$，$\boldsymbol{B}=\begin{pmatrix}2&1&0\\0&2&0\\0&0&1\end{pmatrix}$，$\boldsymbol{C}=\begin{pmatrix}1&0&0\\0&2&0\\0&0&2\end{pmatrix}$，则（　　）.

A. $\boldsymbol{A}$ 与 $\boldsymbol{C}$ 相似，$\boldsymbol{B}$ 与 $\boldsymbol{C}$ 相似

B. $\boldsymbol{A}$ 与 $\boldsymbol{C}$ 相似，$\boldsymbol{B}$ 与 $\boldsymbol{C}$ 不相似

C. $\boldsymbol{A}$ 与 $\boldsymbol{C}$ 不相似，$\boldsymbol{B}$ 与 $\boldsymbol{C}$ 相似

D. $\boldsymbol{A}$ 与 $\boldsymbol{C}$ 不相似，$\boldsymbol{B}$ 与 $\boldsymbol{C}$ 不相似

答案： B

解析： 由 $|\boldsymbol{A}-\lambda\boldsymbol{E}|=0$，可知 $\boldsymbol{A}$ 的特征值为 1，2，2.

因为 $R(\boldsymbol{A}-2\boldsymbol{E})=1$，所以 $\boldsymbol{A}$ 有三个线性无关的特征向量，故 $\boldsymbol{A}$ 能对角化，和 $\boldsymbol{A}$ 相似的对角阵即为 $\boldsymbol{C}=\begin{pmatrix}1&0&0\\0&2&0\\0&0&2\end{pmatrix}$.

由 $|\boldsymbol{B}-\lambda\boldsymbol{E}|=0$ 可知，$\boldsymbol{B}$ 的特征值为 1，2，2.

因为 $R(\boldsymbol{B}-2\boldsymbol{E})=2$，所以 $\boldsymbol{B}$ 没有三个线性无关的特征向量，故 $\boldsymbol{B}$ 不能对角化，因此 $\boldsymbol{B}$ 不相似于 $\boldsymbol{C}$，故答案选 B.

4.（2018 年）下列矩阵中，与矩阵 $\begin{pmatrix}1&1&0\\0&1&1\\0&0&1\end{pmatrix}$ 相似的是（　　）.

A. $\begin{pmatrix}1&1&-1\\0&1&1\\0&0&1\end{pmatrix}$

B. $\begin{pmatrix}1&0&-1\\0&1&1\\0&0&1\end{pmatrix}$

C. $\begin{pmatrix}1&1&-1\\0&1&0\\0&0&1\end{pmatrix}$

D. $\begin{pmatrix}1&0&-1\\0&1&0\\0&0&1\end{pmatrix}$

答案： A

解析： 记矩阵 $\boldsymbol{H}=\begin{pmatrix}1&1&0\\0&1&1\\0&0&1\end{pmatrix}$，则 $R(\boldsymbol{H})=3$，特征值为 1（三重），$R(\boldsymbol{H}-\boldsymbol{E})=2$.

选项 A 中：$R(\boldsymbol{A})=3$，特征值为 1（三重），$R(\boldsymbol{A}-\boldsymbol{E})=2$；

选项 B 中：$R(\boldsymbol{B})=3$，特征值为 1（三重），$R(\boldsymbol{B}-\boldsymbol{E})=1$；

选项 C 中：$R(\boldsymbol{C})=3$，特征值为 1（三重），$R(\boldsymbol{C}-\boldsymbol{E})=1$；

选项 D 中：$R(\boldsymbol{D})=3$，特征值为 1（三重），$R(\boldsymbol{D}-\boldsymbol{E})=1$.

故答案选 A.

该题考查的是相似矩阵的性质，即 $\boldsymbol{A}$ 与 $\boldsymbol{B}$ 相似，$\boldsymbol{A}$ 与 $\boldsymbol{B}$ 的特征值一定是一样

的，但是反之不成立．由于 $\boldsymbol{A}$ 与 $\boldsymbol{B}$ 相似，存在可逆矩阵 $\boldsymbol{P}$，使得 $\boldsymbol{P}^{-1}\boldsymbol{A}\boldsymbol{P}=\boldsymbol{B}$，进而可以得到

$$\boldsymbol{P}^{-1}(\boldsymbol{A}-\lambda\boldsymbol{E})\boldsymbol{P}=\boldsymbol{P}^{-1}\boldsymbol{A}\boldsymbol{P}-\boldsymbol{P}^{-1}\lambda\boldsymbol{E}\boldsymbol{P}=\boldsymbol{B}-\lambda\boldsymbol{E},$$

故
$$(\boldsymbol{A}-\lambda\boldsymbol{E})\sim(\boldsymbol{B}-\lambda\boldsymbol{E}),R(\boldsymbol{A}-\lambda\boldsymbol{E})=R(\boldsymbol{B}-\lambda\boldsymbol{E}).$$

注意：选择题 2、3、4 都是关于矩阵相似的问题．要求读者理解相似矩阵的概念、性质及矩阵可相似对角阵的充分必要条件，学会如何将矩阵化为相似对角矩阵.

5．（2021 年）设 $\boldsymbol{A}=a_{ij}$ 为三阶矩阵，A_{ij} 为代数余子式，若 $\boldsymbol{A}$ 的每行元素之和均为 2，且 $|\boldsymbol{A}|=3$，$A_{11}+A_{21}+A_{31}=$________.

答案：$\dfrac{3}{2}$

解析：由题设 $\boldsymbol{A}$ 的每行元素之和均为 2，因此有 $\boldsymbol{A}\begin{pmatrix}1\\1\\1\end{pmatrix}=2\begin{pmatrix}1\\1\\1\end{pmatrix}$，由此可得 $\lambda=2$ 为 $\boldsymbol{A}$ 的一个特征值，$\boldsymbol{\alpha}=\begin{pmatrix}1\\1\\1\end{pmatrix}$ 为对应的特征向量．因为 $|\boldsymbol{A}|=3$，$\boldsymbol{A}$ 可逆，则 $\boldsymbol{A}^*$ 的特征值为 $\dfrac{|\boldsymbol{A}|}{\lambda}=\dfrac{3}{2}$，对应的特征向量仍为 $\boldsymbol{\alpha}=\begin{pmatrix}1\\1\\1\end{pmatrix}$，即有 $\boldsymbol{A}^*\boldsymbol{\alpha}=\dfrac{3}{2}\boldsymbol{\alpha}$，

而
$$\boldsymbol{A}^*=\begin{pmatrix}A_{11}&A_{21}&A_{31}\\A_{12}&A_{22}&A_{32}\\A_{13}&A_{23}&A_{33}\end{pmatrix},\quad \boldsymbol{A}^*\begin{pmatrix}1\\1\\1\end{pmatrix}=\begin{pmatrix}A_{11}+A_{21}+A_{31}\\A_{12}+A_{22}+A_{32}\\A_{13}+A_{23}+A_{33}\end{pmatrix}=\frac{3}{2}\begin{pmatrix}1\\1\\1\end{pmatrix},$$

故
$$A_{11}+A_{21}+A_{31}=\frac{3}{2}.$$

6．（2016 年）已知矩阵 $\boldsymbol{A}=\begin{pmatrix}0&-1&1\\2&-3&0\\0&0&0\end{pmatrix}$.

（1）求 $\boldsymbol{A}^{99}$.

（2）设三阶矩阵 $\boldsymbol{B}=(\boldsymbol{\alpha}_1,\boldsymbol{\alpha}_2,\boldsymbol{\alpha}_3)$ 满足 $\boldsymbol{B}^2=\boldsymbol{B}\boldsymbol{A}$，记 $\boldsymbol{B}^{100}=(\boldsymbol{\beta}_1,\boldsymbol{\beta}_2,\boldsymbol{\beta}_3)$，将 $\boldsymbol{\beta}_1,\boldsymbol{\beta}_2,\boldsymbol{\beta}_3$ 分别表示为 $\boldsymbol{\alpha}_1,\boldsymbol{\alpha}_2,\boldsymbol{\alpha}_3$ 的线性组合.

解析：（1）由

$$|\boldsymbol{A}-\lambda\boldsymbol{E}|=\begin{vmatrix}-\lambda & -1 & 1\\ 2 & -3-\lambda & 0\\ 0 & 0 & -\lambda\end{vmatrix}=-\lambda(\lambda+1)(\lambda+2)=0,$$

解得
$$\lambda_1=0,\ \lambda_2=-1,\ \lambda_3=-2.$$

对应 $\lambda_1=0$，解方程 $\boldsymbol{Ax}=\boldsymbol{0}$．由

$$\boldsymbol{A}=\begin{pmatrix}0 & -1 & 1\\ 2 & -3 & 0\\ 0 & 0 & 0\end{pmatrix}\overset{r}{\sim}\begin{pmatrix}1 & 0 & -\dfrac{3}{2}\\ 0 & 1 & -1\\ 0 & 0 & 0\end{pmatrix}$$

得基础解系
$$\boldsymbol{p}_1=\begin{pmatrix}3\\ 2\\ 2\end{pmatrix}.$$

对应 $\lambda_2=-1$，解方程 $(\boldsymbol{A}+\boldsymbol{E})\boldsymbol{x}=\boldsymbol{0}$．由

$$\boldsymbol{A}+\boldsymbol{E}=\begin{pmatrix}1 & -1 & 1\\ 2 & -2 & 0\\ 0 & 0 & 1\end{pmatrix}\overset{r}{\sim}\begin{pmatrix}1 & -1 & 0\\ 0 & 0 & 1\\ 0 & 0 & 0\end{pmatrix}$$

得基础解系
$$\boldsymbol{p}_2=\begin{pmatrix}1\\ 1\\ 0\end{pmatrix}.$$

对应 $\lambda_3=-2$，解方程 $(\boldsymbol{A}+2\boldsymbol{E})\boldsymbol{x}=\boldsymbol{0}$．由

$$\boldsymbol{A}+2\boldsymbol{E}=\begin{pmatrix}2 & -1 & 1\\ 2 & -1 & 0\\ 0 & 0 & 2\end{pmatrix}\overset{r}{\sim}\begin{pmatrix}1 & -\dfrac{1}{2} & 0\\ 0 & 0 & 1\\ 0 & 0 & 0\end{pmatrix}$$

得基础解系
$$\boldsymbol{p}_3=\begin{pmatrix}1\\ 2\\ 0\end{pmatrix}.$$

令 $\boldsymbol{P}=(\boldsymbol{p}_1,\boldsymbol{p}_2,\boldsymbol{p}_3)$，则 $\boldsymbol{P}^{-1}\boldsymbol{AP}=\boldsymbol{\Lambda}=\begin{pmatrix}0 & & \\ & -1 & \\ & & -2\end{pmatrix}$，从而 $\boldsymbol{A}=\boldsymbol{P\Lambda P}^{-1}$，

$$A^{99}=P\Lambda^{99}P^{-1}=\begin{pmatrix}3&1&1\\2&1&2\\2&0&0\end{pmatrix}\begin{pmatrix}0&&\\&(-1)^{99}&\\&&(-2)^{99}\end{pmatrix}\begin{pmatrix}0&0&\frac{1}{2}\\2&-1&-2\\-1&1&\frac{1}{2}\end{pmatrix}$$

$$=\begin{pmatrix}2^{99}-2&1-2^{99}&2-2^{98}\\2^{100}-2&1-2^{100}&2-2^{99}\\0&0&0\end{pmatrix}.$$

（2）由 $B^2=BA$ 可知，$B^3=B\cdot B^2=B\cdot BA=B^2A=BA\cdot A=BA^2,\cdots$，故 $B^{100}=BA^{99}$，即

$$(\beta_1,\beta_2,\beta_3)=(\alpha_1,\alpha_2,\alpha_3)\begin{pmatrix}2^{99}-2&1-2^{99}&2-2^{98}\\2^{100}-2&1-2^{100}&2-2^{99}\\0&0&0\end{pmatrix},$$

则
$$\beta_1=(2^{99}-2)\alpha_1+(2^{100}-2)\alpha_2,\quad \beta_2=(1-2^{99})\alpha_1+(1-2^{100})\alpha_2,$$
$$\beta_3=(2-2^{98})\alpha_1+(2-2^{99})\alpha_2.$$

7.（2020 年）设 A 为二阶矩阵，$P=(\alpha,A\alpha)$，其中 α 是非零向量且不是 A 的特征向量，

（1）证明 P 是可逆矩阵；

（2）若 $A^2\alpha+A\alpha-6\alpha=0$，求 $P^{-1}AP$，并判断 A 是否相似于对角矩阵.

解析：（1）证明：因为 α 是非零向量且不是 A 的特征向量，所以 α 与 $A\alpha$ 线性无关（若线性相关，则 $A\alpha=\lambda\alpha$ 与已知矛盾），故 P 的列向量线性无关，则 P 是可逆矩阵.

（2）由已知可得

$$AP=A(\alpha,A\alpha)=(A\alpha,A^2\alpha)=(A\alpha,-A\alpha+6\alpha)=(\alpha,A\alpha)\begin{pmatrix}0&6\\1&-1\end{pmatrix}=P\begin{pmatrix}0&6\\1&-1\end{pmatrix},$$

所以 $P^{-1}AP=\begin{pmatrix}0&6\\1&-1\end{pmatrix}$. 记 $\begin{pmatrix}0&6\\1&-1\end{pmatrix}=B$，则 A 与 B 相似，

$$|A-\lambda E|=|B-\lambda E|=\begin{vmatrix}-\lambda&6\\1&-1-\lambda\end{vmatrix}=\lambda^2+\lambda-6=(\lambda-2)(\lambda+3),$$

故 A 与 B 的特征值为 $\lambda_1=2$，$\lambda_2=-3$，因为特征值互异，所以 A 与对角矩阵相似.

8.（2017 年）设三阶矩阵 $A=(\alpha_1,\alpha_2,\alpha_3)$ 有 3 个不同的特征值，且 $\alpha_3=\alpha_1+2\alpha_2$.

（1）证明：$R(A)=2$.

（2）若 $\beta=\alpha_1+\alpha_2+\alpha_3$，求方程组 $Ax=\beta$ 的通解.

解析：（1）证明：由 $\alpha_3=\alpha_1+2\alpha_2$ 可得 $\alpha_1,\alpha_2,\alpha_3$ 线性相关.

因此，$|A|=|\alpha_1,\alpha_2,\alpha_3|=0$，即$A$的特征值必有0.

又因为A有三个不同的特征值，则三个特征值中只有一个0，另外两个非0，且由于A一定可以相似对角阵，则可设其相似对角矩阵$\Lambda=\begin{pmatrix}\lambda_1 & & \\ & \lambda_2 & \\ & & 0\end{pmatrix}$，$\lambda_1,\lambda_2\neq 0$，所以$R(A)=R(\Lambda)=2$.

（2）因为$R(A)=2$，所以$Ax=0$的基础解系只有一个解向量，又因为$\alpha_3=\alpha_1+2\alpha_2$，因此$\alpha_1+2\alpha_2-\alpha_3=0$，即基础解系的解向量为$(1,2,-1)^{\mathrm{T}}$，又因为$\beta=\alpha_1+\alpha_2+\alpha_3$，故$Ax=\beta$的特解为$(1,1,1)^{\mathrm{T}}$，所以$Ax=\beta$的通解为$k(1,2,-1)^{\mathrm{T}}+(1,1,1)^{\mathrm{T}}$，$k\in\mathbf{R}$.

第五章　二次型

基本要求

1．熟悉二次型及其矩阵表示，知道二次型的秩，掌握用正交变换把二次型化为标准形的方法．

2．了解用配方法化二次型为规范形的方法，知道惯性定理．

3．知道二次型的正定性及其判别方法．

内容提要

一、二次型

1．含有 n 个变量 $x_1, x_2, \cdots, x_n$ 的二次齐次函数

$$f(x_1, x_2, \cdots, x_n) = a_{11}x_1^2 + a_{22}x_2^2 + \cdots + a_{nn}x_n^2 + 2a_{12}x_1x_2 + 2a_{13}x_1x_3 + \cdots + 2a_{n-1,n}x_{n-1}x_n$$

称为二次型．

令 $a_{ij} = a_{ji}$， $\boldsymbol{A} = \begin{pmatrix} a_{11} & a_{12} & \cdots & a_{1n} \\ a_{21} & a_{22} & \cdots & a_{2n} \\ \vdots & \vdots & & \vdots \\ a_{n1} & a_{n2} & \cdots & a_{nn} \end{pmatrix}$， $\boldsymbol{x} = \begin{pmatrix} x_1 \\ x_2 \\ \vdots \\ x_n \end{pmatrix}$，则二次型可记作 $f = \boldsymbol{x}^{\mathrm{T}}\boldsymbol{A}\boldsymbol{x}$，对称阵 $\boldsymbol{A}$ 叫作二次型 f 的矩阵，也把 f 叫作对称阵 $\boldsymbol{A}$ 的二次型．对称阵 $\boldsymbol{A}$ 的秩叫作二次型 f 的秩．

2．二次型研究的主要问题是寻求可逆变换 $\boldsymbol{x} = \boldsymbol{C}\boldsymbol{y}$ ，使

$$f(\boldsymbol{C}\boldsymbol{y}) = (\boldsymbol{C}\boldsymbol{y})^{\mathrm{T}}\boldsymbol{A}(\boldsymbol{C}\boldsymbol{y}) = \boldsymbol{y}^{\mathrm{T}}(\boldsymbol{C}^{\mathrm{T}}\boldsymbol{A}\boldsymbol{C})\boldsymbol{y} = k_1y_1^2 + k_2y_2^2 + \cdots + k_ny_n^2 .$$

这种只含平方项的二次型，称为二次型的标准形（或法式）．特别地，如果标准形中的系数 k_i 只在 1，−1，0 三个数中取值，那么这个标准形称为二次型的规范形．

3．设 $\boldsymbol{A}$ 和 $\boldsymbol{B}$ 是 n 阶矩阵，若有可逆矩阵 $\boldsymbol{C}$ ，使 $\boldsymbol{B} = \boldsymbol{C}^{\mathrm{T}}\boldsymbol{A}\boldsymbol{C}$ ，则称矩阵 $\boldsymbol{A}$ 与 $\boldsymbol{B}$ 合同．

显然，若 $\boldsymbol{A}$ 为对称阵，则 $\boldsymbol{B}=\boldsymbol{C}^{\mathrm{T}}\boldsymbol{A}\boldsymbol{C}$ 也为对称矩阵，并且 $R(\boldsymbol{B})=R(\boldsymbol{A})$．经可逆变换 $\boldsymbol{x}=\boldsymbol{C}\boldsymbol{y}$ 后，二次型 f 的矩阵由 $\boldsymbol{A}$ 变为与 $\boldsymbol{A}$ 合同的矩阵 $\boldsymbol{C}^{\mathrm{T}}\boldsymbol{A}\boldsymbol{C}$，且二次型的秩不变.

4．任给二次型 $f=\sum_{i,j=1}^{n}a_{ij}x_ix_j$（$a_{ij}=a_{ji}$），总有正交变换 $\boldsymbol{x}=\boldsymbol{P}\boldsymbol{y}$，使 f 化为标准形 $f=\lambda_1y_1^2+\lambda_2y_2^2+\cdots+\lambda_ny_n^2$，其中 $\lambda_1,\lambda_2,\cdots,\lambda_n$ 是 f 的矩阵 $\boldsymbol{A}$ 的全部特征值.

5．配方法是化二次型成为标准形（或规范形）的一种较简便的方法.

二、正定二次型

1．惯性定理

设有二次型 $f=\boldsymbol{x}^{\mathrm{T}}\boldsymbol{A}\boldsymbol{x}$，它的秩为 r，有两个可逆变换

$$\boldsymbol{x}=\boldsymbol{C}\boldsymbol{y} \quad 及 \quad \boldsymbol{x}=\boldsymbol{P}\boldsymbol{z}$$

使

$$f=k_1y_1^2+k_2y_2^2+\cdots+k_ry_r^2 \ （k_i\neq 0），$$

及

$$f=\lambda_1z_1^2+\lambda_2z_2^2+\cdots+\lambda_rz_r^2 \ （\lambda_i\neq 0），$$

则 $k_1,k_2,\cdots,k_r$ 中正的个数和 $\lambda_1,\lambda_2,\cdots,\lambda_r$ 中正的个数相等.

二次型 f 的标准形中正（负）系数的个数称为二次型的正（负）惯性指数.

若二次型的正惯性指数为 p，秩为 r，则 f 的规范形便可确定为

$$f=y_1^2+\cdots+y_p^2-y_{p+1}^2-\cdots-y_r^2.$$

2．设有二次型 $f=\boldsymbol{x}^{\mathrm{T}}\boldsymbol{A}\boldsymbol{x}$，如果对任何 $\boldsymbol{x}\neq\boldsymbol{0}$，都有 $f(\boldsymbol{x})>0$（显然 $f(\boldsymbol{0})=0$），则称 f 为正定二次型，并称对称矩阵 $\boldsymbol{A}$ 是正定的；如果对任何 $\boldsymbol{x}\neq\boldsymbol{0}$，都有 $f(\boldsymbol{x})<0$，则称 f 为负定二次型，并称对称矩阵 $\boldsymbol{A}$ 是负定的.

3．二次型 $f=\boldsymbol{x}^{\mathrm{T}}\boldsymbol{A}\boldsymbol{x}$ 正定的充分必要条件是：它的标准形的 n 个系数全为正，即它的正惯性指数等于 n.

4．对称阵 $\boldsymbol{A}$ 为正定的充分必要条件是：$\boldsymbol{A}$ 的特征值全为正.

5．对称矩阵 $\boldsymbol{A}$ 为正定的充分必要条件是：$\boldsymbol{A}$ 的各阶顺序主子式全为正，即

$$a_{11}>0,\begin{vmatrix}a_{11}&a_{12}\\a_{21}&a_{22}\end{vmatrix}>0,\cdots,\begin{vmatrix}a_{11}&\cdots&a_{1n}\\\vdots&\cdots&\vdots\\a_{n1}&\cdots&a_{nn}\end{vmatrix}>0,$$

$\boldsymbol{A}$ 为负定的充分必要条件是：$\boldsymbol{A}$ 的奇数阶顺序主子式为负，而偶数阶顺序主子式为正，即

$$(-1)^r\begin{vmatrix}a_{11}&\cdots&a_{1r}\\\vdots&\cdots&\vdots\\a_{r1}&\cdots&a_{rr}\end{vmatrix}>0 \ （r=1,2,\cdots,n）.$$

典型方法与范例

例 1 求二次型 $f(x_1,x_2,x_3)=x_1^2-4x_1x_2+2x_1x_3-2x_2^2+6x_3^2$ 的秩.

解: 二次型的矩阵为

$$\boldsymbol{A}=\begin{pmatrix}1 & -2 & 1\\ -2 & -2 & 0\\ 1 & 0 & 6\end{pmatrix}$$

对 $\boldsymbol{A}$ 做初等行变换有

$$\boldsymbol{A}=\begin{pmatrix}1 & -2 & 1\\ -2 & -2 & 0\\ 1 & 0 & 6\end{pmatrix}\sim\begin{pmatrix}1 & -2 & 1\\ 0 & -6 & 2\\ 0 & 2 & 5\end{pmatrix}\sim\begin{pmatrix}1 & -2 & 1\\ 0 & 2 & 5\\ 0 & 0 & 17\end{pmatrix},$$

所以 $R(\boldsymbol{A})=3$，即二次型的秩为 3.

例 2 写出二次型 $f(x_1,x_2,x_3)=\boldsymbol{x}^{\mathrm{T}}\begin{pmatrix}1 & 2 & 3\\ 4 & 5 & 6\\ 7 & 8 & 9\end{pmatrix}\boldsymbol{x}$ 的矩阵.

解:

$$\begin{aligned}f(x_1,x_2,x_3)&=\boldsymbol{x}^{\mathrm{T}}\begin{pmatrix}1 & 2 & 3\\ 4 & 5 & 6\\ 7 & 8 & 9\end{pmatrix}\boldsymbol{x}=(x_1,x_2,x_3)\begin{pmatrix}1 & 2 & 3\\ 4 & 5 & 6\\ 7 & 8 & 9\end{pmatrix}\begin{pmatrix}x_1\\ x_2\\ x_3\end{pmatrix}\\ &=x_1^2+5x_2^2+9x_3^2+6x_1x_2+10x_1x_3+14x_2x_3\\ &=\boldsymbol{x}^{\mathrm{T}}\begin{pmatrix}1 & 3 & 5\\ 3 & 5 & 7\\ 5 & 7 & 9\end{pmatrix}\boldsymbol{x}\end{aligned}$$

于是 f 的矩阵

$$\boldsymbol{A}=\begin{pmatrix}1 & 3 & 5\\ 3 & 5 & 7\\ 5 & 7 & 9\end{pmatrix}$$

例 3 求一个正交变换把二次曲面的方程 $3x^2+5y^2+5z^2+4xy-4xz-10yz=1$ 化为标准方程.

解: 记二次曲面 $f=1$，则 f 为二次型，它的矩阵为

$$\boldsymbol{A}=\begin{pmatrix}3 & 2 & -2\\ 2 & 5 & -5\\ -2 & -5 & 5\end{pmatrix},$$

由 $$|\boldsymbol{A}-\lambda\boldsymbol{E}|=\begin{vmatrix}3-\lambda & 2 & -2\\ 2 & 5-\lambda & -5\\ -2 & -5 & 5-\lambda\end{vmatrix}\xlongequal[r_3\div(-\lambda)]{r_3+r_2}-\lambda\begin{vmatrix}3-\lambda & 2 & -2\\ 2 & 5-\lambda & -5\\ 0 & 1 & 1\end{vmatrix}$$

$$\xlongequal{c_2-c_3}-\lambda\begin{vmatrix}3-\lambda & 4 & -2\\ 2 & 10-\lambda & -5\\ 0 & 0 & 1\end{vmatrix}=-\lambda\begin{vmatrix}3-\lambda & 4\\ 2 & 10-\lambda\end{vmatrix}$$

$$=-\lambda(\lambda-2)(\lambda-11),$$

得 $\boldsymbol{A}$ 的特征值为 $\lambda_1=0$，$\lambda_2=2$，$\lambda_3=11$.

对应 $\lambda_1=0$，解方程 $\boldsymbol{Ax}=\boldsymbol{0}$，由

$$\boldsymbol{A}=\begin{pmatrix}3 & 2 & -2\\ 2 & 5 & -5\\ -2 & -5 & 5\end{pmatrix}\overset{r}{\sim}\begin{pmatrix}1 & 0 & 0\\ 0 & 1 & -1\\ 0 & 0 & 0\end{pmatrix}$$

得基础解系 $$\boldsymbol{\xi}_1=\begin{pmatrix}0\\1\\1\end{pmatrix},$$

单位化得单位特征向量 $$\boldsymbol{p}_1=\frac{1}{\sqrt{2}}\begin{pmatrix}0\\1\\1\end{pmatrix};$$

对应 $\lambda_2=2$，解方程 $(\boldsymbol{A}-2\boldsymbol{E})\boldsymbol{x}=\boldsymbol{0}$，由

$$\boldsymbol{A}-2\boldsymbol{E}=\begin{pmatrix}1 & 2 & -2\\ 2 & 3 & -5\\ -2 & -5 & 3\end{pmatrix}\overset{r}{\sim}\begin{pmatrix}1 & 0 & -4\\ 0 & 1 & 1\\ 0 & 0 & 0\end{pmatrix}$$

得基础解系 $$\boldsymbol{\xi}_2=\begin{pmatrix}4\\-1\\1\end{pmatrix},$$

单位化得单位特征向量 $$\boldsymbol{p}_2=\frac{1}{3\sqrt{2}}\begin{pmatrix}4\\-1\\1\end{pmatrix};$$

对应 $\lambda_3=11$，解方程 $(\boldsymbol{A}-11\boldsymbol{E})\boldsymbol{x}=\boldsymbol{0}$，由

$$\boldsymbol{A}-11\boldsymbol{E}=\begin{pmatrix}-8 & 2 & -2\\ 2 & -6 & -5\\ -2 & -5 & -6\end{pmatrix}\overset{r}{\sim}\begin{pmatrix}2 & 0 & 1\\ -2 & 1 & 0\\ 0 & 0 & 0\end{pmatrix}$$

得基础解系
$$\boldsymbol{\xi}_3=\begin{pmatrix}1\\2\\-2\end{pmatrix},$$

单位化得单位特征向量
$$\boldsymbol{p}_3=\frac{1}{3}\begin{pmatrix}1\\2\\-2\end{pmatrix};$$

令 $\boldsymbol{P}=(\boldsymbol{p}_1,\boldsymbol{p}_2,\boldsymbol{p}_3)=\begin{pmatrix}0&\frac{4}{3\sqrt{2}}&\frac{1}{3}\\\frac{1}{\sqrt{2}}&-\frac{1}{3\sqrt{2}}&\frac{2}{3}\\\frac{1}{\sqrt{2}}&\frac{1}{3\sqrt{2}}&-\frac{2}{3}\end{pmatrix}$，则 $\boldsymbol{P}$ 为正交阵，并且正交变换

$$\begin{pmatrix}x\\y\\z\end{pmatrix}=\begin{pmatrix}0&\frac{4}{3\sqrt{2}}&\frac{1}{3}\\\frac{1}{\sqrt{2}}&-\frac{1}{3\sqrt{2}}&\frac{2}{3}\\\frac{1}{\sqrt{2}}&\frac{1}{3\sqrt{2}}&-\frac{2}{3}\end{pmatrix}\begin{pmatrix}u\\v\\w\end{pmatrix}$$

即为所求，在此变换下，二次曲面的方程化为标准方程 $2v^2+11w^2=1$，它是一个椭圆柱面.

例 4 用配方法化二次型

$$f=x_1^2+6x_2^2+5x_3^2-4x_1x_2+4x_1x_3-12x_2x_3$$

为标准形，并求所用的变换矩阵.

解：先将含 x_1 的项配方，有

$$\begin{aligned}f&=x_1^2+6x_2^2+5x_3^2-4x_1x_2+4x_1x_3-12x_2x_3\\&=\left[x_1^2-4x_1(x_2-x_3)+4(x_2-x_3)^2\right]+2x_2^2+x_3^2-4x_2x_3,\end{aligned}$$

继续对含有 x_2 的项配方，有

$$f=(x_1-2x_2+2x_3)^2+2(x_2-x_3)^2-x_3^2,$$

令
$$\begin{cases}y_1=x_1-2x_2+2x_3\\y_2=x_2-x_3\\y_3=x_3\end{cases},$$

即
$$\begin{pmatrix}y_1\\y_2\\y_3\end{pmatrix}=\begin{pmatrix}1&-2&2\\0&1&-1\\0&0&1\end{pmatrix}\begin{pmatrix}x_1\\x_2\\x_3\end{pmatrix},$$

所求的可逆变换为 $$\begin{pmatrix} x_1 \\ x_2 \\ x_3 \end{pmatrix} = \begin{pmatrix} 1 & 2 & 0 \\ 0 & 1 & 1 \\ 0 & 0 & 1 \end{pmatrix} \begin{pmatrix} y_1 \\ y_2 \\ y_3 \end{pmatrix},$$

相应的变换矩阵为 $$C = \begin{pmatrix} 1 & 2 & 0 \\ 0 & 1 & 1 \\ 0 & 0 & 1 \end{pmatrix} \quad (|C| = 1 \neq 0),$$

将原二次型化为标准形 $$f = y_1^2 + 2y_2^2 - y_3^2.$$

例 5　用配方法化二次型

$$f = x_1x_2 + x_2x_3 + x_1x_3$$

为标准形，并求所用的变换矩阵.

解：因为 f 中不含平方项只含混合项，故要先作一个辅助变换使其出现平方项，然后按例 4 的方式进行配方.

令 $$\begin{cases} x_1 = y_1 + y_2 \\ x_2 = y_1 - y_2 \\ x_3 = y_3 \end{cases},$$

即 $$\begin{pmatrix} x_1 \\ x_2 \\ x_3 \end{pmatrix} = \begin{pmatrix} 1 & 1 & 0 \\ 1 & -1 & 0 \\ 0 & 0 & 1 \end{pmatrix} \begin{pmatrix} y_1 \\ y_2 \\ y_3 \end{pmatrix},$$

则原二次型化为 $$f = y_1^2 - y_2^2 + 2y_1y_3 = (y_1 + y_3)^2 - y_2^2 - y_3^2.$$

再令 $$\begin{cases} z_1 = y_1 + y_3 \\ z_2 = y_2 \\ z_3 = y_3 \end{cases},$$

即 $$\begin{pmatrix} z_1 \\ z_2 \\ z_3 \end{pmatrix} = \begin{pmatrix} 1 & 0 & 1 \\ 0 & 1 & 0 \\ 0 & 0 & 1 \end{pmatrix} \begin{pmatrix} y_1 \\ y_2 \\ y_3 \end{pmatrix},$$

或 $$\begin{pmatrix} y_1 \\ y_2 \\ y_3 \end{pmatrix} = \begin{pmatrix} 1 & 0 & -1 \\ 0 & 1 & 0 \\ 0 & 0 & 1 \end{pmatrix} \begin{pmatrix} z_1 \\ z_2 \\ z_3 \end{pmatrix},$$

则原二次型化为标准形 $$f = z_1^2 - z_2^2 - z_3^2,$$

相应的变换矩阵为

$$C = \begin{pmatrix} 1 & 1 & 0 \\ 1 & -1 & 0 \\ 0 & 0 & 1 \end{pmatrix} \begin{pmatrix} 1 & 0 & -1 \\ 0 & 1 & 0 \\ 0 & 0 & 1 \end{pmatrix} = \begin{pmatrix} 1 & 1 & -1 \\ 1 & -1 & -1 \\ 0 & 0 & 1 \end{pmatrix} \quad (|C| = -2 \neq 0).$$

习题选解

4．求一个正交变换化下列二次型为标准形：

（1）$f=2x_1^2+3x_2^2+3x_3^2+4x_2x_3$；（2）$f=x_1^2+x_3^2+2x_1x_2-2x_2x_3$．

解：（1）二次型的矩阵为$\boldsymbol{A}=\begin{pmatrix}2&0&0\\0&3&2\\0&2&3\end{pmatrix}$．

由

$$|\boldsymbol{A}-\lambda\boldsymbol{E}|=\begin{vmatrix}2-\lambda&0&0\\0&3-\lambda&2\\0&2&3-\lambda\end{vmatrix}\xlongequal{\text{按第一行展开}}(2-\lambda)\begin{vmatrix}3-\lambda&2\\2&3-\lambda\end{vmatrix}=(2-\lambda)(\lambda-5)(\lambda-1)$$

所以$\boldsymbol{A}$的特征值为$\lambda_1=2$，$\lambda_2=5$，$\lambda_3=1$．

对应$\lambda_1=2$，解方程$(\boldsymbol{A}-2\boldsymbol{E})\boldsymbol{x}=\boldsymbol{0}$，由

$$\boldsymbol{A}-2\boldsymbol{E}=\begin{pmatrix}0&0&0\\0&1&2\\0&2&1\end{pmatrix}\overset{r}{\sim}\begin{pmatrix}0&1&0\\0&0&1\\0&0&0\end{pmatrix}$$

得基础解系 $\boldsymbol{\xi}_1=\begin{pmatrix}1\\0\\0\end{pmatrix}$，取$\boldsymbol{p}_1=\begin{pmatrix}1\\0\\0\end{pmatrix}$．

对应$\lambda_2=5$，解方程$(\boldsymbol{A}-5\boldsymbol{E})\boldsymbol{x}=\boldsymbol{0}$．由

$$\boldsymbol{A}-5\boldsymbol{E}=\begin{pmatrix}-3&0&0\\0&-2&2\\0&2&-2\end{pmatrix}\overset{r}{\sim}\begin{pmatrix}1&0&0\\0&1&-1\\0&0&0\end{pmatrix}$$

得基础解系 $\boldsymbol{\xi}_2=\begin{pmatrix}0\\1\\1\end{pmatrix}$，取$\boldsymbol{p}_2=\begin{pmatrix}0\\\frac{1}{\sqrt{2}}\\\frac{1}{\sqrt{2}}\end{pmatrix}$．

对应$\lambda_3=1$，解方程$(\boldsymbol{A}-\boldsymbol{E})\boldsymbol{x}=\boldsymbol{0}$．由

$$\boldsymbol{A}-\boldsymbol{E}=\begin{pmatrix}1&0&0\\0&2&2\\0&2&2\end{pmatrix}\overset{r}{\sim}\begin{pmatrix}1&0&0\\0&1&1\\0&0&0\end{pmatrix}$$

得基础解系 $\boldsymbol{\xi}_3=\begin{pmatrix}0\\-1\\1\end{pmatrix}$，取 $\boldsymbol{p}_3=\begin{pmatrix}0\\-\frac{1}{\sqrt{2}}\\\frac{1}{\sqrt{2}}\end{pmatrix}$.

令 $\boldsymbol{P}=(\boldsymbol{p}_1,\boldsymbol{p}_2,\boldsymbol{p}_3)=\begin{pmatrix}1&0&0\\0&\frac{1}{\sqrt{2}}&-\frac{1}{\sqrt{2}}\\0&\frac{1}{\sqrt{2}}&\frac{1}{\sqrt{2}}\end{pmatrix}$，有 $\boldsymbol{P}^{-1}\boldsymbol{AP}=\boldsymbol{\Lambda}=\begin{pmatrix}2&0&0\\0&5&0\\0&0&1\end{pmatrix}$.

于是有正交变换

$$\begin{pmatrix}x_1\\x_2\\x_3\end{pmatrix}=\begin{pmatrix}1&0&0\\0&\frac{1}{\sqrt{2}}&-\frac{1}{\sqrt{2}}\\0&\frac{1}{\sqrt{2}}&\frac{1}{\sqrt{2}}\end{pmatrix}\begin{pmatrix}y_1\\y_2\\y_3\end{pmatrix},$$

把二次型 f 化成标准形 $f=2y_1^2+5y_2^2+y_3^2$.

（2）二次型的矩阵为 $\boldsymbol{A}=\begin{pmatrix}1&1&0\\1&0&-1\\0&-1&1\end{pmatrix}$.

由

$$|\boldsymbol{A}-\lambda\boldsymbol{E}|=\begin{vmatrix}1-\lambda&1&0\\1&-\lambda&-1\\0&-1&1-\lambda\end{vmatrix}=(1-\lambda)(-1)^{1+1}\begin{vmatrix}-\lambda&-1\\-1&1-\lambda\end{vmatrix}+(-1)^{1+2}\begin{vmatrix}1&-1\\0&1-\lambda\end{vmatrix}$$
$$=(1-\lambda)(\lambda-2)(\lambda+1),$$

所以 $\boldsymbol{A}$ 的特征值为 $\lambda_1=-1$，$\lambda_2=1$，$\lambda_3=2$.

对应 $\lambda_1=-1$，解方程 $(\boldsymbol{A}+\boldsymbol{E})\boldsymbol{x}=\boldsymbol{0}$，由

$$\boldsymbol{A}+\boldsymbol{E}=\begin{pmatrix}2&1&0\\1&1&-1\\0&-1&2\end{pmatrix}\overset{r}{\sim}\begin{pmatrix}1&0&1\\0&1&-2\\0&0&0\end{pmatrix}$$

得基础解系 $\boldsymbol{\xi}_1=\begin{pmatrix}-1\\2\\1\end{pmatrix}$，取 $\boldsymbol{p}_1=\frac{1}{\sqrt{6}}\begin{pmatrix}-1\\2\\1\end{pmatrix}$.

对应$\lambda_2=1$，解方程$(\boldsymbol{A}-\boldsymbol{E})\boldsymbol{x}=\boldsymbol{0}$．由

$$\boldsymbol{A}-\boldsymbol{E}=\begin{pmatrix}0&1&0\\1&-1&-1\\0&-1&0\end{pmatrix}\overset{r}{\sim}\begin{pmatrix}1&0&-1\\0&1&0\\0&0&0\end{pmatrix}$$

得基础解系
$$\boldsymbol{\xi}_2=\begin{pmatrix}1\\0\\1\end{pmatrix}，取\ \boldsymbol{p}_2=\begin{pmatrix}\frac{1}{\sqrt{2}}\\0\\\frac{1}{\sqrt{2}}\end{pmatrix}.$$

对应$\lambda_3=2$，解方程$(\boldsymbol{A}-2\boldsymbol{E})\boldsymbol{x}=\boldsymbol{0}$．由

$$\boldsymbol{A}-2\boldsymbol{E}=\begin{pmatrix}-1&1&0\\1&-2&-1\\0&-1&-1\end{pmatrix}\overset{r}{\sim}\begin{pmatrix}1&0&1\\0&1&1\\0&0&0\end{pmatrix}$$

得基础解系
$$\boldsymbol{\xi}_3=\begin{pmatrix}1\\1\\-1\end{pmatrix}，取\ \boldsymbol{p}_3=\begin{pmatrix}\frac{1}{\sqrt{3}}\\\frac{1}{\sqrt{3}}\\-\frac{1}{\sqrt{3}}\end{pmatrix}.$$

令$\boldsymbol{P}=(\boldsymbol{p}_1,\boldsymbol{p}_2,\boldsymbol{p}_3)=\begin{pmatrix}-\frac{1}{\sqrt{6}}&\frac{1}{\sqrt{2}}&\frac{1}{\sqrt{3}}\\\frac{2}{\sqrt{6}}&0&\frac{1}{\sqrt{3}}\\\frac{1}{\sqrt{6}}&\frac{1}{\sqrt{2}}&-\frac{1}{\sqrt{3}}\end{pmatrix}$，有 $\boldsymbol{P}^{-1}\boldsymbol{A}\boldsymbol{P}=\boldsymbol{\Lambda}=\begin{pmatrix}-1&0&0\\0&1&0\\0&0&2\end{pmatrix}$.

于是有正交变换

$$\begin{pmatrix}x_1\\x_2\\x_3\end{pmatrix}=\begin{pmatrix}-\frac{1}{\sqrt{6}}&\frac{1}{\sqrt{2}}&\frac{1}{\sqrt{3}}\\\frac{2}{\sqrt{6}}&0&\frac{1}{\sqrt{3}}\\\frac{1}{\sqrt{6}}&\frac{1}{\sqrt{2}}&-\frac{1}{\sqrt{3}}\end{pmatrix}\begin{pmatrix}y_1\\y_2\\y_3\end{pmatrix},$$

把二次型f化成标准形

$$f=-y_1^2+y_2^2+2y_3^2.$$

5．用配方法化下列二次型为标准形，并写出相应的变换矩阵：

（1） $f=2x_2^2-x_3^2+4x_1x_2-4x_1x_3-4x_2x_3$；（2） $f=2x_1x_2+4x_1x_3$．

解：（1）将含 x_2 的项配方，有

$$\begin{aligned}f&=2x_2^2+4x_2(x_1-x_3)-x_3^2-4x_1x_3\\&=2\left[x_2+(x_1-x_3)\right]^2-2(x_1-x_3)^2-x_3^2-4x_1x_3\\&=2\left[x_2+(x_1-x_3)\right]^2-2x_1^2-3x_3^2,\end{aligned}$$

令
$$\begin{cases}y_1=x_1\\y_2=x_1+x_2-x_3\\y_3=x_3\end{cases},$$

即
$$\begin{pmatrix}y_1\\y_2\\y_3\end{pmatrix}=\begin{pmatrix}1&0&0\\1&1&-1\\0&0&1\end{pmatrix}\begin{pmatrix}x_1\\x_2\\x_3\end{pmatrix},$$

所求的可逆变换为
$$\begin{pmatrix}x_1\\x_2\\x_3\end{pmatrix}=\begin{pmatrix}1&0&0\\-1&1&1\\0&0&1\end{pmatrix}\begin{pmatrix}y_1\\y_2\\y_3\end{pmatrix},$$

相应的变换矩阵为
$$\boldsymbol{C}=\begin{pmatrix}1&0&0\\-1&1&1\\0&0&1\end{pmatrix}\quad（|\boldsymbol{C}|=1\neq 0），$$

将原二次型化为标准形　$f=-2y_1^2+2y_2^2-3y_3^2$．

（2）因为 f 中不含平方项只含混合项，故要先作一个辅助变换使其出现平方项，然后再进行配方．

令
$$\begin{cases}x_1=y_1+y_2\\x_2=y_1-y_2\\x_3=y_3\end{cases},$$

即 $\begin{pmatrix}x_1\\x_2\\x_3\end{pmatrix}=\begin{pmatrix}1&1&0\\1&-1&0\\0&0&1\end{pmatrix}\begin{pmatrix}y_1\\y_2\\y_3\end{pmatrix}$，则原二次型化为

$$f=2y_1^2-2y_2^2+4y_1y_3+4y_2y_3=2(y_1+y_3)^2-2(y_2-y_3)^2.$$

再令
$$\begin{cases}z_1=y_1+y_3\\z_2=y_2-y_3\\z_3=y_3\end{cases},$$

即
$$\begin{pmatrix} z_1 \\ z_2 \\ z_3 \end{pmatrix} = \begin{pmatrix} 1 & 0 & 1 \\ 0 & 1 & -1 \\ 0 & 0 & 1 \end{pmatrix} \begin{pmatrix} y_1 \\ y_2 \\ y_3 \end{pmatrix}$$
或
$$\begin{pmatrix} y_1 \\ y_2 \\ y_3 \end{pmatrix} = \begin{pmatrix} 1 & 0 & -1 \\ 0 & 1 & 1 \\ 0 & 0 & 1 \end{pmatrix} \begin{pmatrix} z_1 \\ z_2 \\ z_3 \end{pmatrix},$$
则原二次型化为标准形
$$f = 2z_1^2 - 2z_2^2,$$
相应的变换矩阵为
$$\boldsymbol{C} = \begin{pmatrix} 1 & 1 & 0 \\ 1 & -1 & 0 \\ 0 & 0 & 1 \end{pmatrix} \begin{pmatrix} 1 & 0 & -1 \\ 0 & 1 & 1 \\ 0 & 0 & 1 \end{pmatrix} = \begin{pmatrix} 1 & 1 & 0 \\ 1 & -1 & -2 \\ 0 & 0 & 1 \end{pmatrix} \quad (|\boldsymbol{C}| = -2 \neq 0).$$

6．判断下列二次型的正定性：

（1）$f = -2x_1^2 - 6x_2^2 - 4x_3^2 + 2x_1x_2 + 2x_1x_3$；

（2）$f = x_1^2 + 3x_2^2 + 9x_3^2 + 19x_4^2 - 2x_1x_2 + 4x_1x_3 + 2x_1x_4 - 6x_2x_4 - 12x_3x_4$．

解：（1）二次型 f 的矩阵为
$$\boldsymbol{A} = \begin{pmatrix} -2 & 1 & 1 \\ 1 & -6 & 0 \\ 1 & 0 & -4 \end{pmatrix},$$
因为
$$|-2| = -2 < 0, \quad \begin{vmatrix} -2 & 1 \\ 1 & -6 \end{vmatrix} = 11 > 0, \quad \begin{vmatrix} -2 & 1 & 1 \\ 1 & -6 & 0 \\ 1 & 0 & -4 \end{vmatrix} = -38 < 0,$$
所以，由教材第五章第三节定理 5 知，矩阵 $\boldsymbol{A}$ 负定，从而二次型 f 负定．

（2）二次型 f 的矩阵为
$$\boldsymbol{A} = \begin{pmatrix} 1 & -1 & 2 & 1 \\ -1 & 3 & 0 & -3 \\ 2 & 0 & 9 & -6 \\ 1 & -3 & -6 & 19 \end{pmatrix},$$
因为
$$|1| = 1 > 0, \quad \begin{vmatrix} 1 & -1 \\ -1 & 3 \end{vmatrix} = 2 > 0, \quad \begin{vmatrix} 1 & -1 & 2 \\ -1 & 3 & 0 \\ 2 & 0 & 9 \end{vmatrix} = 6 > 0, \quad \begin{vmatrix} 1 & -1 & 2 & 1 \\ -1 & 3 & 0 & -3 \\ 2 & 0 & 9 & -6 \\ 1 & -3 & -6 & 19 \end{vmatrix} = 24 > 0,$$

所以，矩阵 $\boldsymbol{A}$ 正定，二次型 f 也正定.

7．设 $f=x_1^2+x_2^2+5x_3^2+2ax_1x_2-2x_1x_3+4x_2x_3$ 为正定二次型，求 a .

解： 方法一　用霍尔维茨定理，对 f 的矩阵 $\boldsymbol{A}$ 进行讨论.

$$\boldsymbol{A}=\begin{pmatrix}1 & a & -1\\ a & 1 & 2\\ -1 & 2 & 5\end{pmatrix},$$

由霍尔维茨定理，$\boldsymbol{A}$ 正定 $\Leftrightarrow \begin{vmatrix}1 & a\\ a & 1\end{vmatrix}>0$ 且 $|\boldsymbol{A}|>0$.

由 $\begin{vmatrix}1 & a\\ a & 1\end{vmatrix}>0\Rightarrow a^2<1$；由 $|\boldsymbol{A}|=-a(5a+4)>0\Rightarrow -\dfrac{4}{5}<a<0$，

综上所述，当 $-\dfrac{4}{5}<a<0$ 时，$\boldsymbol{A}$ 正定，从而二次型 f 正定.

方法二　将 f 用配方法化为标准形，再利用惯性定理进行判定.

$$\begin{aligned}f&=(x_1+ax_2-x_3)^2+(1-a^2)x_2^2+4x_3^2+2(a+2)x_2x_3\\&=(x_1+ax_2-x_3)^2+4\left[x_3+\frac{1}{4}(a+2)x_2\right]^2+\left[1-a^2-\frac{1}{4}(a+2)^2\right]x_2^2,\end{aligned}$$

于是 f 在可逆线性变换下化为标准形，其系数依次为1，4，$1-a^2-\dfrac{1}{4}(a+2)^2$.

由惯性定理，f正定 $\Leftrightarrow$ 标准形的每个系数均为正 $\Leftrightarrow 1-a^2-\dfrac{1}{4}(a+2)^2>0$，即 $-\dfrac{4}{5}<a<0$.

8．证明对称阵 $\boldsymbol{A}$ 为正定的充分必要条件是存在可逆矩阵 $\boldsymbol{U}$，使 $\boldsymbol{A}=\boldsymbol{U}^{\mathrm{T}}\boldsymbol{U}$.

证明： 因为对称阵 $\boldsymbol{A}$ 是正定的，所以存在正交矩阵 $\boldsymbol{P}$，使得

$$\boldsymbol{P}^{\mathrm{T}}\boldsymbol{AP}=\boldsymbol{\Lambda}=\begin{pmatrix}\lambda_1 & & & \\ & \lambda_2 & & \\ & & \ddots & \\ & & & \lambda_n\end{pmatrix}$$

为对角矩阵，即 $\boldsymbol{A}=\boldsymbol{P\Lambda P}^{\mathrm{T}}$，其中 $\lambda_1,\lambda_2,\cdots,\lambda_n$ 均为正数.

令 $\boldsymbol{\Lambda}_1=\begin{pmatrix}\sqrt{\lambda_1} & & & \\ & \sqrt{\lambda_2} & & \\ & & \ddots & \\ & & & \sqrt{\lambda_n}\end{pmatrix}$，则 $\boldsymbol{\Lambda}=\boldsymbol{\Lambda}_1\boldsymbol{\Lambda}_1$, $\boldsymbol{A}=\boldsymbol{P\Lambda}_1\boldsymbol{\Lambda}_1\boldsymbol{P}^{\mathrm{T}}$.

再令 $\boldsymbol{U}=\boldsymbol{\Lambda}_1^{\mathrm{T}}\boldsymbol{P}^{\mathrm{T}}$，则 $\boldsymbol{U}$ 可逆，且 $\boldsymbol{A}=\boldsymbol{U}^{\mathrm{T}}\boldsymbol{U}$.

单元测试

一、选择题

1．二次型 $f(x_1,x_2,x_3)=x_1^2+x_2^2-2x_1x_2$ 的矩阵是（　　）.

A. $\begin{pmatrix}1 & -2\\0 & 1\end{pmatrix}$　　B. $\begin{pmatrix}1 & -1\\-1 & 1\end{pmatrix}$

C. $\begin{pmatrix}1 & -2 & 0\\0 & 1 & 0\\0 & 0 & 0\end{pmatrix}$　　D. $\begin{pmatrix}1 & -1 & 0\\-1 & 1 & 0\\0 & 0 & 0\end{pmatrix}$

2．设 $\boldsymbol{A}$ 和 $\boldsymbol{B}$ 均是 n 阶矩阵，且 $\boldsymbol{A}$ 与 $\boldsymbol{B}$ 合同，则（　　）.

A．$\boldsymbol{A}$ 与 $\boldsymbol{B}$ 有相同的特征值　　B．$|\boldsymbol{A}|=|\boldsymbol{B}|$

C．$\boldsymbol{A}$ 与 $\boldsymbol{B}$ 相似　　D．$R(\boldsymbol{A})=R(\boldsymbol{B})$

3.二次型 $f(x_1,x_2,x_3)=x_1^2+2x_2^2+9x_3^2+2x_1x_2+6x_2x_3$ 的正惯性指数与负惯性指数及符号差分别为（　　）.

A．2，0，2　　B．2，0，0

C．2，1，1　　D．1，1，0

4．若 $\boldsymbol{A}$ 为 n 阶实对称矩阵，且二次型 $f(x_1,x_2,\cdots,x_n)=\boldsymbol{x}^{\mathrm{T}}\boldsymbol{A}\boldsymbol{x}$ 正定，则下列结论中不正确的是（　　）.

A．$\boldsymbol{A}$ 的特征值全为正

B．$\boldsymbol{A}$ 的一切顺序主子式全为正

C．二次型的标准形的 n 个系数全为正

D．对一切 n 维列向量 $\boldsymbol{x}$，$\boldsymbol{x}^{\mathrm{T}}\boldsymbol{A}\boldsymbol{x}$ 全为正

二、填空题

1．二次型 $f(x_1,x_2,x_3,x_4)=2x_1x_2-ax_3x_4$ 的秩为 2，则 $a=$________.

2．写出实对称矩阵 $\boldsymbol{A}=\begin{pmatrix}0 & \frac{1}{2} & -3\\ \frac{1}{2} & 0 & \frac{5}{2}\\ -3 & \frac{5}{2} & 0\end{pmatrix}$ 所确定的二次型 $f(x_1,x_2,x_3)=$________.

3．二次型 $f(x_1,x_2,x_3)=\boldsymbol{x}^{\mathrm{T}}\begin{pmatrix}1&4&0\\0&4&0\\0&0&0\end{pmatrix}\boldsymbol{x}$ 的秩为________．

4．若 $\boldsymbol{A}$ 为正定矩阵，且 $\boldsymbol{A}^{\mathrm{T}}\boldsymbol{A}=\boldsymbol{E}$，则 $|\boldsymbol{A}|=$________．

三、计算题

1．求二次型 $f(x_1,x_2,x_3)=(2x_1+x_2+4x_3)^2$ 的秩．

2．设二次型 $f(x_1,x_2,x_3)=x_1^2+x_2^2+x_3^2+2ax_1x_2+2bx_2x_3+2x_1x_3$ 经正交变换 $\boldsymbol{x}=\boldsymbol{P}\boldsymbol{y}$ 可化成 $f=y_1^2+2y_3^2$，试求常数 a 和 b．

3．已知二次型 $f(x_1,x_2,x_3)=5x_1^2+5x_2^2+cx_3^2-2x_1x_2+6x_1x_3-6x_2x_3$ 的秩为 2，

（1）求常数 c；

（2）求正交变换 $\boldsymbol{x}=\boldsymbol{P}\boldsymbol{y}$ 化二次型 f 为标准形．

4．用配方法将二次型 $f(x_1,x_2,x_3,x_4)=2x_1x_2-2x_3x_4$ 化为标准形，并求所用的变换矩阵．

5．判断二次型 $f(x_1,x_2,x_3)=x_1^2+2x_2^2+6x_3^2+2x_1x_2+2x_1x_3+6x_2x_3$ 的正定性．

6．问 t 为何值时，二次型 $f(x_1,x_2,x_3)=2{x_1}^2+{x_2}^2+3{x_3}^2+2tx_1x_2+2x_1x_3$ 是正定二次型．

单元测试解答

一、选择题

1．D．

2．D．

3．A．由配方法将二次型 $f(x_1,x_2,x_3)=x_1^2+2x_2^2+9x_3^2+2x_1x_2+6x_2x_3$ 化为标准形为 $f={y_1}^2+{y_2}^2$，因此正惯性指数与负惯性指数及符号差分别为 2、0、2，故答案选 A．

4．D．

二、填空题

1．0．二次型 $f(x_1,x_2,x_3,x_4)=2x_1x_2-ax_3x_4$ 的矩阵为 $\begin{pmatrix}0&1&0&0\\1&0&0&0\\0&0&0&-\dfrac{a}{2}\\0&0&-\dfrac{a}{2}&0\end{pmatrix}$，故可知 $a=0$．

2．$f(x_1,x_2,x_3)=x_1x_2-6x_1x_3+5x_2x_3$．

3．1．由 $f(x_1,x_2,x_3)=\boldsymbol{x}^{\mathrm{T}}\begin{pmatrix}1&4&0\\0&4&0\\0&0&0\end{pmatrix}\boldsymbol{x}=x_1^2+4x_2^2+4x_1x_2$ 得二次型 f 的矩阵

$$\boldsymbol{A}=\begin{pmatrix}1&2&0\\2&4&0\\0&0&0\end{pmatrix}，又\boldsymbol{A}=\begin{pmatrix}1&2&0\\2&4&0\\0&0&0\end{pmatrix}\sim\begin{pmatrix}1&2&0\\0&0&0\\0&0&0\end{pmatrix},$$

所以 $R(\boldsymbol{A})=1$，故二次型 f 的秩也为 1.

4．1．对 $\boldsymbol{A}^{\mathrm{T}}\boldsymbol{A}=\boldsymbol{E}$ 两端同求行列式有 $|\boldsymbol{A}^{\mathrm{T}}\boldsymbol{A}|=|\boldsymbol{A}|^2=1$，又由于 $\boldsymbol{A}$ 为正定矩阵，故 $|\boldsymbol{A}|>0$，由此 $|\boldsymbol{A}|=1$．

三、计算题

1．1．

解： $f(x_1,x_2,x_3)=(2x_1+x_2+4x_3)^2=4x_1^2+x_2^2+16x_3^2+4x_1x_2+16x_1x_3+8x_2x_3$，

所以其矩阵
$$\boldsymbol{A}=\begin{pmatrix}4&2&8\\2&1&4\\8&4&16\end{pmatrix}.$$

又由 $\boldsymbol{A}=\begin{pmatrix}4&2&8\\2&1&4\\8&4&16\end{pmatrix}\sim\begin{pmatrix}2&1&4\\0&0&0\\0&0&0\end{pmatrix}$ 知，$R(\boldsymbol{A})=1$，故二次型 f 的秩也为 1.

2．$a=b=0$．

解： 因为二次型 $f=\boldsymbol{x}^{\mathrm{T}}\boldsymbol{A}\boldsymbol{x}$ 经正交变换化为标准形时，标准形中平方项的系数即为矩阵 $\boldsymbol{A}=\begin{pmatrix}1&a&1\\a&1&b\\1&b&1\end{pmatrix}$ 的特征值，所以 $\boldsymbol{A}$ 的特征值为 1，0，2．将特征值 1，0

代入特征方程满足：

$$\begin{cases} |\boldsymbol{A}-\boldsymbol{E}|=\begin{vmatrix} 0 & a & 1 \\ a & 0 & b \\ 1 & b & 0 \end{vmatrix}=2ab=0 \\ |\boldsymbol{A}-0\boldsymbol{E}|=\begin{vmatrix} 1 & a & 1 \\ a & 1 & b \\ 1 & b & 1 \end{vmatrix}=-(a-b)^2=0 \end{cases},$$

解方程得 $a=b=0$.

3．（1） $c=3$；

（2）正交矩阵 $\boldsymbol{P}=\begin{pmatrix} -\frac{1}{\sqrt{6}} & \frac{1}{\sqrt{2}} & \frac{1}{\sqrt{3}} \\ \frac{1}{\sqrt{6}} & \frac{1}{\sqrt{2}} & -\frac{1}{\sqrt{3}} \\ \frac{2}{\sqrt{6}} & 0 & \frac{1}{\sqrt{3}} \end{pmatrix}$，二次型的标准形 $f=4y_2^2+9y_3^2$.

解：（1）二次型 $f(x_1,x_2,x_3)=5x_1^2+5x_2^2+cx_3^2-2x_1x_2+6x_1x_3-6x_2x_3$ 的矩阵 $\boldsymbol{A}=\begin{pmatrix} 5 & -1 & 3 \\ -1 & 5 & -3 \\ 3 & -3 & c \end{pmatrix}$，由题设 $R(\boldsymbol{A})=2$，所以由 $|\boldsymbol{A}|=\begin{vmatrix} 5 & -1 & 3 \\ -1 & 5 & -3 \\ 3 & -3 & c \end{vmatrix}=24c-72=0$，可得 $c=3$.

（2）二次型的矩阵为

$$\boldsymbol{A}=\begin{pmatrix} 5 & -1 & 3 \\ -1 & 5 & -3 \\ 3 & -3 & 3 \end{pmatrix}.$$

由

$$|\boldsymbol{A}-\lambda\boldsymbol{E}|=\begin{vmatrix} 5-\lambda & -1 & 3 \\ -1 & 5-\lambda & -3 \\ 3 & -3 & 3-\lambda \end{vmatrix}\xlongequal{c_2+c_1}\begin{vmatrix} 5-\lambda & 4-\lambda & 3 \\ -1 & 4-\lambda & -3 \\ 3 & 0 & 3-\lambda \end{vmatrix}\xlongequal{c_2\div(4-\lambda)}(4-\lambda)\begin{vmatrix} 5-\lambda & 1 & 3 \\ -1 & 1 & -3 \\ 3 & 0 & 3-\lambda \end{vmatrix}$$

$$\xlongequal{r_1-r_2}(4-\lambda)\begin{vmatrix} 6-\lambda & 0 & 6 \\ -1 & 1 & -3 \\ 3 & 0 & 3-\lambda \end{vmatrix}\xlongequal{\text{按第二列展开}}(4-\lambda)\begin{vmatrix} 6-\lambda & 6 \\ 3 & 3-\lambda \end{vmatrix}=-\lambda(\lambda-4)(\lambda-9)$$

所以 $\boldsymbol{A}$ 的特征值为 $\lambda_1=0$，$\lambda_2=4$，$\lambda_3=9$.

对应 $\lambda_1=0$，解方程 $\boldsymbol{Ax}=\boldsymbol{0}$，由

$$A=\begin{pmatrix}5&-1&3\\-1&5&-3\\3&-3&3\end{pmatrix}\overset{r}{\sim}\begin{pmatrix}1&0&\frac{1}{2}\\0&1&-\frac{1}{2}\\0&0&0\end{pmatrix}$$

得基础解系$\boldsymbol{\xi}_1=\begin{pmatrix}-1\\1\\2\end{pmatrix}$，将$\boldsymbol{\xi}_1$单位化，得$\boldsymbol{p}_1=\frac{1}{\sqrt{6}}\begin{pmatrix}-1\\1\\2\end{pmatrix}$.

对应$\lambda_2=4$，解方程$(\boldsymbol{A}-4\boldsymbol{E})\boldsymbol{x}=\boldsymbol{0}$，由

$$\boldsymbol{A}-4\boldsymbol{E}=\begin{pmatrix}1&-1&3\\-1&1&-3\\3&-3&-1\end{pmatrix}\overset{r}{\sim}\begin{pmatrix}1&-1&0\\0&0&1\\0&0&0\end{pmatrix}$$

得基础解系$\boldsymbol{\xi}_2=\begin{pmatrix}1\\1\\0\end{pmatrix}$，将$\boldsymbol{\xi}_2$单位化，得$\boldsymbol{p}_2=\frac{1}{\sqrt{2}}\begin{pmatrix}1\\1\\0\end{pmatrix}$.

对应$\lambda_3=9$，解方程$(\boldsymbol{A}-9\boldsymbol{E})\boldsymbol{x}=\boldsymbol{0}$，由

$$\boldsymbol{A}-9\boldsymbol{E}=\begin{pmatrix}-4&-1&3\\-1&-4&-3\\3&-3&-6\end{pmatrix}\overset{r}{\sim}\begin{pmatrix}1&0&-1\\0&1&1\\0&0&0\end{pmatrix}$$

得基础解系$\boldsymbol{\xi}_3=\begin{pmatrix}1\\-1\\1\end{pmatrix}$，将$\boldsymbol{\xi}_3$单位化，得$\boldsymbol{p}_3=\frac{1}{\sqrt{3}}\begin{pmatrix}1\\-1\\1\end{pmatrix}$.

将$\boldsymbol{p}_1,\boldsymbol{p}_2,\boldsymbol{p}_3$构成正交矩阵

$$\boldsymbol{P}=(\boldsymbol{p}_1,\boldsymbol{p}_2,\boldsymbol{p}_3)=\begin{pmatrix}-\frac{1}{\sqrt{6}}&\frac{1}{\sqrt{2}}&\frac{1}{\sqrt{3}}\\\frac{1}{\sqrt{6}}&\frac{1}{\sqrt{2}}&-\frac{1}{\sqrt{3}}\\\frac{2}{\sqrt{6}}&0&\frac{1}{\sqrt{3}}\end{pmatrix},$$

使
$$\boldsymbol{P}^{\mathrm{T}}\boldsymbol{A}\boldsymbol{P}=\boldsymbol{\Lambda}=\begin{pmatrix}0&0&0\\0&4&0\\0&0&9\end{pmatrix}$$

于是有正交变换(

$$x=\begin{pmatrix}-\frac{1}{\sqrt{6}} & \frac{1}{\sqrt{2}} & \frac{1}{\sqrt{3}}\\ \frac{1}{\sqrt{6}} & \frac{1}{\sqrt{2}} & -\frac{1}{\sqrt{3}}\\ \frac{2}{\sqrt{6}} & 0 & \frac{1}{\sqrt{3}}\end{pmatrix}y,$$

把二次型 f 化成标准形

$$f=4y_2^2+9y_3^2.$$

4．$f=2y_1^2-2y_2^2-2y_3^2+2y_4^2$，$C=\begin{pmatrix}1&1&0&0\\1&-1&0&0\\0&0&1&1\\0&0&1&-1\end{pmatrix}$.

解：因为 f 中不含平方项只含混合项，故要先作一个辅助变换使其出现平方项，然后再进行配方.

令
$$\begin{cases}x_1=y_1+y_2\\x_2=y_1-y_2\\x_3=y_3+y_4\\x_4=y_3-y_4\end{cases},$$

即
$$\begin{pmatrix}x_1\\x_2\\x_3\\x_4\end{pmatrix}=\begin{pmatrix}1&1&0&0\\1&-1&0&0\\0&0&1&1\\0&0&1&-1\end{pmatrix}\begin{pmatrix}y_1\\y_2\\y_3\\y_4\end{pmatrix},$$

则原二次型直接可化为标准形，即

$$f=2y_1^2-2y_2^2-2y_3^2+2y_4^2.$$

相应的变换矩阵为

$$C=\begin{pmatrix}1&1&0&0\\1&-1&0&0\\0&0&1&1\\0&0&1&-1\end{pmatrix}\quad(|C|=4\neq 0).$$

5．正定.

解：二次型 f 的矩阵为

$$A=\begin{pmatrix}1&1&1\\1&2&3\\1&3&6\end{pmatrix},$$

因为

$$|1|=1>0,\quad \begin{vmatrix}1 & 1\\1 & 2\end{vmatrix}=1>0,\quad \begin{vmatrix}1 & 1 & 1\\1 & 2 & 3\\1 & 3 & 6\end{vmatrix}=1>0,$$

所以，由霍尔维茨定理知矩阵 $\boldsymbol{A}$ 是正定矩阵，二次型 f 是正定二次型.

6. $-\sqrt{\dfrac{5}{3}}<t<\sqrt{\dfrac{5}{3}}$.

解： f 对应的矩阵为 $\boldsymbol{A}=\begin{pmatrix}2 & t & 1\\t & 1 & 0\\1 & 0 & 3\end{pmatrix}$,

若 f 正定，则有

$$\begin{cases}\begin{vmatrix}2 & t\\t & 1\end{vmatrix}>0\\|\boldsymbol{A}|>0\end{cases}\quad 即 \begin{cases}2-t^2>0\\-3t^2+5>0\end{cases},$$

从而解得

$$-\sqrt{\frac{5}{3}}<t<\sqrt{\frac{5}{3}}.$$

考研经典题剖析

1.（2015 年）设二次型 $f(x_1,x_2,x_3)$ 在正交变换 $\boldsymbol{x}=\boldsymbol{P}\boldsymbol{y}$ 下的标准形为 $2y_1^2+y_2^2-y_3^2$，其中 $\boldsymbol{P}=(\boldsymbol{e}_1,\boldsymbol{e}_2,\boldsymbol{e}_3)$，若 $\boldsymbol{Q}=(\boldsymbol{e}_1,-\boldsymbol{e}_3,\boldsymbol{e}_2)$，则 $f(x_1,x_2,x_3)$ 在正交变换 $\boldsymbol{x}=\boldsymbol{Q}\boldsymbol{y}$ 下的标准形为（　　）.

A. $2y_1^2-y_2^2+y_3^2$　　B. $2y_1^2+y_2^2-y_3^2$

C. $2y_1^2-y_2^2-y_3^2$　　D. $2y_1^2+y_2^2+y_3^2$

答案： A

解析： 由 $\boldsymbol{x}=\boldsymbol{P}\boldsymbol{y}$，故 $f=\boldsymbol{x}^{\mathrm{T}}\boldsymbol{A}\boldsymbol{x}=\boldsymbol{y}^{\mathrm{T}}(\boldsymbol{P}^{\mathrm{T}}\boldsymbol{A}\boldsymbol{P})\boldsymbol{y}=2y_1^2+y_2^2-y_3^2$，且

$$\boldsymbol{P}^{\mathrm{T}}\boldsymbol{A}\boldsymbol{P}=\begin{pmatrix}2 & 0 & 0\\0 & 1 & 0\\0 & 0 & -1\end{pmatrix}.$$

又因为 $\boldsymbol{Q}=(\boldsymbol{e}_1,-\boldsymbol{e}_3,\boldsymbol{e}_2)=\boldsymbol{P}\begin{pmatrix}1 & 0 & 0\\0 & 0 & 1\\0 & -1 & 0\end{pmatrix}=\boldsymbol{P}\boldsymbol{C}$,

有$Q^{\mathrm T}AQ=C^{\mathrm T}(P^{\mathrm T}AP)C=\begin{pmatrix}1&0&0\\0&0&-1\\0&1&0\end{pmatrix}\begin{pmatrix}2&0&0\\0&1&0\\0&0&-1\end{pmatrix}\begin{pmatrix}1&0&0\\0&0&1\\0&-1&0\end{pmatrix}=\begin{pmatrix}2&0&0\\0&-1&0\\0&0&1\end{pmatrix}$，

所以$f=x^{\mathrm T}Ax=y^{\mathrm T}(Q^{\mathrm T}AQ)y=2y_1^2-y_2^2+y_3^2$，故答案选 A.

2.（2019 年）设A是三阶实对称矩阵，E是三阶单位矩阵，若$A^2+A=2E$，且$|A|=4$，则二次型$f=x^{\mathrm T}Ax$的规范形为（　　）.

A．$y_1^2+y_2^2+y_3^2$　　B．$y_1^2+y_2^2-y_3^2$

C．$y_1^2-y_2^2-y_3^2$　　D．$-y_1^2-y_2^2-y_3^2$

答案：C

解析：由$A^2+A=2E$，可知矩阵A的特征值满足方程$\lambda^2+\lambda-2=0$，解得，$\lambda=1$或$\lambda=-2$，再由$|A|=4$可知，矩阵A的所有特征值为$\lambda_1=1$，$\lambda_2=\lambda_3=-2$，所以规范形为$y_1^2-y_2^2-y_3^2$．故答案选 C.

3.（2021 年）二次型$f(x_1,x_2,x_3)=(x_1+x_2)^2+(x_2+x_3)^2-(x_3-x_1)^2$的正惯性指数与负惯性指数依次为（　　）.

A．2，0　　B．1，1　　C．2，1　　D．1，2

答案：B

解析：

$$f(x_1,x_2,x_3)=(x_1+x_2)^2+(x_2+x_3)^2-(x_3-x_1)^2=2x_2^2+2x_1x_2+2x_2x_3+2x_1x_3,$$

所以$A=\begin{pmatrix}0&1&1\\1&2&1\\1&1&0\end{pmatrix}$，特征多项式为

$$|A-\lambda E|=\begin{vmatrix}-\lambda&1&1\\1&2-\lambda&1\\1&1&-\lambda\end{vmatrix}=-\lambda(\lambda+1)(\lambda-3),$$

得特征值为$\lambda_1=0$，$\lambda_2=-1$，$\lambda_3=3$，故该二次型的正惯性指数为 1，负惯性指数为 1. 故答案选 B.

4.（2017 年）设二次型$f(x_1,x_2,x_3)=2x_1^2-x_2^2+ax_3^2+2x_1x_2-8x_1x_3+2x_2x_3$，在正交变换$x=Qy$下的标准形为$\lambda_1y_1^2+\lambda_2y_2^2$，求$a$的值及一个正交矩阵$Q$.

解析：二次型对应的矩阵为$A=\begin{pmatrix}2&1&-4\\1&-1&1\\-4&1&a\end{pmatrix}$，因为标准形为$\lambda_1y_1^2+\lambda_2y_2^2$，所以$|A|=0$，从而求得$a=2$，由

$$|\boldsymbol{A}-\lambda\boldsymbol{E}|=\begin{vmatrix}2-\lambda & 1 & -4\\ 1 & -1-\lambda & 1\\ -4 & 1 & 2-\lambda\end{vmatrix}\xlongequal{c_3-c_1}\begin{vmatrix}2-\lambda & 1 & -6+\lambda\\ 1 & -1-\lambda & 0\\ -4 & 1 & 6-\lambda\end{vmatrix}$$

$$\xlongequal{c_3\div(6-\lambda)}(6-\lambda)\begin{vmatrix}2-\lambda & 1 & -1\\ 1 & -1-\lambda & 0\\ -4 & 1 & 1\end{vmatrix}\xlongequal{r_1+r_3}(6-\lambda)\begin{vmatrix}-2-\lambda & 2 & 0\\ 1 & -1-\lambda & 0\\ -4 & 1 & 1\end{vmatrix}$$

$$=(6-\lambda)\begin{vmatrix}-2-\lambda & 2\\ 1 & -1-\lambda\end{vmatrix}=\lambda(\lambda+3)(6-\lambda)=0$$

解得 $\lambda_1=0$，$\lambda_2=-3$，$\lambda_3=6$．

对应 $\lambda_1=0$，解方程 $\boldsymbol{Ax}=\boldsymbol{0}$．由

$$\boldsymbol{A}=\begin{pmatrix}2 & 1 & -4\\ 1 & -1 & 1\\ -4 & 1 & 2\end{pmatrix}\overset{r}{\sim}\begin{pmatrix}1 & 0 & -1\\ 0 & 1 & -2\\ 0 & 0 & 0\end{pmatrix}$$

得基础解系
$$\boldsymbol{\xi}_1=\begin{pmatrix}1\\ 2\\ 1\end{pmatrix}，取\ \boldsymbol{p}_1=\begin{pmatrix}\frac{1}{\sqrt{6}}\\ \frac{2}{\sqrt{6}}\\ \frac{1}{\sqrt{6}}\end{pmatrix}.$$

对应 $\lambda_2=-3$，解方程 $(\boldsymbol{A}+3\boldsymbol{E})\boldsymbol{x}=\boldsymbol{0}$．由

$$\boldsymbol{A}+3\boldsymbol{E}=\begin{pmatrix}5 & 1 & -4\\ 1 & 2 & 1\\ -4 & 1 & 5\end{pmatrix}\overset{r}{\sim}\begin{pmatrix}1 & 0 & -1\\ 0 & 1 & 1\\ 0 & 0 & 0\end{pmatrix}$$

得基础解系
$$\boldsymbol{\xi}_2=\begin{pmatrix}1\\ -1\\ 1\end{pmatrix}，取\ \boldsymbol{p}_2=\begin{pmatrix}\frac{1}{\sqrt{3}}\\ -\frac{1}{\sqrt{3}}\\ \frac{1}{\sqrt{3}}\end{pmatrix}.$$

对应 $\lambda_3=6$，解方程 $(\boldsymbol{A}-6\boldsymbol{E})\boldsymbol{x}=\boldsymbol{0}$．由

$$\boldsymbol{A}-6\boldsymbol{E}=\begin{pmatrix}-4 & 1 & -4\\ 1 & -7 & 1\\ -4 & 1 & -4\end{pmatrix}\overset{r}{\sim}\begin{pmatrix}1 & 0 & 1\\ 0 & 1 & 0\\ 0 & 0 & 0\end{pmatrix}$$

得基础解系 $\xi_3=\begin{pmatrix}-1\\0\\1\end{pmatrix}$，取 $p_3=\begin{pmatrix}-\frac{1}{\sqrt{2}}\\0\\\frac{1}{\sqrt{2}}\end{pmatrix}$.

从而正交矩阵 $Q=\begin{pmatrix}\frac{1}{\sqrt{6}}&\frac{1}{\sqrt{3}}&-\frac{1}{\sqrt{2}}\\\frac{2}{\sqrt{6}}&-\frac{1}{\sqrt{3}}&0\\\frac{1}{\sqrt{6}}&\frac{1}{\sqrt{3}}&\frac{1}{\sqrt{2}}\end{pmatrix}$.

5.（2020 年）设二次型

$$f(x_1,x_2)=x_1^2-4x_1x_2+4x_2^2,$$

经正交变换 $\begin{pmatrix}x_1\\x_2\end{pmatrix}=Q\begin{pmatrix}y_1\\y_2\end{pmatrix}$ 化为二次型 $g(y_1,y_2)=ay_1^2+4y_1y_2+by_2^2$，其中 $a\geqslant b$.

（1）求 a 和 b 的值；

（2）求正交矩阵 Q.

解析：（1）二次型 $f(x_1,x_2)$ 的矩阵为 $A=\begin{pmatrix}1&-2\\-2&4\end{pmatrix}$，二次型 $g(y_1,y_2)$ 的矩阵为 $B=\begin{pmatrix}a&2\\2&b\end{pmatrix}$. 由于正交变换不改变特征值，则有 $|A|=|B|$，$tr(A)=tr(B)$（A 和 B 主对角线上元素的和相等），即 $ab=4$，$a+b=5$，解得 $\begin{cases}a=1\\b=4\end{cases}$（舍去），$\begin{cases}a=4\\b=1\end{cases}$.

（2）先分别将 $f(x_1,x_2)$ 和 $g(y_1,y_2)$ 通过正交变换化为标准形，$A=\begin{pmatrix}1&-2\\-2&4\end{pmatrix}$ 的特征值为 0，5，

特征向量分别为 $\begin{pmatrix}2\\1\end{pmatrix}$ 和 $\begin{pmatrix}1\\-2\end{pmatrix}$，单位化可得 $\begin{pmatrix}\frac{2}{\sqrt{5}}\\\frac{1}{\sqrt{5}}\end{pmatrix}$ 和 $\begin{pmatrix}\frac{1}{\sqrt{5}}\\-\frac{2}{\sqrt{5}}\end{pmatrix}$，令

$Q_1=\begin{pmatrix}\frac{2}{\sqrt{5}}&\frac{1}{\sqrt{5}}\\\frac{1}{\sqrt{5}}&-\frac{2}{\sqrt{5}}\end{pmatrix}$，则 $Q_1^{\mathrm{T}}AQ_1=\begin{pmatrix}0&\\&5\end{pmatrix}$，因为 A 和 B 具有相同的特征值，则 B 的

特征值也为0,5,易求得特征向量分别为$\begin{pmatrix}-1\\2\end{pmatrix}$和$\begin{pmatrix}2\\1\end{pmatrix}$,单位化可得$\begin{pmatrix}-\frac{1}{\sqrt{5}}\\\frac{2}{\sqrt{5}}\end{pmatrix}$和$\begin{pmatrix}\frac{2}{\sqrt{5}}\\\frac{1}{\sqrt{5}}\end{pmatrix}$,

令$\boldsymbol{Q}_2=\begin{pmatrix}-\frac{1}{\sqrt{5}} & \frac{2}{\sqrt{5}}\\\frac{2}{\sqrt{5}} & \frac{1}{\sqrt{5}}\end{pmatrix}$，则$\boldsymbol{Q}_2^{\mathrm{T}}\boldsymbol{B}\boldsymbol{Q}_2=\begin{pmatrix}0 & \\ & 5\end{pmatrix}$.

由$\boldsymbol{Q}_1^{\mathrm{T}}\boldsymbol{A}\boldsymbol{Q}_1=\boldsymbol{Q}_2^{\mathrm{T}}\boldsymbol{B}\boldsymbol{Q}_2$，可知$\boldsymbol{Q}_2\boldsymbol{Q}_1^{\mathrm{T}}\boldsymbol{A}\boldsymbol{Q}_1\boldsymbol{Q}_2^{\mathrm{T}}=\boldsymbol{B}$，则

$$\boldsymbol{Q}=\boldsymbol{Q}_1\boldsymbol{Q}_2^{\mathrm{T}}=\begin{pmatrix}\frac{2}{\sqrt{5}} & \frac{1}{\sqrt{5}}\\\frac{1}{\sqrt{5}} & -\frac{2}{\sqrt{5}}\end{pmatrix}\begin{pmatrix}-\frac{1}{\sqrt{5}} & \frac{2}{\sqrt{5}}\\\frac{2}{\sqrt{5}} & \frac{1}{\sqrt{5}}\end{pmatrix}=\begin{pmatrix}0 & 1\\-1 & 0\end{pmatrix}$$即为所求.

6.（2021年）已知矩阵$\boldsymbol{A}=\begin{pmatrix}a & 1 & -1\\1 & a & -1\\-1 & -1 & a\end{pmatrix}$.

（1）求正交矩阵$\boldsymbol{P}$，使得$\boldsymbol{P}^{\mathrm{T}}\boldsymbol{A}\boldsymbol{P}$为对角矩阵；

（2）求正定矩阵$\boldsymbol{C}$，使得$\boldsymbol{C}^2=(a+3)\boldsymbol{E}-\boldsymbol{A}$.

解析：（1）由$|\boldsymbol{A}-\lambda\boldsymbol{E}|=\begin{vmatrix}a-\lambda & 1 & -1\\1 & a-\lambda & -1\\-1 & -1 & a-\lambda\end{vmatrix}=-(\lambda-a+1)^2(\lambda-a-2)=0$

得$\lambda_1=a+2$，$\lambda_2=\lambda_3=a-1$.

对应$\lambda_1=a+2$，解方程$(\boldsymbol{A}-(a+2)\boldsymbol{E})\boldsymbol{x}=\boldsymbol{0}$. 由

$$\boldsymbol{A}-(a+2)\boldsymbol{E}=\begin{pmatrix}-2 & 1 & -1\\1 & -2 & -1\\-1 & -1 & -2\end{pmatrix}\overset{r}{\sim}\begin{pmatrix}1 & 0 & 1\\0 & 1 & 1\\0 & 0 & 0\end{pmatrix}$$

得基础解系
$$\boldsymbol{\xi}_1=\begin{pmatrix}-1\\-1\\1\end{pmatrix},$$

将$\boldsymbol{\xi}_1$单位化，得
$$\boldsymbol{p}_1=\begin{pmatrix}-\frac{1}{\sqrt{3}}\\-\frac{1}{\sqrt{3}}\\\frac{1}{\sqrt{3}}\end{pmatrix}.$$

对应$\lambda_2=\lambda_3=a-1$，解方程$(\boldsymbol{A}-(a-1)\boldsymbol{E})\boldsymbol{x}=\boldsymbol{0}$．由

$$\boldsymbol{A}-(a-1)\boldsymbol{E}=\begin{pmatrix}1&1&-1\\1&1&-1\\-1&1&1\end{pmatrix}\overset{r}{\sim}\begin{pmatrix}1&1&-1\\0&0&0\\0&0&0\end{pmatrix}$$

得基础解系
$$\boldsymbol{\xi}_2=\begin{pmatrix}-1\\1\\0\end{pmatrix},\quad \boldsymbol{\xi}_3=\begin{pmatrix}1\\0\\1\end{pmatrix}.$$

将$\boldsymbol{\xi}_2$和$\boldsymbol{\xi}_3$正交化：取$\boldsymbol{\eta}_2=\boldsymbol{\xi}_2$，

$$\boldsymbol{\eta}_3=\boldsymbol{\xi}_3-\frac{[\boldsymbol{\eta}_2,\boldsymbol{\xi}_3]}{[\boldsymbol{\eta}_2,\boldsymbol{\eta}_2]}\boldsymbol{\eta}_2=\frac{1}{2}\begin{pmatrix}1\\1\\2\end{pmatrix},$$

再将$\boldsymbol{\eta}_2$和$\boldsymbol{\eta}_3$单位化，得

$$\boldsymbol{p}_2=\frac{1}{\sqrt{2}}\begin{pmatrix}-1\\1\\0\end{pmatrix},\quad \boldsymbol{p}_3=\frac{1}{\sqrt{6}}\begin{pmatrix}1\\1\\2\end{pmatrix}.$$

将$\boldsymbol{p}_1,\boldsymbol{p}_2,\boldsymbol{p}_3$构成正交矩阵

$$\boldsymbol{P}=(\boldsymbol{p}_1,\boldsymbol{p}_2,\boldsymbol{p}_3)=\begin{pmatrix}-\frac{1}{\sqrt{3}}&-\frac{1}{\sqrt{2}}&\frac{1}{\sqrt{6}}\\-\frac{1}{\sqrt{3}}&\frac{1}{\sqrt{2}}&\frac{1}{\sqrt{6}}\\\frac{1}{\sqrt{3}}&0&\frac{2}{\sqrt{6}}\end{pmatrix},$$

使得$\boldsymbol{P}^{\mathrm{T}}\boldsymbol{A}\boldsymbol{P}=\boldsymbol{\Lambda}=\begin{pmatrix}a+2&&\\&a-1&\\&&a-1\end{pmatrix}$为对角矩阵.

（2）因为$\boldsymbol{P}^{\mathrm{T}}\boldsymbol{A}\boldsymbol{P}=\boldsymbol{\Lambda}$，可知$\boldsymbol{A}=\boldsymbol{P}\boldsymbol{\Lambda}\boldsymbol{P}^{\mathrm{T}}$，

$$\begin{aligned}\boldsymbol{C}^2&=(a+3)\boldsymbol{E}-\boldsymbol{A}=(a+3)\boldsymbol{E}-\boldsymbol{P}\boldsymbol{\Lambda}\boldsymbol{P}^{\mathrm{T}}\\&=\boldsymbol{P}\left[(a+3)\boldsymbol{E}-\boldsymbol{\Lambda}\right]\boldsymbol{P}^{\mathrm{T}}=\boldsymbol{P}\begin{pmatrix}1&0&0\\0&4&0\\0&0&4\end{pmatrix}\boldsymbol{P}^{\mathrm{T}}\\&=\boldsymbol{P}\begin{pmatrix}1&0&0\\0&2&0\\0&0&2\end{pmatrix}\boldsymbol{P}^{\mathrm{T}}\boldsymbol{P}\begin{pmatrix}1&0&0\\0&2&0\\0&0&2\end{pmatrix}\boldsymbol{P}^{\mathrm{T}},\end{aligned}$$

故 $$C=P\begin{pmatrix}1&0&0\\0&2&0\\0&0&2\end{pmatrix}P^{\mathrm{T}}=\begin{pmatrix}-\frac{1}{\sqrt{3}}&-\frac{1}{\sqrt{2}}&\frac{1}{\sqrt{6}}\\-\frac{1}{\sqrt{3}}&\frac{1}{\sqrt{2}}&\frac{1}{\sqrt{6}}\\\frac{1}{\sqrt{3}}&0&\frac{2}{\sqrt{6}}\end{pmatrix}\begin{pmatrix}1&0&0\\0&2&0\\0&0&2\end{pmatrix}\begin{pmatrix}-\frac{1}{\sqrt{3}}&-\frac{1}{\sqrt{2}}&\frac{1}{\sqrt{6}}\\-\frac{1}{\sqrt{3}}&\frac{1}{\sqrt{2}}&\frac{1}{\sqrt{6}}\\\frac{1}{\sqrt{3}}&0&\frac{2}{\sqrt{6}}\end{pmatrix}^{\mathrm{T}}$$

$$=\begin{pmatrix}\frac{5}{3}&-\frac{1}{3}&\frac{1}{3}\\-\frac{1}{3}&\frac{5}{3}&\frac{1}{3}\\\frac{1}{3}&\frac{1}{3}&\frac{5}{3}\end{pmatrix}$$

为正定矩阵.

*第六章　线性空间与线性变换

基本要求

1. 了解线性空间的概念，了解线性空间的基与维数，了解坐标的概念及 n 维线性空间 $\boldsymbol{V}$ 与数组向量空间 $\mathbf{R}^n$ 同构的原理. 知道基变换与坐标变换的原理.

2. 了解线性变换的概念，知道线性变换的像空间和核. 会求线性变换的矩阵，知道线性变换在不同基中的矩阵彼此相似. 知道线性变换的秩.

内容提要

一、线性空间的定义和性质

1. 满足教材中所列 8 条规律的运算称为线性运算，定义了线性运算且对运算封闭的非空集合称为线性空间.

2. 线性空间的性质

（1）零元素是唯一的；

（2）负元素是唯一的；

（3）$0\boldsymbol{\alpha}=\boldsymbol{0}$，$(-1)\boldsymbol{\alpha}=-\boldsymbol{\alpha}$，$\lambda\boldsymbol{0}=\boldsymbol{0}$；

（4）若 $\lambda\boldsymbol{\alpha}=\boldsymbol{0}$，则 $\lambda=0$ 或 $\boldsymbol{\alpha}=\boldsymbol{0}$.

二、基、维数与坐标

1. 教材第三章中讨论的 n 维数组向量的有关概念，如线性组合、线性相关与线性无关、向量组的秩、向量空间的基与维数、向量在基中的坐标等，都可以套用到线性空间中来.

2. 设在 n 维线性空间 $\boldsymbol{V}$ 中取定一组基 $\boldsymbol{\varepsilon}_1,\boldsymbol{\varepsilon}_2,\cdots,\boldsymbol{\varepsilon}_n$，则 $\forall\boldsymbol{\alpha}\in\boldsymbol{V}$，唯一存在一个 n 维数组 $\boldsymbol{x}=(x_1,x_2,\cdots,x_n)^{\mathrm{T}}$，使

$$\boldsymbol{\alpha}=x_1\boldsymbol{\varepsilon}_1+x_2\boldsymbol{\varepsilon}_2+\cdots+x_n\boldsymbol{\varepsilon}_n=(\boldsymbol{\varepsilon}_1,\boldsymbol{\varepsilon}_2,\cdots,\boldsymbol{\varepsilon}_n)\boldsymbol{x}$$

于是$\boldsymbol{V}$中的向量$\boldsymbol{\alpha}$与$\mathbf{R}^n$中的向量$\boldsymbol{x}$有一一对应的关系：$\boldsymbol{\alpha}\leftrightarrow\boldsymbol{x}$. 据此，数组向量$\boldsymbol{x}$称为向量$\boldsymbol{\alpha}$在基$\boldsymbol{\varepsilon}_1,\boldsymbol{\varepsilon}_2,\cdots,\boldsymbol{\varepsilon}_n$中的坐标. 对应关系$\boldsymbol{\alpha}\leftrightarrow\boldsymbol{x}$也可记作$\boldsymbol{\alpha}=\boldsymbol{x}$.

由于$\boldsymbol{V}$与$\mathbf{R}^n$的元素一一对应，且这种对应关系保持线性组合的对应，即设$\boldsymbol{\alpha},\boldsymbol{\beta}\in\boldsymbol{V}$， $\boldsymbol{x}$，$\boldsymbol{y}\in\mathbf{R}^n$，$\lambda$，$\mu\in\mathbf{R}$，若$\boldsymbol{\alpha}\leftrightarrow\boldsymbol{x}$，$\boldsymbol{\beta}\leftrightarrow\boldsymbol{y}$，则$\lambda\boldsymbol{\alpha}+\mu\boldsymbol{\beta}\leftrightarrow\lambda\boldsymbol{x}+\mu\boldsymbol{y}$.

据此，称线性空间$\boldsymbol{V}$与$\mathbf{R}^n$同构. 于是任何n维线性空间都彼此同构，且都与$\mathbf{R}^n$同构. 由于$\boldsymbol{V}$与$\mathbf{R}^n$同构，因此$\boldsymbol{V}$中的抽象的线性运算就可转化为$\mathbf{R}^n$中的线性运算.

三、基变换与基坐标

1. 基变换与过渡矩阵

设$\boldsymbol{\varepsilon}_1,\boldsymbol{\varepsilon}_2,\cdots,\boldsymbol{\varepsilon}_n$与$\boldsymbol{\varepsilon}_1',\boldsymbol{\varepsilon}_2',\cdots,\boldsymbol{\varepsilon}_n'$是线性空间$\boldsymbol{V}$中的两组基，基$\boldsymbol{\varepsilon}_1',\boldsymbol{\varepsilon}_2',\cdots,\boldsymbol{\varepsilon}_n'$用$\boldsymbol{\varepsilon}_1,\boldsymbol{\varepsilon}_2,\cdots,\boldsymbol{\varepsilon}_n$线性表示的表示式

$$(\boldsymbol{\varepsilon}_1',\boldsymbol{\varepsilon}_2',\cdots,\boldsymbol{\varepsilon}_n')=(\boldsymbol{\varepsilon}_1,\boldsymbol{\varepsilon}_2,\cdots,\boldsymbol{\varepsilon}_n)\boldsymbol{A}$$

称为从基$\boldsymbol{\varepsilon}_1,\boldsymbol{\varepsilon}_2,\cdots,\boldsymbol{\varepsilon}_n$到基$\boldsymbol{\varepsilon}_1',\boldsymbol{\varepsilon}_2',\cdots,\boldsymbol{\varepsilon}_n'$的变换公式，$n$阶矩阵$\boldsymbol{A}$称为过渡矩阵. $\boldsymbol{A}$为可逆矩阵，并且它的第i个列向量是向量$\boldsymbol{\varepsilon}_i'$在基$\boldsymbol{\varepsilon}_1,\boldsymbol{\varepsilon}_2,\cdots,\boldsymbol{\varepsilon}_n$中的坐标，$i=1,2,\cdots,n$.

设$\boldsymbol{V}$中的向量$\boldsymbol{\alpha}$在上述两组基中的坐标依次为

$$\boldsymbol{x}=(x_1,x_2,\cdots,x_n)^{\mathrm{T}}\text{ 和 }\boldsymbol{x}'=(x_1',x_2',\cdots,x_n')^{\mathrm{T}}$$

则有坐标变换公式$\boldsymbol{x}'=\boldsymbol{A}^{-1}\boldsymbol{x}$（或$\boldsymbol{x}=\boldsymbol{A}\boldsymbol{x}'$）.

四、线性变换

设$\boldsymbol{\sigma}$为线性空间$\boldsymbol{V}$的一个变换，如果对于$\boldsymbol{V}$中任意的元素$\boldsymbol{\alpha},\boldsymbol{\beta}$和实数域$\mathbf{R}$中的任意数$k$都有

$$\boldsymbol{\sigma}(\boldsymbol{\alpha}+\boldsymbol{\beta})=\boldsymbol{\sigma}(\boldsymbol{\alpha})+\boldsymbol{\sigma}(\boldsymbol{\beta}),$$
$$\boldsymbol{\sigma}(k\boldsymbol{\alpha})=k\boldsymbol{\sigma}(\boldsymbol{\alpha}).$$

则称$\boldsymbol{\sigma}$为线性空间$\boldsymbol{V}$上的线性变换.

设$\boldsymbol{\sigma}$为线性空间$\boldsymbol{V}$的一个变换，$\boldsymbol{\varepsilon}_1,\boldsymbol{\varepsilon}_2,\cdots,\boldsymbol{\varepsilon}_n$是线性空间$\boldsymbol{V}$中的一组基，$\boldsymbol{\varepsilon}_i$在$\boldsymbol{\sigma}$下的像为$\boldsymbol{\sigma}(\boldsymbol{\varepsilon}_i)$（$i=1,2,...,n$），如果基的像用基表示的表示式为

$$\boldsymbol{\sigma}(\boldsymbol{\varepsilon}_1,\boldsymbol{\varepsilon}_2,...,\boldsymbol{\varepsilon}_n)=(\boldsymbol{\sigma}(\boldsymbol{\varepsilon}_1),\boldsymbol{\sigma}(\boldsymbol{\varepsilon}_2),...,\boldsymbol{\sigma}(\boldsymbol{\varepsilon}_n))=(\boldsymbol{\varepsilon}_1,\boldsymbol{\varepsilon}_2,...,\boldsymbol{\varepsilon}_n)\boldsymbol{A},$$

则n阶矩阵$\boldsymbol{A}$称为线性变换$\boldsymbol{\sigma}$在基$\boldsymbol{\varepsilon}_1,\boldsymbol{\varepsilon}_2,\cdots,\boldsymbol{\varepsilon}_n$下的矩阵. 反之，满足

$\boldsymbol{\sigma}(\boldsymbol{\varepsilon}_1,\boldsymbol{\varepsilon}_2,...,\boldsymbol{\varepsilon}_n)=(\boldsymbol{\varepsilon}_1,\boldsymbol{\varepsilon}_2,...,\boldsymbol{\varepsilon}_n)\boldsymbol{A}$的线性变换$\boldsymbol{\sigma}$是唯一确定的.

若$\boldsymbol{\varepsilon}_1,\boldsymbol{\varepsilon}_2,\cdots,\boldsymbol{\varepsilon}_n$和$\boldsymbol{\eta}_1,\boldsymbol{\eta}_2,...,\boldsymbol{\eta}_n$是$n$维线性空间$\boldsymbol{V}$的两组基，$\boldsymbol{V}$中的线性变换$\boldsymbol{\sigma}$在这两组基下的矩阵分别是$\boldsymbol{A}$和$\boldsymbol{B}$，且由$\boldsymbol{\varepsilon}_1,\boldsymbol{\varepsilon}_2,\cdots,\boldsymbol{\varepsilon}_n$到$\boldsymbol{\eta}_1,\boldsymbol{\eta}_2,...,\boldsymbol{\eta}_n$的过渡矩阵为$\boldsymbol{P}$，

则 $\boldsymbol{B}=\boldsymbol{P}^{-1}\boldsymbol{AP}$．这表明同一线性变换在不同基下的矩阵是相似的．

习题选解

2．求出下列线性空间的维数和一组基：

（1）实数域 $\mathbf{R}$ 上所有 n 阶下三角矩阵的集合 $\boldsymbol{V}$ 对于通常的矩阵加法与数乘所成的实数域 $\mathbf{R}$ 上的线性空间．

（2）所有 4 元行向量的集合

$$\boldsymbol{V}=\{(a_1,a_2,a_3,a_4)\mid a_1,a_2,a_3,a_4\in\mathbf{R}\}$$

对于通常的数组向量加法与数乘所成的实数域 R 上的线性空间．

（3）集合

$$\boldsymbol{V}=\left\{\begin{pmatrix} a & -b \\ b & 0 \end{pmatrix}\middle| a,b\in\mathbf{R}\right\}$$

对于通常的矩阵加法与数乘所成的实数域 $\mathbf{R}$ 上的线性空间．

解：（1）取 $\boldsymbol{E}_{ij}$（$i=1,2,\cdots,n$，$j\leqslant i\leqslant n$）为元素 a_{ij} 为1，其他元素为 0 的 n 阶矩阵．显然，

一方面，$\boldsymbol{E}_{ij}$（$i=1,2,\cdots,n$，$j\leqslant i\leqslant n$）线性无关；

另一方面，对于 $\boldsymbol{V}$ 中任一矩阵 $\boldsymbol{A}=\begin{pmatrix} a_{11} & 0 & \cdots & 0 \\ a_{21} & a_{22} & \cdots & 0 \\ \vdots & \vdots & \ddots & \vdots \\ a_{n1} & a_{n2} & \cdots & a_{nn} \end{pmatrix}$，显然有 $\boldsymbol{A}=a_{11}\boldsymbol{E}_{11}+a_{21}\boldsymbol{E}_{21}+\cdots+a_{nn}\boldsymbol{E}_{nn}$．由基的定义得到 $\boldsymbol{E}_{ij}$（$i=1,2,\cdots,n$，$j\leqslant i\leqslant n$）为线性空间 $\boldsymbol{V}$ 的一组基，于是 $\dim\boldsymbol{V}=\dfrac{n(n+1)}{2}$．

（2）对于 $\boldsymbol{V}$ 中的单位坐标向量

$$\boldsymbol{e}_1=(1,0,0,0),\ \boldsymbol{e}_2=(0,1,0,0),\ \boldsymbol{e}_3=(0,0,1,0),\ \boldsymbol{e}_4=(0,0,0,1),$$

显然

一方面，$\boldsymbol{e}_1,\boldsymbol{e}_2,\boldsymbol{e}_3,\boldsymbol{e}_4$ 线性无关；

另一方面，对于 $\boldsymbol{V}$ 中任一向量 $\boldsymbol{\alpha}=(a_1,a_2,a_3,a_4)$，有 $\boldsymbol{\alpha}=a_1\boldsymbol{e}_1+a_2\boldsymbol{e}_2+a_3\boldsymbol{e}_3+a_4\boldsymbol{e}_4$．由基的定义得到单位坐标向量为线性空间 $\boldsymbol{V}$ 的一组基，于是 $\dim\boldsymbol{V}=4$．

（3）取 $\boldsymbol{A}_1=\begin{pmatrix} 1 & 0 \\ 0 & 0 \end{pmatrix}$，$\boldsymbol{A}_2=\begin{pmatrix} 0 & 1 \\ -1 & 0 \end{pmatrix}$．显然

一方面，$\boldsymbol{A}_1,\boldsymbol{A}_2$ 线性无关；

另一方面，对于$\boldsymbol{V}$中任一矩阵$\boldsymbol{A}=\begin{pmatrix} a & -b \\ b & 0 \end{pmatrix}$，显然有$\boldsymbol{A}=a\boldsymbol{A}_1+b\boldsymbol{A}_2$．由基的定义得到$\boldsymbol{A}_1,\boldsymbol{A}_2$为线性空间$\boldsymbol{V}$的一组基，于是$\dim\boldsymbol{V}=2$．

3．已知线性空间$\mathbf{R}^3$的两组基

$$\boldsymbol{\varepsilon}_1=\begin{pmatrix}1\\0\\0\end{pmatrix},\ \boldsymbol{\varepsilon}_2=\begin{pmatrix}0\\1\\0\end{pmatrix},\ \boldsymbol{\varepsilon}_3=\begin{pmatrix}0\\0\\1\end{pmatrix};\ \boldsymbol{\varepsilon}_1'=\begin{pmatrix}1\\0\\0\end{pmatrix},\ \boldsymbol{\varepsilon}_2'=\begin{pmatrix}1\\1\\0\end{pmatrix},\ \boldsymbol{\varepsilon}_3'=\begin{pmatrix}1\\1\\1\end{pmatrix},$$

求$\mathbf{R}^3$中向量$\boldsymbol{\alpha}=(2,1,-1)^{\mathrm{T}}$分别在两组基下的坐标.

解：首先容易得到由基$\boldsymbol{\varepsilon}_1,\boldsymbol{\varepsilon}_2,\boldsymbol{\varepsilon}_3$到基$\boldsymbol{\varepsilon}_1',\boldsymbol{\varepsilon}_2',\boldsymbol{\varepsilon}_3'$的变换公式为

$$(\boldsymbol{\varepsilon}_1',\boldsymbol{\varepsilon}_2',\boldsymbol{\varepsilon}_3')=(\boldsymbol{\varepsilon}_1,\boldsymbol{\varepsilon}_2,\boldsymbol{\varepsilon}_3)\boldsymbol{A},$$

其中$\boldsymbol{A}=\begin{pmatrix}1&1&1\\0&1&1\\0&0&1\end{pmatrix}$，可求得$\boldsymbol{A}^{-1}=\begin{pmatrix}1&-1&0\\0&1&-1\\0&0&1\end{pmatrix}$．于是，由基$\boldsymbol{\varepsilon}_1',\boldsymbol{\varepsilon}_2',\boldsymbol{\varepsilon}_3'$到基$\boldsymbol{\varepsilon}_1,\boldsymbol{\varepsilon}_2,\boldsymbol{\varepsilon}_3$的变换公式为$(\boldsymbol{\varepsilon}_1,\boldsymbol{\varepsilon}_2,\boldsymbol{\varepsilon}_3)=(\boldsymbol{\varepsilon}_1',\boldsymbol{\varepsilon}_2',\boldsymbol{\varepsilon}_3')\boldsymbol{A}^{-1}$．

又因为向量$\boldsymbol{\alpha}$在基$\boldsymbol{\varepsilon}_1,\boldsymbol{\varepsilon}_2,\boldsymbol{\varepsilon}_3$下的坐标显然为$(2,1,-1)^{\mathrm{T}}$，由坐标变换公式便有

$$\begin{pmatrix}x_1\\x_2\\x_3\end{pmatrix}=\boldsymbol{A}^{-1}\begin{pmatrix}2\\1\\-1\end{pmatrix}=\begin{pmatrix}1\\2\\-1\end{pmatrix}.$$

6．已知$\mathbf{R}^3$的两组基$\boldsymbol{\alpha}_1,\boldsymbol{\alpha}_2,\boldsymbol{\alpha}_3$和$\boldsymbol{\beta}_1,\boldsymbol{\beta}_2,\boldsymbol{\beta}_3$，且

$$\boldsymbol{\beta}_1=2\boldsymbol{\alpha}_1+\boldsymbol{\alpha}_2+3\boldsymbol{\alpha}_3,\boldsymbol{\beta}_2=\boldsymbol{\alpha}_1+\boldsymbol{\alpha}_2+2\boldsymbol{\alpha}_3,\boldsymbol{\beta}_3=\boldsymbol{\alpha}_1+\boldsymbol{\alpha}_2+\boldsymbol{\alpha}_3.$$

又因为线性变换$\boldsymbol{\sigma}$在基$\boldsymbol{\alpha}_1,\boldsymbol{\alpha}_2,\boldsymbol{\alpha}_3$下的矩阵为$\begin{pmatrix}5&7&-5\\0&4&-1\\2&8&3\end{pmatrix}$．

（1）求向量$\boldsymbol{\gamma}=4\boldsymbol{\alpha}_1-5\boldsymbol{\alpha}_2-\boldsymbol{\alpha}_3$在基$\boldsymbol{\beta}_1,\boldsymbol{\beta}_2,\boldsymbol{\beta}_3$下的坐标；

（2）求$\boldsymbol{\sigma}$在基$\boldsymbol{\beta}_1,\boldsymbol{\beta}_2,\boldsymbol{\beta}_3$下的矩阵.

解：（1）容易得到由基$\boldsymbol{\alpha}_1,\boldsymbol{\alpha}_2,\boldsymbol{\alpha}_3$到基$\boldsymbol{\beta}_1,\boldsymbol{\beta}_2,\boldsymbol{\beta}_3$的变换公式为

$$(\boldsymbol{\beta}_1,\boldsymbol{\beta}_2,\boldsymbol{\beta}_3)=(\boldsymbol{\alpha}_1,\boldsymbol{\alpha}_2,\boldsymbol{\alpha}_3)\boldsymbol{K},$$

其中$\boldsymbol{K}=\begin{pmatrix}2&1&1\\1&1&1\\3&2&1\end{pmatrix}$，可求得$\boldsymbol{K}^{-1}=\begin{pmatrix}1&-1&0\\-2&1&1\\1&1&-1\end{pmatrix}$．于是，由基$\boldsymbol{\beta}_1,\boldsymbol{\beta}_2,\boldsymbol{\beta}_3$到基$\boldsymbol{\alpha}_1,\boldsymbol{\alpha}_2,\boldsymbol{\alpha}_3$的变换公式为$(\boldsymbol{\alpha}_1,\boldsymbol{\alpha}_2,\boldsymbol{\alpha}_3)=(\boldsymbol{\beta}_1,\boldsymbol{\beta}_2,\boldsymbol{\beta}_3)\boldsymbol{K}^{-1}$．

又因为向量$\boldsymbol{\gamma}$在基$\boldsymbol{\alpha}_1,\boldsymbol{\alpha}_2,\boldsymbol{\alpha}_3$下的坐标显然为$(4,-5,-1)^{\mathrm{T}}$，由坐标变换公式便有

$$\begin{pmatrix} x_1 \\ x_2 \\ x_3 \end{pmatrix} = \boldsymbol{K}^{-1}\begin{pmatrix} 4 \\ -5 \\ -1 \end{pmatrix} = \begin{pmatrix} 9 \\ -14 \\ 0 \end{pmatrix}.$$

（2）设$\boldsymbol{A}=\begin{pmatrix} 5 & 7 & -5 \\ 0 & 4 & -1 \\ 2 & 8 & 3 \end{pmatrix}$，则$\boldsymbol{\sigma}(\boldsymbol{\alpha}_1,\boldsymbol{\alpha}_2,\boldsymbol{\alpha}_3)=(\boldsymbol{\alpha}_1,\boldsymbol{\alpha}_2,\boldsymbol{\alpha}_3)\boldsymbol{A}$．而

$$(\boldsymbol{\beta}_1,\boldsymbol{\beta}_2,\boldsymbol{\beta}_3)=(\boldsymbol{\alpha}_1,\boldsymbol{\alpha}_2,\boldsymbol{\alpha}_3)\boldsymbol{K}，\quad \boldsymbol{K}=\begin{pmatrix} 2 & 1 & 1 \\ 1 & 1 & 1 \\ 3 & 2 & 1 \end{pmatrix}，$$

所以$\boldsymbol{\sigma}(\boldsymbol{\beta}_1,\boldsymbol{\beta}_2,\boldsymbol{\beta}_3)=\boldsymbol{\sigma}(\boldsymbol{\alpha}_1,\boldsymbol{\alpha}_2,\boldsymbol{\alpha}_3)\boldsymbol{K}=(\boldsymbol{\alpha}_1,\boldsymbol{\alpha}_2,\boldsymbol{\alpha}_3)\boldsymbol{A}\boldsymbol{K}=(\boldsymbol{\beta}_1,\boldsymbol{\beta}_2,\boldsymbol{\beta}_3)\boldsymbol{K}^{-1}\boldsymbol{A}\boldsymbol{K}$．所以$\boldsymbol{\sigma}$在基$\boldsymbol{\beta}_1,\boldsymbol{\beta}_2,\boldsymbol{\beta}_3$下的矩阵为$\boldsymbol{K}^{-1}\boldsymbol{A}\boldsymbol{K}=\begin{pmatrix} 1 & 0 & 4 \\ 18 & 14 & 2 \\ -18 & -12 & -3 \end{pmatrix}$.